21世纪高职高专新概念教材

操作系统原理教程

（第二版）

连卫民　徐保民　等编著

中国水利水电出版社

内 容 提 要

操作系统是计算机系统软件的重要组成部分，它控制和管理计算机所有的软硬件资源，协调各部件的工作，以方便用户使用。

本书主要介绍操作系统的基本原理。全书共6章，内容包括操作系统概述、处理器管理、存储器管理、设备管理、文件管理、作业管理与系统接口等。为便于学生理解抽象的概念，书中采用了身边的事例来作说明，并为每章编写了小结。书中还配有丰富的练习题和参考答案，方便学生总结复习，巩固所学内容。

本书可作为高职高专院校计算机及相关专业操作系统课程的教材和参考书。

本书所配电子教案可从中国水利水电出版社网站上下载，网址为：http://www.waterpub.com.cn/softdown/。

图书在版编目（CIP）数据

操作系统原理教程／连卫民等编著．—2版．—北京：中国水利水电出版社，2007

21世纪高职高专新概念教材

ISBN 978-7-5084-4600-4

Ⅰ．操…　Ⅱ．连…　Ⅲ．操作系统—高等学校：技术学校—教材　Ⅳ．TP316

中国版本图书馆CIP数据核字（2007）第067995号

书　　名	21世纪高职高专新概念教材 **操作系统原理教程（第二版）**
作　　者	连卫民　徐保民　等编著
出版发行	中国水利水电出版社 （北京市海淀区玉渊潭南路1号D座　100038） 网址：www.waterpub.com.cn E-mail：mchannel@263.net（万水） sales@waterpub.com.cn 电话：（010）68367658（营销中心）、82562819（万水）
经　　售	全国各地新华书店和相关出版物销售网点
排　　版	北京万水电子信息有限公司
印　　刷	北京蓝空印刷厂
规　　格	184mm×260mm　16开本　15印张　362千字
版　　次	2004年8月第1版 2007年6月第2版　2010年7月第7次印刷
印　　数	29001—31000册
定　　价	23.00元

凡购买我社图书，如有缺页、倒页、脱页的，本社营销中心负责调换

21世纪高职高专新概念规划教材
编委会名单

参编学校名单

（按第一个字笔划排序）

万博科技职业学院
三门峡职业技术学院
三联职业技术学院
山东大学
山东交通学院
山东农业大学
山东建工学院
山东省电子工业学校
山东省农业管理干部学院
山东省教育学院
山东商业职业技术学院
山西运城学院
山西经济管理干部学院
广东技术师范学院天河学院
广东金融学院
广东科贸职业学院
广州市职工大学
广州城市职业技术学院
广州铁路职业技术学院
广州康大职业技术学院
中山火炬职业技术学院
中华女子学院山东分院
中国人民解放军军事经济学院
中国人民解放军第二炮兵学院
中国矿业大学
中南大学
中南林业科技大学
中原工学院
内蒙古工业大学职业技术学院
内蒙古民族高等专科学校
内蒙古警察职业学院
天津职业技术师范学院
太原城市职业技术学院
太原理工大学阳泉学院
长沙大学
长沙民政职业技术学院
长沙交通学院
长沙航空职业技术学院
长春汽车工业高等专科学校
兰州资源环境职业技术学院
包头轻工职业技术学院
北华航天工业学院
北京对外经济贸易大学
北京科技大学成人教育学院
北京科技大学职业技术学院
四川托普职业技术学院
宁波城市职业技术学院
石家庄学院
辽宁交通高等专科学校
辽宁经济职业技术学院
华中科技大学
华东交通大学
华北电力大学
安徽水利水电职业技术学院
安徽交通职业技术学院
安徽行政学院
安徽国防科技职业学院
安徽职业技术学院
安徽新闻出版职业技术学院
扬州江海职业技术学院
江汉大学
江西大宇职业技术学院
江西工业职业技术学院
江西服装职业技术学院
江西城市职业学院
江西渝州电子工业学院

江西赣西学院
西北大学软件职业技术学院
西安文理学院
西安外事学院
西安欧亚学院
西安铁路职业技术学院
杨陵职业技术学院
国家林业局管理干部学院
昆明冶金高等专科学校
武汉大学
武汉工业学院
武汉工程大学
武汉工程职业技术学院
武汉广播电视大学
武汉电力职业技术学院
武汉软件职业学院
武汉科技大学工贸学院
武汉科技大学外语外事职业学院
武汉铁路职业技术学院
武汉商业服务学院
河南济源职业技术学院
南昌大学共青学院
南昌工程学院
哈尔滨金融专科学校
济南大学
济南交通高等专科学校
济南铁道职业技术学院
荆门职业技术学院
贵州无线电工业学校
贵州电子信息职业技术学院
重庆工业职业技术学院
重庆正大软件职业技术学院

恩施职业技术学院
浙江工业职业技术学院
浙江水利水电高等专科学校
浙江国际海运职业技术学院
黄冈职业技术学院
黄石理工学院
湖北工业大学
湖北水利水电职业技术学院
湖北长江职业学院
湖北交通职业技术学院
湖北汽车工业学院
湖北经济学院
湖北药检高等专科学校
湖北教育学院
湖北第二师范学院
湖北职业技术学院
湖北鄂州大学
湖南大众传媒职业技术学院
湖南大学
湖南工业职业技术学院
湖南工学院
湖南信息科学职业学院
湖南涉外经济学院
湖南郴州职业技术学院
湖南商学院
湖南税务高等专科学校
黑龙江司法警官职业学院
黑龙江农业工程职业学院
福建水利电力职业技术学院
福建林业职业技术学院
蓝天学院

序

根据1999年8月教育部高教司制定的《高职高专教育基础课程教学基本要求》（以下简称《基本要求》）和《高职高专教育专业人才培养目标及规格》（以下简称《培养规格》）的精神，由中国水利水电出版社北京万水电子信息有限公司精心策划，聘请我国长期从事高职高专教学、有丰富教学经验的教师执笔，在充分汲取了高职高专和成人高等学校在探索培养技术应用性人才方面取得的成功经验和教学成果的基础上，撰写了此套《21世纪高职高专新概念教材》。

为了编写本套教材，出版社进行了广泛的调研，走访了全国百余所具有代表性的高等专科学校、高等职业技术学院、成人教育高等院校以及本科院校举办的二级职业技术学院，在广泛了解情况、探讨课程设置、研究课程体系的基础上，经过学校申报、征求意见、专家评选等方式，确定了本套书的主编，并成立了编委会。每本书的编委会聘请了多所学校主要学术带头人或主要从事该课程教学的骨干，教学大纲的确定以及教材风格的定位均经过编委会多次认真讨论。

本套《21世纪高职高专新概念教材》有如下特点：

（1）面向21世纪人才培养的需求，结合高职高专学生的培养特点，具有鲜明的高职高专特色。本套教材的作者都是长期在第一线从事高职高专教育的骨干教师，对学生的基本情况、特点和认识规律等有深入的了解，在教学实践中积累了丰富的经验。因此可以说，每一本书都是教师们长期教学经验的总结。

（2）以《基本要求》和《培养规格》为编写依据，内容全面，结构合理，文字简练，实用性强。在编写过程中，作者严格依据教育部提出的高职高专教育“以应用为目的，以必需、够用为度”的原则，力求从实际应用的需要（实例）出发，尽量减少枯燥、实用性不强的理论概念，加强了应用性和实际操作性强的内容。

（3）采用“问题（任务）驱动”的编写方式，引入案例教学和启发式教学方法，便于激发学习兴趣。本套书的编写思路与传统教材的编写思路不同：先提出问题，然后介绍解决问题的方法，最后归纳总结出一般规律或概念。我们把这个新的编写原则比喻成“一棵大树、问题驱动”的原则。即：一方面遵守先见（构建）“树”（每本书就是一棵大树），再见（构建）“枝”（书的每一章就是大树的一个分枝），最后见（构建）“叶”（每章中的若干小节及知识点）的编写原则；另一方面采用问题驱动方式，每一章都尽量用实际中的典型实例开头（提出问题、明确目标），然后逐渐展开（分析解决问题），在讲述实例的过程中将本章的知识点融入。这种精选实例，并将知识点融于实例中的编写方式，可读性、可操作性强，非常适合高职高专的学生阅读和使用。本书读者通过学习构建本书中的“树”，由“树”找“枝”，顺“枝”摸“叶”，最后达到构建自己所需要的“树”的目的。

（4）部分教材配有实验指导和实训教程，便于学生练习提高。

（5）部分教材配有动感电子教案。为顺应教育部提出的教材多元化、多媒体化发展的要求，大部分教材都配有电子教案，以满足广大教师进行多媒体教学的需要。电子教案用 PowerPoint 制作，教师可根据授课情况任意修改。相关教案的具体情况请到中国水利水电出版社网站www.waterpub.com.cn下载。

（6）提供相关教材中所有程序的源代码，方便教师直接切换到系统环境中教学，提高教学效果。

总之，本套教材凝聚了数百名高职高专一线教师多年的教学经验和智慧，内容新颖，结构完整，概念清晰，深入浅出，通俗易懂，可读性、可操作性和实用性强。

本套教材适用于高等职业学校、高等专科学校、成人及本科院校举办的二级职业技术学院和民办高校。

新的世纪吹响了我国高职高专教育蓬勃发展的号角，新世纪对高职教育提出了新的要求，高职教育占据了全面素质教育中所不可缺少的地位，在我国高等教育事业中占有极其重要的位置，在我国社会主义现代化建设事业中发挥着日趋显著的作用，是培养新世纪人才所不可缺少的力量。相信本套《21 世纪高职高专新概念教材》的出版能为高职高专的教材建设和教学改革略尽绵薄之力，因为我们提供的不仅是一套教材，更是自始至终的教育支持，无论是学校、机构培训还是个人自学，都会从中得到极大的收获。

当然，本套教材肯定会有不足之处，恳请专家和读者批评指正。

21 世纪高职高专新概念教材编委会

2001 年 3 月

第二版前言

操作系统是计算机系统中核心的系统软件，“操作系统”课程是计算机及相关专业的重要专业基础课，是培养学生专业素质的重要课程之一。因此，学好“操作系统”课程对计算机及相关专业的学生具有重要意义。

本书总结了作者多年的教学经验和以往各类操作系统教材的优点，针对专科层次的学生，采用“以现实生活讲抽象概念”的编写原则，即用现实生活中大家所熟悉的具体现象来讲解操作系统中比较抽象的概念。本版修订了第一版中的错误，增加了操作系统新技术的介绍，如双核技术等，并对进程调度算法和进程描述方法进行了改进。本书不仅在内容上强调逻辑性，更注重介绍学习方法，使学生能根据例题举一反三。本书突出了操作系统的作用、管理目标、管理方式、采用的数据结构和相应的管理算法等管理特色。力争原理通俗易懂、管理流程清晰明了、语言简练，并通过大量的例题和习题巩固所学内容。

本书共6章。第1章为操作系统概述，第2章介绍处理器管理，第3章介绍存储器管理，第4章介绍设备管理，第5章介绍文件管理，第6章介绍作业管理与系统接口。全书重点为第2章和第3章，难点为第2章。建议教学学时数为58～68学时，第1章4学时，第2章18～20学时，第3章16～18学时，第4章8～10学时，第5章8～10学时，第6章4～6学时，其中包括每章一次习题课。另外，最好能安排1～2次操作系统知识讲座，介绍操作系统的形成和采用的技术，以及操作系统的发展趋势等内容。学生可以分组调查某一个具体操作系统的发展过程、管理功能和特点，并以电子文档的形式上交。这样做可以提高学生的学习兴趣，并锻炼学生主动收集信息和整理信息的能力。

参与本书编写的教师，都是多年来从事操作系统课程教学的一线教师，积累了丰富的教学经验。书中的许多学习方法就是他们教学经验的总结。本书由连卫民、徐保民编写，制定大纲并负责统稿工作。参加编写工作的还有孙丽君、赵超、何樱、李丹、胡声艳、田源、牧笛、蔡中民。具体分工为：徐保民编写第1章，连卫民编写第2章，孙丽君编写第3章，李丹编写第4章，何樱、胡声艳编写第5章及附录，赵超编写第6章。

本书可作为高职高专院校计算机及相关专业操作系统课程的教材和参考书。本书的出版得到了中国水利水电出版社的大力支持，在此一并表示深深的谢意。

由于作者水平有限，书中不当之处，敬请专家、读者批评指正。作者的 E-Mail 为 lian_weimin2001@sina.com。

作 者

2007年3月

第一版前言

操作系统是计算机系统中核心的系统软件，“操作系统”课程是计算机及相关专业的重要专业基础课，是培养学生专业素质的重要课程之一。因此，学好“操作系统”课程对计算机及相关专业的学生具有重要意义。

本书总结了作者多年的教学经验和以往各类操作系统教材的优点，针对专科层次的学生，采用“以现实生活讲抽象概念”的编写原则（即用现实生活中大家所熟悉的现象）来讲解操作系统中比较抽象的概念。本书不仅在内容上强调逻辑性，更注重介绍学习方法，使学生能根据例题举一反三。本书突出了操作系统的作用、管理目标、管理方式、采用的数据结构和相应的管理算法等管理特色，力争原理通俗易懂、管理流程清晰明了、语言简练，并通过大量的例题和习题巩固所学内容。

本书共 6 章。第 1 章为操作系统概述，第 2 章介绍处理器管理，第 3 章介绍存储器管理，第 4 章介绍文件管理，第 5 章介绍设备管理，第 6 章介绍作业管理与系统接口。全书重点为第 2 章和第 3 章，难点为第 2 章。建议教学学时数为 58～68 学时，第 1 章 4 学时，第 2 章 18～20 学时，第 3 章 16～18 学时，第 4 章 8～10 学时，第 5 章 8～10 学时，第 6 章 4～6 学时，其中包括每章一次习题课。另外，最好能安排 1～2 次操作系统知识讲座，介绍操作系统的形成和采用的技术，以及操作系统的发展趋势等内容。学生可以分组调查某一个具体的操作系统的发展过程、管理功能和特点，并以电子文档的形式上交。这样做可以促使学生主动地收集和整理学习资料。

参与本书编写的教师，多年来从事操作系统课程的一线教学，积累了丰富的教学经验，书中的许多学习方法就是他们教学经验的总结。本书由连卫民、徐保民制定编写大纲，并负责统稿和定稿工作。连卫民编写了第 1 章及全书习题，徐保民编写了第 5 章，赵超编写了第 2 章，胡声艳编写了第 3 章，李丹编写了第 4 章，崔清民编写了第 6 章。另外，卫琳、杨娜、牧笛和田源等老师参与了全书的文字录入、校对和资料收集工作。

本书可作为高职高专院校计算机及相关专业操作系统课程的教材和参考书。本书的出版得到了中国水利水电出版社的大力支持，在此一并表示深深的谢意。

由于作者水平有限，书中不当之处，敬请专家、读者批评指正。作者的 E-Mail 为 lian_weimin2001@sina.com。

作 者

2004 年 6 月

目　录

第 1 章　操作系统概述

本章主要内容

- 计算机系统
- 操作系统的目标、作用与模型
- 操作系统的形成与发展
- 操作系统的特征与功能

本章教学目标

- 了解操作系统的发展过程
- 掌握操作系统的概念
- 熟悉操作系统的作用与功能

1.1　计算机系统

计算机系统是指与计算机相关的各个部分组成的一个统一整体，各个组成部分相互联系、相互作用，共同完成所分配的各项工作。计算机系统包括计算机硬件和计算机软件，操作系统是每台计算机必不可少的计算机软件。

1.1.1　计算机硬件

计算机硬件是指组成计算机系统的设备或机器，是“看得见，摸得着”的物理部件，它是组成计算机系统的基础。计算机硬件一般包括中央处理器（CPU）、主存储器、外存储器、输入设备和输出设备，其中 CPU 与主存储器合称为主机，外存储器、输入设备和输出设备合称为外部设备。计算机硬件的组成可以用下列公式表示，它们之间的关系如图 1-1 所示。

计算机硬件=主机+外设

主机=CPU+主存储器

外设=外存储器+输入设备+输出设备

1.1.2　计算机软件

计算机软件是指组成计算机系统的程序、数据和文档。程序是指令的有序集合，是根据一定的算法，采用相应的数据结构，用某种计算机语言进行的描述；数据是信息在计算机中的表示，是计算机处理的对象；文档是各种说明文本，是软件操作的辅助性资源。计算机的所有工作都必须在软件的控制下才能进行，没有软件的计算机称为“裸机”，是任何工作都做不了的。

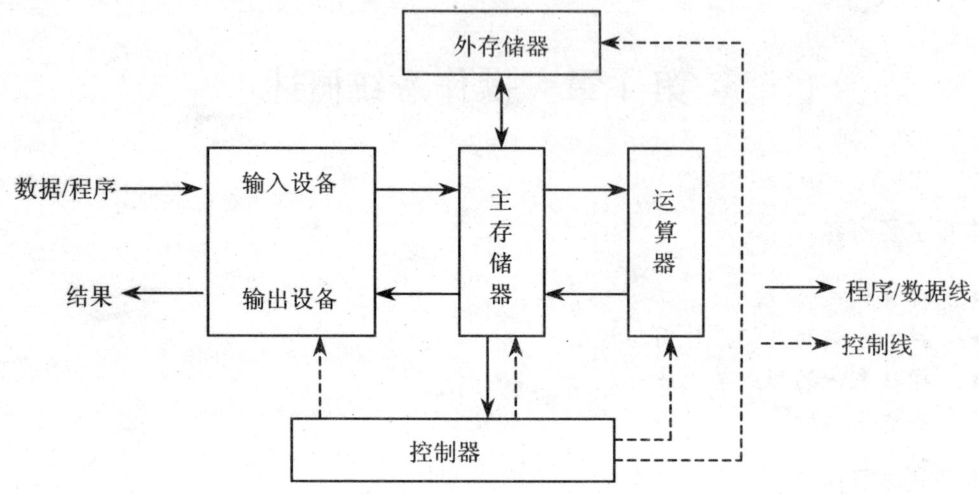

图 1-1　计算机硬件之间的关系

根据软件的作用可以把软件分为系统软件和应用软件。系统软件是支持和管理计算机硬件的软件，是服务于硬件的，它创立的是一个平台；应用软件是完成用户某项要求的软件，是服务于特定用户的，它满足某一个应用领域。软件的作用如图 1-2 所示。计算机用户通过应用软件让计算机为自己服务，而应用软件又是通过系统软件来管理和使用计算机硬件。

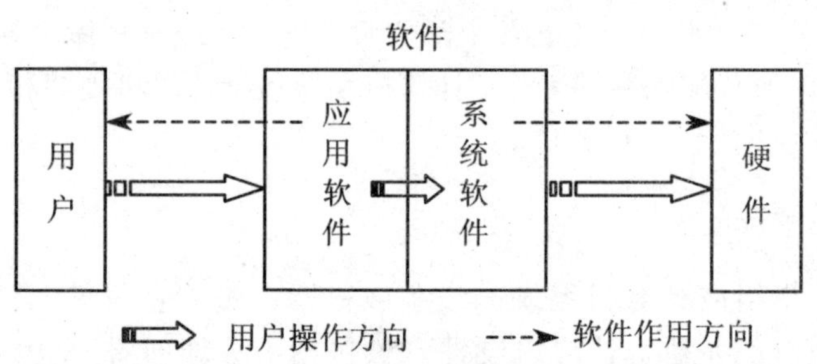

图 1-2　软件的作用

系统软件包括操作系统、数据库管理系统、计算机编译语言和各种系统服务性程序。应用软件包括计算机源程序和应用软件包。所有这些软件，操作系统是基础，它是其他软件的平台。没有操作系统，其他软件就无法工作。计算机软件的组成可以用下列公式表示：

计算机软件=系统软件+应用软件

系统软件=操作系统+数据库管理系统+编译系统+服务性程序

应用软件=源程序+应用软件包

计算机硬件和计算机软件在计算机系统中是相辅相成、缺一不可的，它们共同组成了计算机系统，如图 1-3 所示。计算机硬件是计算机的躯体和基础，计算机软件是计算机的头脑和灵魂，没有软件的计算机和缺少硬件的计算机都不能成为完整的计算机系统。计算机硬件和计算机软件二者相互推动，共同促进计算机系统的发展。

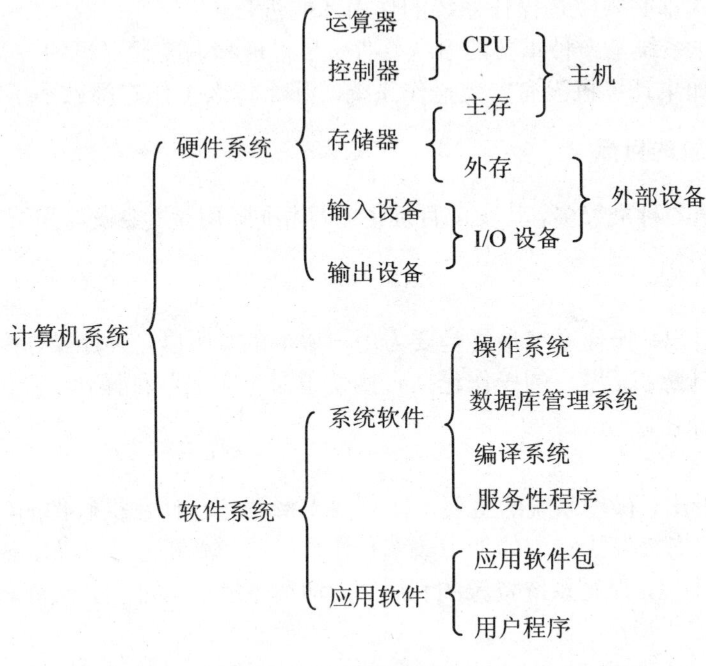

图 1-3　计算机系统的组成

1.2　操作系统的作用、目标与模型

操作系统是介于计算机硬件和用户之间的系统软件。本节通过介绍操作系统的作用，明确操作系统的实现目标和设计要求，使读者对操作系统有一个新的认识。

1.2.1　操作系统的作用

操作系统是在计算机硬件上加载的第一层软件，是对计算机硬件功能的首次扩充。其他软件只有在操作系统的支持下，才能对计算机硬件工作。操作系统的作用如图 1-4 所示。

<table>
<tr><td colspan="5">用户</td></tr>
<tr><td colspan="2">源程序</td><td rowspan="2">工具软件</td><td rowspan="2">可 执 行
程序</td><td rowspan="2">操作系统
命令</td></tr>
<tr><td>DBMS</td><td>编译软件</td></tr>
<tr><td colspan="5">操作系统</td></tr>
<tr><td colspan="5">计算机硬件</td></tr>
</table>

图 1-4　操作系统的作用

用户要让计算机为其工作，有四种途径：一是用户通过编写的源程序，在数据库管理系统（DBMS）或编译系统的作用下，由操作系统控制和解释给硬件去执行；二是用户通过服务性程序（也称工具软件），经操作系统的作用来完成对计算机的操作；三是用户通过可执行程序，经操作系统的作用来实现对硬件的操作；四是用户通过操作系统提供的命令来实现对硬件的操作。这四种操作方式都必须经过操作系统的作用才能进行。

由此看来，操作系统是一种重要的系统软件，是管理和调度计算机的各类资源，方便用户使用的软件集合。如果计算机没有安装操作系统，那么什么工作它都做不了。

1.2.2 操作系统的目标

目前，操作系统的种类繁多，其实现目标也不尽相同。但是，要设计和编制一个操作系统，必须实现以下目标：

1. 方便性

从图 1-4 可以看出，操作系统最终是要为用户服务的。所以，设计操作系统时必须考虑用户能否方便地操作计算机。用户的操作包括直接使用命令完成各种操作，也包括通过设计程序让计算机完成各种操作。

2. 有效性

从图 1-4 可以看出，操作系统的主要工作是要支持和管理计算机硬件的，如何有效地利用计算机的硬件资源，充分发挥它们的使用效率是操作系统解决的主要问题。操作系统要合理地组织计算机的工作流程，提高系统资源的利用率，增加系统的吞吐量，从而利用有限的资源完成更多的任务。

3. 可扩充性

作为软件来说，操作系统也是为应用服务的，随着应用环境的变化，操作系统自身的功能也必须不断增加和完善。在设计操作系统的体系结构时，要采用合理的结构使其能够不断地扩充和完善。

4. 开放性

操作系统的主要功能是管理计算机硬件，它必须适应和管理不同的硬件。随着计算机硬件技术的发展，不同厂家的新型的、集成化的硬件不断涌现。为了使这些硬件能够正确、有效地协同工作，就必须实现应用程序的可移植性和互操作性，因而要求计算机系统具有统一的开放环境，其中首先是要求操作系统具有开放性。

1.2.3 操作系统的层次模型

操作系统的层次模型就是将一个操作系统的结构划分为若干个层次，这也是目前许多大型软件所采用的结构。操作系统可以看成是一个层次结构，其最底层为操作系统的操作对象，中间层为管理操作对象的软件集合，最高层为提供给用户的系统接口，如图 1-5 所示。

	用户				
高层：系统接口	命令接口		程序接口		
中层：管理软件	处理器管理软件	存储器管理软件	文件管理软件	设备管理软件	作业管理软件
底层：操作对象	处理器	存储器	文件	设备	作业

图 1-5 操作系统的层次模型

1. 操作对象

操作系统的操作对象主要是指操作系统所管理的各种软硬件资源，包括处理器、存储器、I/O 设备、文件和作业。处理器、存储器和 I/O 设备是计算机的硬件。文件是存放在外存中的需要长期保存的信息集合，它以文件名来表示，通过文件目录（或文件夹）来管理。作业是用户让计算机完成的各项任务的总称。

2. 管理软件

管理软件是操作系统的核心，它集中了操作系统的主要功能。这些功能包括处理器管理、存储器管理、设备管理、文件管理和作业管理。处理器管理的主要功能是分配和管理处理器，提高处理器的使用效率。存储器管理的主要功能是分配和管理主存储器，提高主存储器的使用效率。设备管理的主要功能是分配和管理各种外部设备，提高设备的利用率。文件管理的主要功能是分配和管理外存，方便用户使用文件。作业管理的主要功能是完成用户作业的宏观管理，提高作业的执行效率。

3. 系统接口

系统接口是操作系统为方便用户的使用提供给用户的各种功能和服务，这些接口包括命令接口和程序接口。命令接口是用户通过各种命令来调用操作系统提供的功能和服务，程序接口是用户在设计程序时，通过系统调用函数来使用操作系统提供的功能和服务。

1.3　操作系统的形成与发展

操作系统是控制和管理计算机硬件和软件资源，合理调度各类作业，方便用户使用的程序集合。像其他软件一样，操作系统也有一个产生和发展的过程。

1.3.1　推动操作系统发展的动力

操作系统的形成迄今为止已有 50 多年的历史。在 20 世纪 50 年代中期出现了第一个简单的批处理系统。到 20 世纪 60 年代中期产生了多道程序批处理系统，不久又出现了基于多道程序的分时系统。20 世纪 70 年代出现了微机和局域网络，同时也产生了微机操作系统和网络操作系统，之后又出现了分布式操作系统。

在这 50 年的发展历程中，操作系统取得了重大的成就，促成其发展的主要动力有以下几个方面：

1. 不断提高资源利用率的需要

在计算机发展的初期，计算机系统特别昂贵，人们必须千方百计地提高计算机系统中各种资源的利用率，这就推动了人们不断发展操作系统的功能，由此产生了批处理系统。它能自动地对一批作业进行处理。

2. 方便用户操作

当资源利用率不高的问题得到解决以后，用户在上机操作、调试程序上的不方便就成为主要矛盾。于是，人们就想方设法改善用户的上机和调试程序的环境，这又成为继续推动操作系统发展的主要因素，随之便形成了允许人机交互的分时系统，或称为多用户系统。

3. 硬件的不断更新换代

由于计算机硬件的更新换代，从电子管到晶体管，到集成电路，再到大规模集成电路，使得计算机的性能不断提高，从而推动了操作系统的性能和功能也不断发展。

4. 计算机体系结构的发展

计算机体系结构的发展也不断地推动着操作系统的发展，并且产生了新的操作系统。当计算机由单处理器系统发展为多处理器系统时，操作系统也从单处理器操作系统发展为多处理器操作系统。当计算机网络出现后，也就产生了网络操作系统。

1.3.2 操作系统的发展

操作系统从无到有，从小到大，从弱到强，其发展大致经历了以下几个阶段：

1. 无操作系统

无操作系统的计算机系统，其资源管理和控制由人工负责，它采用两种方式：人工操作方式和脱机输入输出方式。

（1）人工操作方式。从第一台电子计算机 ENIAC（埃尼阿克）诞生到 20 世纪 50 年代中期的计算机都没有出现操作系统，这时计算机资源的管理是由操作员采用人工方式直接控制的。即由程序员将事先已穿孔（对应于程序和数据）的纸带（或卡片）由纸带输入机（或卡片输入机）将程序和数据输入到计算机中，然后启动计算机运行。当程序运行完毕并且取走计算结果后，才让下一个用户上机。这种人工操作方式的特点是：一个用户独占计算机系统的全部资源，计算机主机要等待人工操作，系统资源的利用率低。

随着计算机主机速度的大幅提高，人工操作的慢速与计算机主机运算的高速之间出现了矛盾。另一方面，计算机主机与 I/O 设备之间速度不匹配的矛盾也越来越突出。为了解决上述矛盾，引入了脱机输入输出方式。

（2）脱机输入输出方式。脱机输入输出技术是指事先将装有用户程序和数据的纸带（或卡片）装入纸带（或卡片）输入机，在一台外围机的控制下把纸带（卡片）上的数据（程序）输入到磁盘（带）上。当计算机主机需要这些程序和数据时，再从磁盘（带）上高速地调入主存。类似地，当计算机主机需要输出时，可以由计算机主机直接高速地把数据从主存送到磁盘（带）上，然后再在另一台外围机的控制下，将磁盘（带）上的结果通过相应的输出设备输出。

简单地说，脱机输入输出方式指程序和数据的输入输出是在外围机的控制下，而不是在主机的控制下完成的。脱机输入输出方式的示意图如图 1-6 所示。

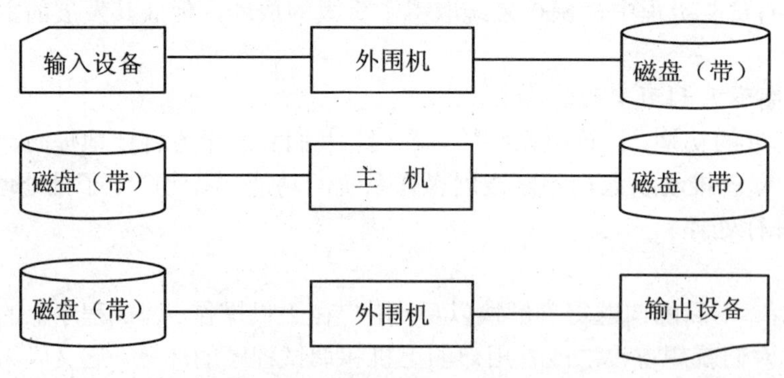

图 1-6 脱机输入输出方式

脱机输入输出技术是为了解决计算机主机与 I/O 设备之间的速度不匹配而提出的。它减少了计算机主机的空闲等待时间，提高了 I/O 设备的处理速度。如果输入输出是在主机的控制下完成的则称为联机输入输出。

2. 批处理系统

批处理系统主要采用了批处理技术。批处理技术是计算机系统同时对一批作业自动进行处理的一种技术。批处理系统有单道批处理系统和多道批处理系统两种形式。

（1）单道批处理系统。单道批处理系统是 20 世纪 50 年代 General Motors 研究室在 IBM 701 计算机上实现的第一个批处理系统。如果把用户在一次解题或一个事务处理过程中要求计算机系统所做的工作的集合称为作业的话，那么单道批处理系统的工作流程是：首先，操作员将若干个待处理的作业合成一批输入并传输到外存，然后将它们逐个送入主存并投入运行，当一个作业执行结束后自动转入下一个作业执行。

单道批处理系统的工作原理是：由监督程序将磁盘（带）上的第一个作业调入主存，并且把运行控制权交给该作业；该作业处理完后，又将控制权交给监督程序；监督程序再将磁盘（带）上的第二个作业调入主存，并且把运行控制权交给该作业；如此反复，直到磁盘（带）上的所有作业全部完成。单道批处理系统的处理流程如图 1-7 所示。

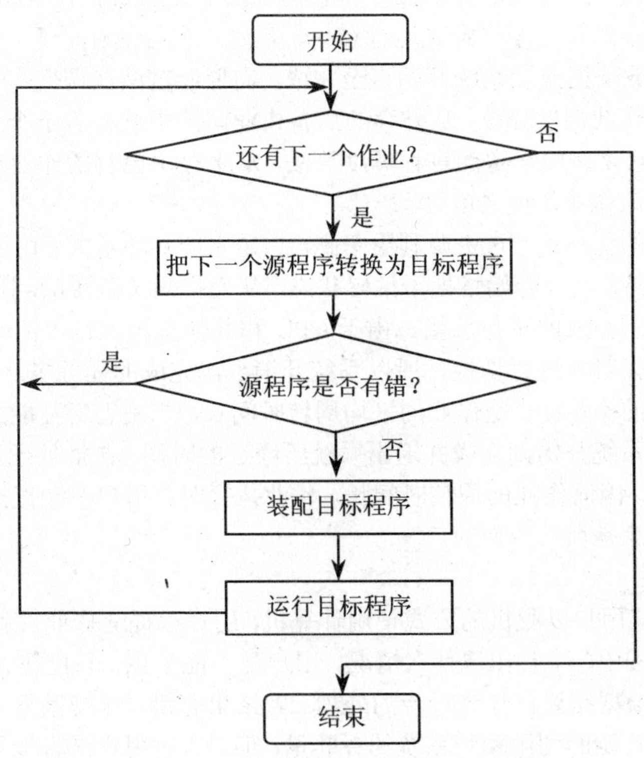

图 1-7　单道批处理系统的处理流程

单道批处理系统的特点如下：

- 自动性。磁盘（带）上的一批作业能自动地依次逐个执行，而无须人工干预。
- 顺序性。磁盘（带）上的作业是顺序地进入主存的，先调入主存的作业先完成。
- 单道性。只能有一个程序调入主存并运行。

单道批处理系统大大减少了人工操作的时间，提高了机器的利用率。但是，在单道批处理作业运行时，主存中仅存放了一道程序，每当程序发出 I/O 请求时，CPU 便处于等待 I/O 完成状态，致使 CPU 空闲，特别是 I/O 设备的低速性，使 CPU 的利用率降低。

（2）多道批处理系统。多道批处理系统是在 20 世纪 60 年代设计的。为了改善 CPU 的利用率，提高机器的使用效率，在单道批处理系统中引入了多道程序设计技术，形成了多道批处理系统，它使 CPU 与外设可以并行工作。多道程序设计技术是指同时把多个作业放入主存并且允许它们交替执行，共享系统中的各类资源，当某个程序因某种原因而暂停执行时，CPU 立即转去执行另一道程序。

多道批处理系统的工作原理是：用户提交的作业先在外存上排成一个队列，称为“后备队列”；由作业调度程序按照一定的算法从后备队列中选择若干个作业调入主存，使它们共享 CPU 和各种资源，以达到提高资源的利用率和系统吞吐量的目的。

多道批处理系统的特点如下：

- 多道性。在主存中可以同时驻留多道程序，并且允许它们并发执行，从而有效地提高了资源的利用率和系统的吞吐量。
- 无序性。多个作业完成的先后顺序与它们进入主存的先后顺序没有严格的对应关系，即先进入主存的作业不一定先运行结束，后进入主存的作业不一定最后结束。
- 调度性。作业从提交给系统开始直至完成，需要经过两次调度：一是作业调度，它是按照一定的作业调度算法，从外存的后备作业队列中选择若干个作业调入主存。二是进程调度，它是按照一定的进程调度算法，从主存中已有的作业选择一个作业，将处理器分配给该作业，使之运行。

多道批处理系统的优点：一是资源利用率高，二是系统吞吐量大。由于在主存中装入了多道程序，它们共享资源，使资源始终处于忙碌状态，从而提高了资源的利用率。系统吞吐量是指系统在单位时间内所完成的工作总量。由于 CPU 和其他资源保持“忙碌”状态，并且仅当作业完成或运行不下去时才进行切换，所以系统开销小，完成的任务多。

多道批处理系统的不足：一是作业的平均周转时间长，二是无交互能力。作业的平均周转时间是指从作业装入系统开始到完成并退出系统所经过的时间。在批处理系统中，由于作业要排队，依次进行处理，因而作业的周转时间长。作业执行时，用户不能直接干预，这对用户需要与程序进行信息交流是很不方便的。

3. 分时操作系统

在批处理系统中，用户以脱机的方式使用计算机，用户在提交作业后就完全脱离了自己的作业。在作业运行过程中，不管出现什么情况，用户都不能干预，只能等待该批作业处理结束才能得到计算结果。根据结果再作进一步的处理。若结果有错，还得重复上述过程。虽然这种操作方式提高了系统资源的利用率和系统的吞吐量，但是，对用户而言极不方便，用户希望能以联机的方式交互地使用计算机。这就导致了分时系统的产生。

（1）分时系统的概念。分时系统是指采用了分时技术的操作系统。分时技术就是把处理器的运行时间分成很短的时间片，根据时间片轮流把处理器分配给各联机作业使用。若某个作业在分配给它的时间片内不能完成，则该作业暂时中断，把处理器让给另一个作业使用，等待下一轮时再继续运行。由于计算机的速度很快，作业运行轮转得也很快，这样给每个用户的感觉就像是自己独占了一台计算机一样。

（2）分时系统的工作原理。在分时系统中，一台计算机可以和许多终端相连，每个用户通过终端向系统发出命令，请求完成某项工作。而系统则分析从终端发来的命令，完成用户提出的要求。然后，用户可以根据系统提供的运行结果，向系统提出进一步的要求，这样重复上述交互过程，直到用户完成预计的全部工作。

采用分时系统必须解决两个关键问题：一是及时接收，二是及时处理。在系统中配置一个多路卡，并且为每个中断设置一个缓冲区，使主机能同时接收用户从各个终端上发布的命令或输入的数据，从而使系统及时接收用户的输入；人机交互的关键是使用户输入自己的命令后，能及时地控制或修改自己的作业。为此，要让所有的用户作业直接进入主存，在不长的时间内（如 3 秒）使每个作业运行一次，从而使用户的作业得到及时处理。

分时系统实现的方法：一是用户作业直接进入主存，而不是先进入磁盘，再进入主存。二是不能让一个作业长时间占用处理器，以便让每个作业用户能与自己的作业进行交互操作。

（3）分时系统的实现方式。分时系统的实现方式有单道分时系统、具有“前台”和“后台”的分时系统和多道分时系统。

1）单道分时系统。在 20 世纪 60 年代初期，美国麻省理工学院建立了第一个单道分时系统 CTSS。在该系统中，主存只有一个作业，其他作业仍在外存上。为使系统能及时响应用户请求，规定每个作业在运行一个时间片后便暂停运行，由系统将它调至外存（调出），再从外存上选择一个作业装入主存（调入），作为下一个时间片的作业投入运行。若在不太长的时间内能使所有的作业都运行一个时间片，即在指定的时间内每个用户作业都能运行一次，这就使终端用户与自己的作业实现了交互，从而保证每个用户请求都能及时获得响应。

2）具有“前台”和“后台”的分时系统。在单道分时系统中，作业调入/调出时，CPU 处于“空闲”状态；主存中的作业在执行 I/O 请求时，CPU 也处于“空闲”状态。为了充分利用 CPU 而引入了“前台”和“后台”的概念。在具有“前台”和“后台”的分时系统中，主存被固定地划分为“前台区”和“后台区”两部分。“前台区”存放按时间片“调入”和“调出”的作业流，“后台区”存放批处理作业，仅当前台调入/调出时（或前台无作业可运行时），才能运行“后台区”中的作业，并且给它分配更长的时间片。

3）多道分时系统。为了进一步改善系统的性能，在分时系统中引入了多道程序设计技术。在主存中可以同时装入多道程序，每道程序无固定位置，对小作业可以装入几道程序，对一些较大的作业则少装入几道程序。系统把所有具备运行条件的作业排成一个队列，使它们依次获得一个时间片来运行。在系统中，既有终端用户作业又有批处理作业时，应赋予终端作业较高的优先权，并且将它们排成一个高优先权队列；而将批处理作业另外排成一个队列。平时轮转运行高优先权队列的作业，以保证终端用户请求能获得及时响应。仅当该队列为空时，才能运行批处理队列中的作业。由于切换的作业在主存中，不用花费调入、调出的开销，故多道分时系统具有较好的系统性能。现在的分时系统都属于多道分时系统。

（4）分时系统的特征。分时系统的特征有多路性、独立性、及时性和交互性。

- 多路性是指一台计算机与若干台终端相连接，终端上的用户可以同时或基本上同时使用计算机。宏观上，是多个用户同时工作，共享系统资源；微观上，则是每个用户轮流运行一个时间片。多路性也称为同时性，它提高了系统资源的利用率，从而促使计算机应用更广。
- 独立性是指每个用户占用一个终端，彼此独立操作、互不影响。因此，每个用户会感觉到自己“独占”了主机资源。

- 及时性是指用户的请求能在很短的时间内获得响应。此时的时间间隔是根据人们能够接受的等待时间来确定的，通常为2～3秒钟。
- 交互性。用户可以通过终端与系统进行广泛的对话。其广泛性表现在：用户可以请求系统提供各方面的服务，如文件编辑、数据处理和资源共享等。

多道程序设计技术和分时技术的出现，标志着操作系统的正式形成。

4. 实时系统

多道批处理系统和分时系统使资源的利用率得以提高，系统的响应时间缩短，从而使计算机的应用范围日益扩大。但是，在实时控制和实时信息处理中，要求系统的响应时间更短，这就产生了实时系统。

（1）实时系统的概念。实时系统是指系统能及时响应外部事件的请求，在规定的时间内，完成对该事件的处理，并且控制所有实时任务协调一致地运行。

（2）实时系统的类型。根据控制对象的不同，实时系统的类型分为实时控制系统和实时信息处理系统。

1）实时控制系统是指以计算机为中心的生产过程控制系统，又称为计算机控制系统。系统要求能及时采集现场数据，并且对采集的数据进行及时处理，进而自动控制相应的执行机构，使某些参数能按照预定的规律变化，以保证产品的质量和产量。实时控制系统通常用于工业控制和军事。

2）实时信息处理系统是指对信息进行实时处理的系统。在该系统中，计算机能及时接收从远程终端发来的服务请求，根据用户提出的问题对信息进行检索和处理，并且在很短的时间内向用户作出正确应答。典型的实时信息处理系统有机票订购系统、情报检索系统等。

（3）实时系统的特征。实时系统的特征有多路性、独立性、及时性、交互性和可靠性。

- 多路性是指系统能对多个现场进行数据采集，并且对多个对象或多个执行机构进行控制。
- 独立性是指信息的采集和对象的控制操作互不干扰。
- 及时性是以控制对象所要求的开始时间和截止时间来确定的，高于分时系统，一般为秒级、毫秒级，甚至微秒级。
- 交互性是指用户可以访问系统中某些特定的专用服务程序，其交互性弱于分时系统。
- 可靠性是指采用多级容错技术来保证系统的安全性和数据的安全性，其可靠性高于分时系统。

（4）实时系统与分时系统的主要区别。一是系统的设计目标不同。分时系统的设计目标是提供一种随时可供多个用户使用的通用性很强的系统；而实时系统则大多数都是具有某种特殊用途的专用系统。二是响应时间的长短不同。分时系统的响应时间通常为秒级；而实时系统的响应时间通常为毫秒级，甚至微秒级。三是交互性的强弱不同。分时系统的交互性强，而实时系统的交互性相对较弱。

批处理系统、分时系统和实时系统是三种基本的操作系统类型。而一个实际的操作系统，往往兼有三者或其中两者的功能。

5. 微机操作系统

微机操作系统是指配置在微机上的操作系统。最早出现的微机操作系统是 CP/M 操作系统。微机操作系统可以分为单用户单任务操作系统、单用户多任务操作系统和多用户多任务操作系统。

（1）单用户单任务操作系统是指只允许一个用户上机，并且只允许一个用户程序作为一个任务运行。这是一种最简单的微机操作系统，主要配置在 8 位微机和 16 位微机上。具有代表性的单用户单任务操作系统是 CP/M 和 MS-DOS。

1）CP/M 是 Control Program Monitor 的缩写，它是 Digital Research 公司于 1975 年推出的 8 位微机操作系统。它具有较好的层次结构、可适应性、可移植性和易学易用性。它在 8 位机中占据了统治地位，成为 8 位微机操作系统的标准。

2）DOS 是 Disk Operating System 的缩写，它是 Microsoft 公司于 1981 年推出的 16 位机操作系统。它在 CP/M 系统基础上进行了较大的扩充，增加了许多内部命令和外部命令。该操作系统具有较强的功能和性能优良的文件系统，占据了 16 位微机操作系统的统治地位，成为 16 位微机操作系统的标准。

（2）单用户多任务操作系统是指只允许一个用户上机，但允许一个用户程序分为多个任务并发执行，从而有效地改善系统的性能。它主要配置在 32 位微机上，具有代表性的单用户多任务操作系统是 OS/2 和 MS-Windows。

1）OS/2 是 IBM 公司于 1987 年推出的 16/32 位机操作系统。

2）Windows 是 Microsoft 公司于 1990 年推出的 32 位机操作系统。它具有易学易用、用户界面友好、多任务控制等特点。特别是 Windows 95 版本和 Windows NT 版本的出现，使之很快地流行起来，并且成为微机的主流操作系统。目前主要使用的是 Windows XP 版本。

（3）多用户多任务操作系统。多用户多任务操作系统是指允许多个用户通过各自的终端使用同一台主机，共享主机系统中的各类资源，而且每个用户程序又可以分为多个任务并发执行，从而提高资源的利用率和增加系统的吞吐量。它主要配置在大、中、小型计算机上，具有代表性的是 UNIX。

UNIX 是 Uniplexed Information and Computer Systems 的缩写，它是美国电报电话公司的 Bell 实验室于 1976 年推出的操作系统，可以在微机、小型机和大型机上运行。

6. 多处理器操作系统

为了增加系统的吞吐量、节省投资及提高系统的可靠性，在 20 世纪 70 年代出现了多处理器系统（Multi-Processor System，MPS），试图从计算机体系结构上来改善系统的性能。

根据多个处理器之间耦合的紧密程度，把多处理器系统分为紧密耦合 MPS 和松散耦合 MPS 两种类型。紧密耦合 MPS 是通过高速总线或高速交叉开关来实现多个处理器之间的互联，它们共享主存和 I/O 设备，系统中的所有资源都由操作系统实施统一的控制和管理。松散耦合 MPS 是通过通道或通信线路来实现多个计算机之间的互联，每台计算机都有各自的存储器和 I/O 设备，并且配置了操作系统来管理本地资源和在本地运行的进程。

在多处理器系统上配置的操作系统是多处理器操作系统，它可以分为非对称多处理器模式和对称多处理器模式两种。

非对称多处理器模式也称为主—从模式，在这种模式中，把处理器分为主处理器和从处理器两类。主处理器只有一个，其上配置了操作系统，用于管理整个系统的资源，并且负责为从处理器分配任务。从处理器有若干个，它们执行预先规定的任务及主处理器所分配的任务。这种模式易于实现，但是资源利用率低，在早期的特大型系统中，较多地采用了这种模式。

在对称多处理器模式中，所有处理器的地位都是相同的。在每个处理器上运行一个相同的操作系统拷贝，用它来管理本地资源，并且控制进程的运行以及计算机之间的通信。这种模式允许多个进程同时运行，但是，必须谨慎控制 I/O 设备，以保证能将数据送至适当的处理器，同时还必须使各处理器的负载平衡，以免有的处理器超载运行，而有的处理器空闲。

7. 网络操作系统

计算机网络是指通过通信线路和通信的控制设备，将相互独立的计算机系统连成一个整体，在网络软件的控制下实现信息传递和资源共享的系统。所谓独立的计算机系统是指计算机具有独立处理能力。网络软件主要是指网络操作系统和网络应用软件。

网络操作系统的模式有：客户机/服务器模式（C/S）和对等模式两种。

客户机/服务器模式（C/S）是 20 世纪 80 年代发展起来的，是目前广为流行的网络工作模式。在网络中有服务器和客户机两种站点。服务器是网络的控制中心，它向客户机提供一种或多种服务。客户机是用于本地的处理和访问服务器的站点。C/S 模式具有分布处理和集中控制的特征。

在对等模式中，各站点的关系是对等的，既可以作为客户机访问其他站点，又可以作为服务器向其他站点提供服务。该模式具有分布处理和分布控制的特征。

网络操作系统用于管理网络中的各种资源，为用户提供各种服务。其主要功能有网络通信管理、网络资源管理、网络安全管理和网络服务等。网络通信管理主要负责实现网络中计算机之间的通信；网络资源管理是对网络中软硬件资源实施有效的管理，保证用户方便、正确地使用这些资源，提高资源的利用率；网络安全管理提供网络资源访问的安全措施，保证用户数据和系统资源的安全性；网络服务是为用户提供各种网络服务，包括文件服务、打印服务、电子邮件服务等。

8. 分布式操作系统

在以往的计算机系统中，其处理和控制功能都高度地集中在主机上，所有的任务都是由主机处理的，这样的系统称为集中式处理系统。而分布式系统则是系统的处理和控制功能都分散在系统的各个处理单元上。系统的所有任务也可以动态地分配到各个处理单元上，并且使它们并行执行，实现分布处理。

所谓分布式处理系统是指由多个分散的处理单元经互联网的连接而形成的系统。在分布式系统上配置的操作系统称为分布式操作系统。分布式操作系统具有以下特点：

- 分布性。分布式操作系统不是集中地驻留在某一个站点上的，而是均匀地分布在各个站点上，它的处理和控制是分布式的。
- 并行性。分布式操作系统的任务是分配程序将多个任务分配到多个处理单元上，使这些任务能并行执行，从而提高任务执行的速度。
- 透明性。它可以很好地隐藏系统内部的实现细节，而对象的位置、并发控制、系统故障等对用户是透明的。
- 共享性。分布在各个站点上的软硬件资源，可以供全系统中的所有用户共享，并且以透明的方式访问它们。
- 健壮性。任何站点上的故障都不会给系统造成太大的影响。当某一设备出现故障时，可以通过容错技术实现系统重构，从而保证系统的正常运行。

分布式操作系统与网络操作系统的主要区别：一是能否适用不同的操作系统。网络操作系统可以构架于不同的操作系统之上，也就是说，它可以在不同的本机操作系统上，通过网络协议实现网络资源的统一配置，在大范围内构成网络操作系统；而分布式操作系统是由一种操作系统构架的。二是对资源的访问方式不同。网络操作系统在访问系统资源时，需要指明资源的位置和类型，对本地资源和异地资源的访问要区别对待；而分布式操作系统对所有资源，包括本地资源和异地资源，都采用同一方式进行管理和访问，用户不必关心资源在哪里，或资源是怎样存储的。

9. 操作系统的发展趋势

目前，操作系统正向大型和微型两个方向发展。大型系统的典型代表是分布式操作系统和机群操作系统。微型系统的典型代表是嵌入式操作系统。

机群操作系统是分布式系统的一种，一个机群通常由一群处理器密集构成。它可以用低成本的微机和以太网设备构造出性能相当于超级计算机性能的计算机机群。嵌入式操作系统是运行在嵌入式系统环境中，对整个嵌入式系统以及它所操作的各种部件装置等资源进行统一调度和控制的系统软件。例如，手机中使用的操作系统就是嵌入式操作系统。

现代操作系统也引入了一些新的技术，如微内核技术、多线程技术和面向对象技术等。多线程技术将在第 2 章介绍，其技术请读者参考有关资料。

1.4　操作系统的特征与功能

操作系统是一种特殊的系统软件，它具有一定的特点和要求，也具有特定的功能。本节主要介绍操作系统的特征和主要功能。

1.4.1　操作系统的特征

不同操作系统的特征各不相同。批处理操作系统主要突出成批处理的特点，分时操作系统主要突出交互处理的特点，实时操作系统主要突出及时处理的特点。但是，这几种操作系统都具有以下基本特征：

1. 并发性

在多道程序环境下，并发性是指两个或多个事件在同一时间间隔内发生，即宏观上有多道程序同时执行，而微观上，在单处理器系统中每一个时刻仅能执行一道程序。它与并行性的区别是：并行性是指在同一个时刻有两个或多个事件发生。并发的目的是改善系统的利用率和提高系统的吞吐量。

2. 共享性

共享性是指系统中的资源可以供多个并发执行的进程使用。根据资源的属性，把共享分为互斥共享和同时共享两种方式。互斥共享是指系统中的资源，如打印机、磁带等，虽然它们可以供给多个进程使用，但是，在一段时间内只允许一个进程访问该资源。同时共享是指系统中有些资源，如磁盘等，允许在一段时间内有多个进程同时对它们进行访问。

这里提到的进程是指程序的一次执行，是程序在一个数据集合上的运行过程，是系统进行资源分配和调度的基本单位。本书将在第 2 章详细介绍。

并发性和共享性是操作系统的两个基本特征，它们互为存在条件。一方面，资源共享是以程序（进程）的并发为条件的，若系统不允许并发执行，自然不存在资源共享问题；另一方面，若系统不能对资源共享实施有效管理，则将影响程序的并发执行，甚至无法执行。

3. 虚拟性

虚拟性是指通过某种技术把一个物理实体变成若干个逻辑实体。即物理上虽然只有一个实体，但是，用户使用时感觉有多个实体可以供使用。通过多道程序设计技术，可以实现处理器的虚拟；通过请求调入/调出技术，可以实现存储器的虚拟；通过 SPOOLing 技术，可以实现设备的虚拟。这些虚拟技术将在后面章节里详细介绍。

4. 异步性

异步性也称为不确定性，是指在多道程序环境下，允许多个进程并发执行。由于资源的限制，进程的执行不是“一气呵成”的，而是“走走停停”的。但是，只要环境相同，一个作业经过多次运行都会得到相同的结果。

1.4.2 操作系统的功能

操作系统是用户与硬件之间的桥梁，它主要负责管理计算机系统中的所有资源，并且负责它们的调度和使用，充分发挥这些资源的作用，并且方便用户的使用。从资源管理角度而言，操作系统的功能主要有处理器管理、存储器管理、设备管理、文件管理、作业管理与系统接口。

1. 处理器管理

处理器管理的主要任务是对处理器进行分配，并且对其运行进行有效控制和管理。处理器管理的主要功能包括进程控制、进程同步、进程通信和进程调度。

（1）进程控制的任务是为作业创建进程，撤消已结束的进程，以及控制进程在运行过程中的状态转换。其实现机制是通过进程控制原语或系统调用来实现进程的控制。

原语是指用于完成特定功能的、具有“原子性”的一段程序，它在执行过程中不能被中断。系统调用是指用户在程序中调用操作系统所提供的一些子功能。

（2）进程同步的任务是对多个进程的运行进行协调。其实现方式有：互斥方式和同步方式。程序在对临界资源访问时，应采用互斥方式。进程同步方式是指相互合作完成的进程，由同步机构对它们的执行次序加以协调。其实现机制是锁和信号量。一般情况下互斥方式采用锁，同步方式采用信号量。

（3）进程通信的任务是为了实现相互合作进程之间的通信。其方式有直接通信方式和间接通信方式两种。相互合作进程在同一计算机系统中进行通信时，采用直接通信方式，相互合作进程在不同的计算机系统之间通信时，采用间接通信方式。其实现机制是消息队列和邮箱。直接通信方式采用消息队列，间接通信方式采用中间实体——邮箱。

（4）进程调度的任务是从进程就绪队列中，按照一定的算法选择一个进程，把处理器分配给它，并且为它设置运行现场，使进程投入运行。

2. 存储器管理

存储器管理的主要任务是为多道程序的运行提供良好的主存环境，方便用户使用主存储器，提高主存储器的利用率，并且能从逻辑上扩充主存储器。存储器管理的主要功能有主存分配、主存保护、地址映射和主存扩充。

（1）主存分配的任务是为每道程序分配主存空间，提高主存空间的利用率。其分配方式有静态分配和动态分配两种。静态分配方式是指每个作业所占用的主存空间是在作业装入时确定的，在运行时，不允许申请新的主存空间，也不允许作业在主存中“移动”；动态分配方式是指每个作业所要求的基本主存空间，也是在作业装入时确定的，但是，允许作业在运行时申请新的附加主存空间，允许作业在主存中“移动”。

主存分配应具有以下的结构和功能：主存分配的数据结构，用于记录主存空间的使用情况；主存分配的功能，能按照一定的算法分配主存空间；主存回收的功能，能通过用户的释放请求去完成主存的回收功能。

（2）主存保护的任务是确保每道用户程序都在自己的主存空间中运行，互不干扰。其实现机制是设置两个界限寄存器，用它们分别存放正在执行程序的上界和下界（或大小），通过硬件来实现越界检查。

（3）地址映射（重定位）的任务是将程序的逻辑地址（从“0”开始）转换为主存的物理地址。它是在硬件的支持下实现的。

（4）主存扩充的任务是让小主存运行大程序。其主要功能是请求调用功能和置换功能。请求调用功能是指允许程序和数据装入一部分就能运行的功能。置换功能是指允许将主存的一部分程序和数据调至磁盘，以便腾出主存空间，将所需的程序和数据调入主存。

3. 设备管理

设备管理的主要任务是完成用户提出的I/O请求，为用户分配I/O设备，提高CPU与I/O设备的利用率，提高I/O设备的运行速度，方便用户使用I/O设备。

设备管理的主要功能有缓冲管理、设备分配、设备处理、设备独立性和虚拟设备。

（1）缓冲管理的任务是管理好各种类型的缓冲区，提高系统的效率。其实现机制是采用不同类型的缓冲区：单缓冲区、双缓冲区和缓冲池。

（2）设备分配的任务是根据用户的I/O请求，为之分配所需要的设备。其实现机制是配置设备控制表、控制器控制表等数据结构。

（3）设备处理的任务是实现CPU和设备控制器之间的通信。它是通过相应的处理程序来实现的。

（4）设备的独立性是指应用程序独立于物理设备，以使用户编制的程序与实际使用的物理设备无关，从而提高分配的效率。虚拟设备是指把每次允许一个进程使用的物理设备，改造为能同时供多个进程使用的设备，从而提高设备的利用率。

4. 文件管理

文件管理的主要任务是对用户文件和系统文件进行管理，方便用户使用，并且保证文件的安全性。

文件管理的主要功能有文件存储空间管理、目录管理、文件读写管理和存取控制。

（1）文件存储空间管理的任务是为每个文件分配必要的外存空间，提高外存的利用率和文件系统的工作速度。其实现机制是位示图，通过配置位示图，采用离散分配方式，以盘块为处理单位，实现外存空间的管理。

（2）目录管理的任务是为每个文件建立目录项，并且对众多的目录加以组织，以实现文件的按名存取，实现文件的共享，提供快速的目录查询手段，提高文件的检索速度。其实现机制是目录。

（3）文件读写管理的任务是根据用户请求，从外存上读取数据或把数据写入外存。其实现机制是设置文件的读写指针。

（4）文件存取控制的任务是防止系统中的文件被非法窃取和破坏。其实现机制是采用多级保护。第一级为系统级的存取控制：口令（口令加密）；第二级为用户级的存取控制：用户组+用户权限；第三级为文件级的存取控制：设置文件属性。

5. 作业管理与系统接口

作业管理的主要任务是完成用户要求的全过程处理上的宏观管理。作业管理的功能有作业注册、作业调度、作业运行、作业终止等。

系统接口的主要任务是方便用户使用操作系统。系统接口的主要功能有命令接口和程序接口。命令接口分为联机命令接口和脱机命令接口；程序接口是为用户程序在执行过程中访问系统资源而设置的，是用户程序取得操作系统服务的惟一途径。其实现机制是以函数形式提供的系统调用命令。

本章小结

操作系统是一组控制和管理计算机硬件和软件资源，合理地调度各类作业，以方便用户使用的程序集合。

通过本章的学习，读者应熟悉和掌握以下基本概念：

操作系统、批处理系统、分时系统、实时系统、网络系统、分布式系统、脱机输入输出技术、多道程序设计技术、分时技术。

通过本章的学习，读者应熟悉和掌握以下基本知识：

（1）操作系统的作用：从用户的观点看，操作系统是用户与硬件之间的接口。从资源管理的观点看，操作系统是系统资源的管理者。从层次的观点看，操作系统用来扩充机器。

（2）操作系统的设计目标：方便性，主要是指用户使用方便；有效性，主要是指能有效地管理系统的各类资源；可扩充性，主要是指操作系统自身的体系结构适应功能扩充的需要；开放性，主要是指适应硬件的发展和应用程序的可移植性。

（3）操作系统的特征：并发性，是指两个或多个事件在同一时间间隔内发生；共享性，是指系统中的资源可以供多个并发执行的进程使用；虚拟性，是指通过某种技术把一个物理实体变成若干个逻辑实体；异步性，是指多个并发执行的进程，由于资源的限制，进程的执行不是“一气呵成”的，而是“走走停停”的。

（4）操作系统的基本功能：从资源管理的角度来看，操作系统的功能主要有处理器管理、存储器管理、设备管理、文件管理、作业管理与系统接口。

习题

一、单项选择题

1．语言处理程序属于（　）。

A）系统软件　　B）支撑软件

C）应用软件　　D）以上都不是

2．人与裸机间的接口是（　）。

A）应用软件　　B）操作系统

C）支撑软件　　D）以上都不是

3．20 世纪 50 年代，General Motors 研究室在 IBM 701 上实现了第一个操作系统，它是一个（　）。

A）单道批处理系统　　B）多道批处理系统

C）分时操作系统　　D）以上都不是

4．启动外围设备的工作由（　）完成。

A）用户程序　　B）操作系统

C）用户　　D）外围设备自动启动

5．能够实现通信及资源共享的操作系统是（　）。

A）批处理操作系统　　B）分时操作系统

C）实时操作系统　　D）网络操作系统

6．时间片概念一般用于（　）。

A）批处理操作系统　　B）分时操作系统

C）实时操作系统　　D）以上都不是

7．UNIX 操作系统是一种（　）。

A）分时操作系统　　B）批处理操作系统

C）实时操作系统　　D）分布式操作系统

8．操作系统是一套（　）程序的集合。

A）文件管理　　B）中断处理

C）资源管理　　D）设备管理

9．批处理系统的主要缺点是（　）。

A）无平行性　　B）CPU 使用的效率低

C）无交互性　　D）以上都不是

10．操作系统的基本特征是共享性和（　）。

A）动态性　　B）并发性

C）交互性　　D）制约性

11．在分时系统中，当时间片一定时，（　）响应越快。

A）主存越大　　B）用户数越小

C）用户数越大　　D）主存越小

12．下面（　）不属于操作系统的功能。

A）用户管理　　B）CPU 和存储管理

C）设备管理　　D）文件和作业管理

13．下面说法中，（　）是错误的。

A）操作系统是一种软件

B）计算机是一个资源的集合体，包括软件资源和硬件资源

C）计算机硬件是操作系统工作的实体，操作系统的运行离不开硬件的支持

D）操作系统是独立于计算机系统的，它不属于计算机系统

14．下面不属于批处理操作系统特点的是（　）。

A）系统吞吐量大　　B）提高单位时间内的处理量

C）系统资源利用率高　　D）具有很强的交互性，方便用户

15．要求及时响应，具有高可靠性、安全性的操作系统是（　）。

A）分时操作系统　　B）实时操作系统

C）批处理操作系统　　D）以上都是

16．裸机配备了操作系统，则构成了（　）。

A）系统软件　　B）应用软件

C）虚拟机器　　D）硬件系统

17．以下关于操作系统设计的描述不正确的是（　）。

A）操作系统设计的目标之一是方便用户

B）操作系统设计的目标是实现虚拟机

C）操作系统设计的目标之一是使计算机能高效的工作

D）操作系统设计的目标是为其他程序设计提供良好地支撑环境

18．分布式计算机系统是一种特殊的（　）。

A）联机系统　　B）具有通信功能的单机系统

C）计算机网络　　D）以上都不是

19．能直接对系统中各类资源进行动态分配和管理，控制、协调各类任务的并行执行且系统中主机无主次之分，并且向用户提供统一的、有效的软件接口的系统是（　）。

A）分布式操作系统　　B）实时操作系统

C）网络操作系统　　D）批处理操作系统

20．分时操作系统的及时性是对（　）而言的。

A）周转时间　　B）响应时间

C）延迟时间　　D）A 和 C

二、填空题

1．计算机系统由________和________两大部分组成，由________对它们进行管理，以提高系统资源的利用率。

2．操作系统是一套________软件，其基本功能包括________、________、________、________和作业管理。它是________和________间的软件接口。

3．操作系统简称为________，是英文________的缩写。

4．操作系统的设计目标是________和________。

5．分时操作系统的特点主要包括________、________、________和________。

6．实时操作系统的特点主要包括________、________、________和________。

7．UNIX 系统是一个________操作系统，MS-DOS 是一个________操作系统。

8．计算机软件系统由________和________构成。

9．在________控制下，系统允许多个作业同时装入主存，使 CPU 能轮流执行各个作业。

10．SPOOLing 技术主要用于________。

三、简答题

1．什么是系统软件和应用软件？

2．简述操作系统的定义。

3．操作系统的功能是什么？

4．网络操作系统与分布式操作系统有何区别？

5．操作系统有哪几种类型？其工作方式如何？

6．操作系统在计算机中的地位如何？

7．为什么说批处理多道系统能极大地提高计算机系统的工作效率？

8．分时系统如何使各终端用户感到自己独占计算机资源？

9．写一篇调查论文：

（1）某操作系统的产生和发展：DOS/Windows/ UNIX /Linux。

说明：产生的背景、公司、人员，发展的版本，应用的范围。

（2）某操作系统的功能和特点：DOS/Windows/ UNIX /Linux。

（3）64 位操作系统的功能和特点。

（4）双核处理器的功能和特点。

10．根据你对操作系统的理解，请用图示的方法（颜色和图形）表示操作系统的功能。要求可以加上部分文字说明，但是不能使用与计算机有关的术语。

第2章　处理器管理

本章主要内容

- 处理器管理概述
- 进程
- 进程控制
- 进程同步与互斥
- 进程通信
- 进程调度
- 进程死锁
- 线程、超线程和双核的基本概念

本章教学目标

- 了解线程的基本概念
- 熟悉进程描述、进程通信和进程死锁
- 掌握进程控制、进程同步与互斥、进程调度

2.1　处理器管理概述

在计算机的各种硬件资源中，处理器是最重要的资源，也是最紧俏的资源。因此，对处理器管理的好坏，将直接影响到计算机的整体性能。本节主要介绍处理器管理的主要任务与主要功能、程序的顺序执行和并发执行。

2.1.1　处理器管理的功能

处理器管理的主要任务是对处理器进行分配，并对其运行进行有效控制和管理。在现代操作系统中，处理器的分配和运行都是以进程为基本单位的，因而对处理器的管理也可以视为对进程的管理。进程是程序的一次执行过程。处理器管理包括以下功能：

（1）进程控制。在并发运行环境中，要使程序运行，必须先为它创建一个或几个进程，并给它分配必要的资源。程序运行结束时，要撤消这些进程，并回收这些进程所占用的各类资源。进程控制的主要任务就是为程序创建进程，撤消已结束的进程，以及控制进程在运行过程中的状态转换。

在操作系统中，通常是利用若干条进程控制原语或系统调用来实现进程的控制。所谓“原语”是指用以完成特定功能的、具有“原子性”的一个过程。“原子性”是指过程中的一组操作，要么都做，要么都不做，所执行的一系列操作是不可分割的，是不能被中断的。简单地说，原语就是不能被中断的操作。

（2）进程同步。在并发环境中，进程是以异步方式工作的，并且以不可预知的速度向前推进。为了使多个进程能有条不紊地运行，系统中必须设置进程同步机制。进程同步的主要任务是对众多的进程运行进行协调。协调方式有两种：

1）进程互斥方式。进程在对临界资源进行访问时，应采用互斥方式，也就是当一个进程访问临界资源时，另一个要访问该临界资源的进程必须等待；当获取临界资源的进程释放临界资源后，其他进程才能获取临界资源。这种进程之间的相互制约关系称为互斥。简单地说，互斥就是“有我就没你，有你就没我”。临界资源是指一次只能被一个进程使用的资源。

2）进程同步方式。相互合作的进程，由同步机构对它们的执行次序加以协调。也就是前一个进程结束，后一个进程才能开始；前一个进程没有结束，后一个进程就不能开始。这种进程之间的相互合作关系称为同步。简单地说，同步就是“有你才有我，没你就没我”。

在系统中，进程的同步机制可以有多种实现方法，对于进程互斥最简单的实现就是设置锁，通过加锁、解锁实现互斥。实现进程同步常用的机制是信号量机制。

（3）进程通信。在系统中，经常会有多个进程需要相互配合去完成一个共同的任务，而在这些进程之间，往往需要相互交换信息。进程通信的任务就是用来实现相互合作进程之间的信息交换。

当相互合作的进程处于同一台计算机系统时，通常采用直接通信方式。由源进程利用发送命令直接将消息发送到目标进程的消息队列上，然后由目标进程利用接收命令从其消息队列中取出消息。

当相互合作的进程处于不同计算机系统时，通常采用间接通信方式。由源进程利用发送命令将信息发送到一个专门存放消息的中间实体中，然后由目标进程利用接收命令从中间实体中取出消息。这个中间实体通常称为“邮箱”，相应的通信系统称为电子邮件系统。

（4）处理器调度。等待在后备队列上的作业，通常要经过处理器调度才能执行。处理器调度包括作业调度（也称为高级调度）、进程调度（也称为低级调度）和中级调度。

1）作业调度的基本任务是从后备队列中按照一定的算法选择出若干个作业，为它们分配必要的资源，将它们调入主存，然后为它们建立进程，使之成为可能获得处理器的就绪进程，并按照一定的算法将其插入到就绪队列。作业调度将在第 6 章作业管理与系统接口中介绍。

2）进程调度的基本任务是从进程的就绪队列中，按照一定的调度算法选出一个进程，把处理器分配给它，并为它设置运行现场，使进程投入运行。本章主要介绍进程调度。

3）中级调度的基本任务是把那些暂时不能运行的进程从主存移到外存上，释放其所占有的宝贵资源，让其他进程运行。当移到外存上的进程具备运行条件时，再由中级调度把它们重新调入主存，等待运行。中级调度将在第 3 章存储器管理的对换技术中详细介绍，也可以参考本章 2.2.4 节的内容。

在进行作业调度和进程调度时，必须遵循某种调度算法，不同的算法在性能、复杂性等方面各不相同，结果也千差万别。

2.1.2　程序执行

程序执行是指程序在计算机中的运行过程。程序的执行可以用前趋图表示，程序的执行方式有顺序执行和并发执行。

1. 前趋图

前趋图是一个有向无循环图。图中的每个节点可用于表示一条语句、一个程序段等；节点间的有向边表示在两个节点之间存在的前趋关系。如 Pi → Pj，称 Pi 是 Pj 的前趋，而 Pj 是 Pi 的后继。在前趋图中，没有前趋的节点称为初始节点，没有后继的节点称为终止节点。应当注意的是，前趋图中不能存在循环。

在图 2-1 所示的前趋图中存在下述前趋关系：

P1 → P2，P1 → P3，P2 → P5，P3 → P4，P4 → P5，P5 → P6

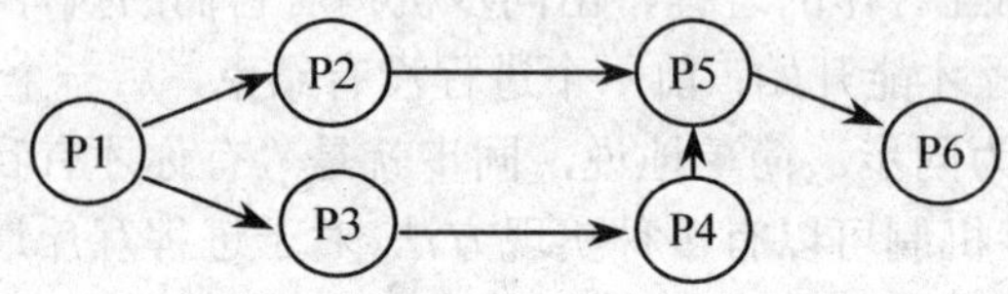

图 2-1 具有 6 个节点的前趋图

说明：前趋图的画法可以按照执行的顺序自左至右或自上而下画出。

2. 程序的顺序执行

一个较大的程序通常由若干个操作组成。程序在执行时，必须按照某种先后次序逐个执行操作，只有当前一个操作执行完后，才能执行后一个操作。例如：在进行计算时，总是先输入需要的数据，然后才能进行计算，计算完成后再将结果输出。

如果用 I 代表输入，C 代表计算，P 代表打印，则上述情况可用如图 2-2 所示的前趋图表示。

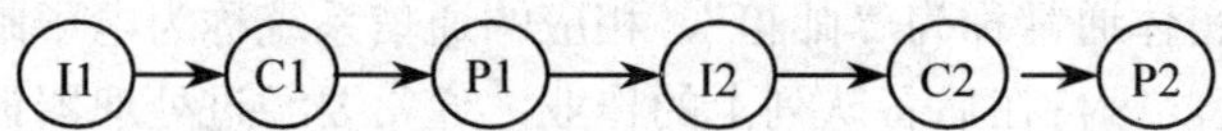

图 2-2 程序顺序执行时的前趋图

程序的顺序执行通常表现出如下特征：

- 顺序性。严格按照程序所规定的顺序执行。
- 封闭性。程序在封闭的环境下执行。程序在运行时独占所有资源，其执行结果不受外界因素的影响。
- 可再现性。只要程序执行的环境和初始条件相同，程序无论重复执行多少次，按照何种方式执行，都将获得相同的结果。

3. 程序的并发执行

（1）程序并发执行的概念。如前所述，一个较大的程序包括若干个按照一定次序执行的组成部分。但是，在处理一批程序时，它们之间有时并不存在严格的执行次序，可以并发执行。如程序顺序执行中的示例，虽然在进行计算时，总是先输入需要的数据，然后才能进行计算，计算完成后，再将结果输出。但是，完成第一次输入后，在对第一次输入进行计算的同时，可以进行第二次输入，实现第一次计算与第二次输入的并发执行。同理，在进行第 i+1 次输入时，可以进行第 i 次的计算，同时进行第 i-1 次的输出。上述情况可用如图 2-3 所示的前趋图表示。

程序的并发执行是指在一个时间段内执行多个程序。程序在并发执行时，虽然提高了系统的吞吐量，但是也会产生一些与顺序执行时不同的特征。

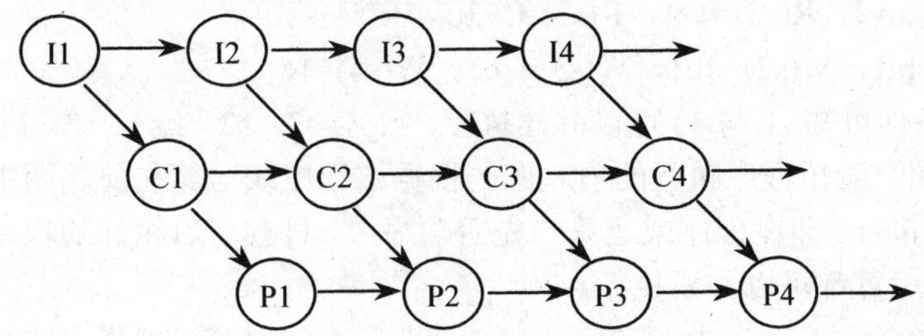

图 2-3 程序并发执行时的前趋图

- 间断性。在程序并发执行时，由于它们之间共享资源或相互合作，致使它们之间形成了相互制约的关系，导致并发程序在执行中因为受到影响，表现为“执行—暂停执行—执行”的间断性活动规律。
- 失去封闭性。程序并发执行时，多个程序共享系统中的各种资源，因而这些资源的状态将由多个程序来改变，致使程序的运行失去了封闭性。这样，程序在执行时，必然会受到其他程序的影响。
- 不可再现性。由于程序执行时失去了封闭性，也将导致失去可再现性。即使并发程序执行的环境和初始条件相同，程序的多次执行或以不同的方式执行，也可能获得不相同的结果。

【例 2-1】程序 A 和程序 B 为并发执行，它们共享变量 M，假设 M 初值为 3。程序 A 执行 M=M+1；程序 B 执行 print M；M=1。若程序 A 和程序 B 执行的顺序不相同，M 的结果将产生不同的变化。

顺序 1：M = M +1;print M;M = 1。M 值依次为 4、4、1。

顺序 2：print M;M = M +1;M = 1。M 值依次为 3、4、1。

顺序 3：print M;M = 1;M = M +1。M 值依次为 3、1、2。

按照顺序 1 执行，M 的输出结果为 4；按照顺序 2 执行，M 的输出结果为 3；按照顺序 3 执行，M 的输出结果为 3。所以，当执行的条件不同时，并发程序有可能产生不同的执行顺序，也就会得到不同的执行结果。这样并发程序就形成了结果的不可再现性。

（2）程序并发执行的判断方法。判断程序并发执行的方法有两种：Bernstein 条件和前趋图。

1）Bernstein 条件。即不同运算（或程序）的读集与写集的交集和写集与写集的交集的并集为空集时，这几个运算（或程序）可以并发执行。运算的读集是指在运算执行期间引用的所有变量的集合，运算的写集是指在运算执行期间要改变的所有变量的集合。例如运算 w=x+y，其读集是{x,y}，其写集是{w}。

【例 2-2】有四条语句，哪些语句可以并发执行？

s1：a=x+y;

s2：b=z+1;

s3：c=a-b;

s4：d=c+1;

【解】要先确定运算，然后写出每个运算的读集与写集，最后两两判断运算的读集与写集，写集与写集的交集的并集是否是空集；若是，则可以并发，否则不能并发。

对于本题，四条语句的读集与写集分别是：

读集：R(s1)={x,y}，R(s2)={z}，R(s3)={a,b}，R(s4)={c}。

写集：W(s1)={a}，W(s2)={b}，W(s3)={c}，W(s4)={d}。

由 Bernstein 条件可知 s1 与 s2 可以并发执行，s1 与 s3，s2 与 s3，s3 与 s4 不能并发执行。

2）利用前趋图。画出程序执行的前趋图，根据该程序或运算在前趋图中的位置关系，可以判断其能否并发执行。即在程序或运算的先后顺序上，只有前后相邻的程序或运算不能并发执行，其余程序和运算都可以并发执行。

【例 2-3】已知一个求值公式$(a^2+3b)/(b+5a)$，若 a、b 已赋值，试画出该公式求值过程的前趋图，并判断哪些求值过程可以并发执行。

【解】把公式$(a^2+3b)/(b+5a)$按照运算顺序分解，可以产生如下运算步骤：s1～s6，如图 2-4（a）所示；根据分解的运算顺序画出它的前趋图，如图 2-4（b）所示。

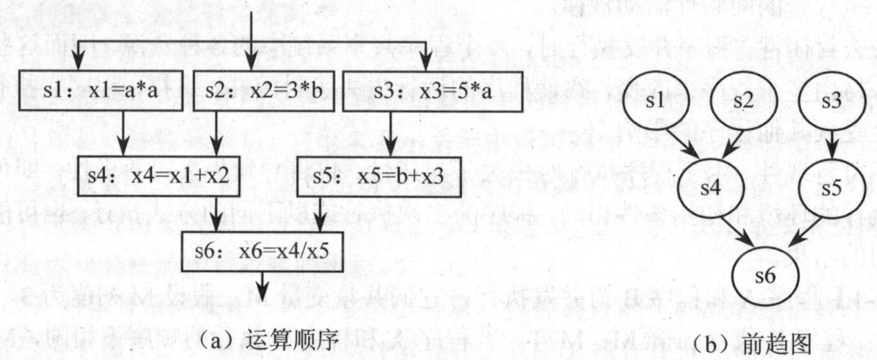

图 2-4　利用前趋图判断并发

根据前趋图，可以看出能够并发执行的运算是：s1 与 s2、s1 与 s3、s2 与 s3、s1 与 s5、s2 与 s5、s3 与 s4、s4 与 s5，其余运算不能并发执行。

说明：程序的并行执行是指在某一时刻同时执行多个程序，它是并发执行的一个特例。

2.2　进程

程序并发执行时产生了一些新的特征，用原有的程序概念不能很好地解释程序执行过程中的很多现象。例如，程序暂停执行时，程序的现场保护；程序恢复运行时继续执行的说明。为了使程序能够并发执行，并能够对并发执行的程序加以控制和描述，引入了进程。本节主要介绍进程的概念与特征、进程的状态与状态间的转换。

2.2.1　进程的概念

1．进程的定义

“进程”这一术语，在 20 世纪 60 年代初期首先出现在麻省理工学院的 MULTICS 系统和 IBM 公司的 CTSS/360 系统中。其后，人们对它不断加以改进，从不同的方面对它进行描述。关于进程的定义有以下一些描述：进程是程序的一次执行；进程可以定义为一个数据结构及能在其上进行操作的一个程序；进程是程序在一个数据集合上的运行过程，是系统资源分配和调度的一个独立单位。

据此，可以把“进程”定义为：一个程序在一个数据集合上的一次运行过程。所以一个程序在不同数据集合上运行，乃至一个程序在同样数据集合上的多次运行都是不同的进程。

2. 进程的特征

进程与传统的程序是截然不同的两个概念，它具有五个基本特征，从这五个特征可以看到进程与程序的巨大差异。

（1）动态性。进程的动态性是进程的最基本特征，它表现为“进程因创建而产生，因调度而执行，因得不到资源而暂停，以及因撤消而消亡”。因此，进程具有一定的生命周期，其状态也会不断发生变化，是一个动态实体。而程序仅是一组指令的集合，并且可以一成不变地存放在某种介质上，是一个静态实体。

（2）并发性。进程的并发性是指多个进程在一段时间内同时运行，交替使用处理器的情况。并发性是进程同时也是操作系统的重要特征。

（3）独立性。进程的独立性是指进程实体是一个能独立运行的基本单位，同时也是独立获得资源和独立调度的基本单位。没有创建进程的程序，是不能参加运行的。

（4）异步性。进程的异步性是指系统中的进程按照各自独立的、不可预知的速度向前推进，即进程按照异步方式运行。正是如此，将导致执行的不可再现性。因此，在操作系统中必须采取相应的措施来保证进程之间能够协调运行。

（5）结构性。进程的结构性是指在结构上进程实体由程序段、数据段和进程控制块组成，这三部分也统称为“进程映像”。

举一个例子来说明程序和进程。例如从北京西站开往长沙的 T1 次列车，它有自己的运行步骤：始发时间、站台，中间停靠的车站及停靠时间，到达终点站的时间等，这相当于一个程序。而 2007 年 3 月 18 日从北京西站开往长沙的 T1 次列车就相当于一个进程，它是一个过程，15:00 从北京西站出发，第二天 6:10 到达长沙结束。

2.2.2　进程关系的表示

进程关系主要是指进程间执行的次序关系，它可以采用不同的形式来表示。

1. 进程关系

在并发环境下，进程关系有三种：

（1）串行。一个进程结束，下一个进程才能开始。这两个进程的关系就是串行关系。

（2）并行。多个进程可以同时开始，同时结束。这几个进程之间的关系就是并行关系。

（3）嵌套。在串行中包含并行，在并行中也包含串行。这种进程间的关系就是嵌套关系。

2. 进程关系的表示方法

进程关系可以采用以下三种方法表示。

（1）图示法。可以采用前趋图和进程流图表示。前趋图的表示已经在上一节讲过，这里不再赘述。进程流图使用的图素有：带圈的“S”表示开始，带圈的“F”表示结束，有向线段表示进程。进程的三种关系如图 2-5 所示。

（2）数学法。就是利用数学函数来表示进程关系。“串行”使用串行函数表示：S(p1,⋯,pn)。其中函数名“S”表示串行，函数参数“p1,⋯,pn”表示进程，中间用逗号分隔。“并行”使用并行函数表示：P（p1,⋯,pn）。其中函数名“P”表示并行，函数参数“p1,⋯,pn”表示进程，中间用逗号分隔。“嵌套”使用串行函数和并行函数的组合表示，图 2-5 中的嵌套关系可以表示为：S(p1,P(p2,S(p3,P(p5,p6)),p4),P(p7,p8))。

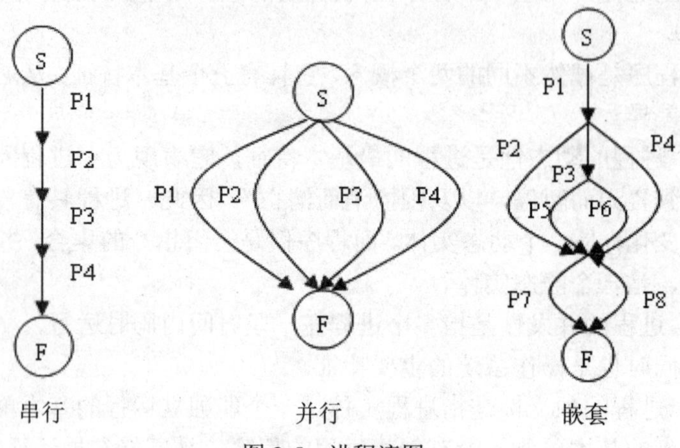

图 2-5　进程流图

（3）程序法。以 cobegin 和 coend 结构指明并行，其格式为：

cobegin p1 ; p2 ; … ; pn　coend　或 cobegin p1 // p2 //　…　// pn　coend

其中 pi 为进程或一块代码或函数。函数间用“;”分隔表示串行，用“//”分隔表示并行。图 2-5 中的进程关系用程序法表示为：

串行：cobegin p1 ; p2 ; p3 ; p4　coend

并行：cobegin p1 // p2 // p3 // p4　coend

嵌套：cobegin

p1 ; {p2 // {p3 ; p5//p6 }// p4} ; {p7//p8}

coend

2.2.3　进程的状态

进程具有一定的生命周期，并且在推进的过程中会发生相应的变化，即不断改变自身的状态。为了有效地控制和管理进程，根据实际情况可以将进程分为不同的状态。

1．进程的三种基本状态

通常，一个进程必须有就绪、执行和阻塞三种基本状态。

（1）就绪状态。进程已分配到除处理器（CPU）以外的所有必要资源，只要再获得处理器就可以执行的状态称为就绪状态。在一个系统里，可以有多个进程同时处于就绪状态，通常把这些就绪进程排成一个或多个队列，称为就绪队列。例如，某用户接受完了大学教育，做好各项准备去求职的状态，就相当于就绪状态。

（2）执行状态。处于就绪状态的进程一旦获得了处理器，就可以运行，进程状态也就处于执行状态。在单处理器系统中，只能有一个进程处于执行状态。在多处理器系统中，可能有多个进程处于执行状态。例如，某用户被一家企业或组织选中，得到工作岗位，获得了为社会和自己创造财富的机会，此时就相当于执行状态。

（3）阻塞状态。正在执行的进程因为发生某些事件（如请求输入/输出、申请额外空间等）而暂停运行，这种受阻暂停的状态称为阻塞状态，也可以称为等待状态。通常将处于阻塞状态的进程排成一个队列，称为阻塞队列。在有些系统中，也会按照阻塞原因的不同将处于阻塞状态的进程排成多个队列。例如，某用户在工作中因为自身知识与能力的不足，不能胜任工作，被企业或组织解聘，必须进行进一步的培训或学习，这样就进入了阻塞状态。

2. 进程的其他两种状态

在很多系统中，为了更好地描述进程的状态变化，进程除了三种基本状态外，又增加了两种状态。

（1）新状态。当一个新进程刚刚建立，还未将其放入就绪队列时的状态，称为新状态。例如一个人刚开始接受教育，此时就可以称其处于新状态。

（2）终止状态。当一个进程已经正常结束或异常结束，操作系统已将其从系统队列中移出，但是尚未撤消，这时称为终止状态。例如，一个人在自己的工作岗位尽职尽责，为社会和自身创造了财富，最后光荣退休，就可以称为终止状态。

3. 进程状态间的转换

在进程推进过程中，将在各个状态间不断发生改变。

（1）新状态→就绪状态。当就绪队列能够接纳新的进程时，操作系统就会把处于新状态的进程移入就绪队列，此时进程就从新状态转变为就绪状态。

（2）就绪状态→执行状态。处于就绪状态的进程，当进程调度程序按照一定的算法为之分配了处理器后，该进程就可以获得执行，从而使进程状态由就绪状态变为执行状态。处于执行状态的进程也称为当前进程。

（3）执行状态→阻塞状态。正在执行的进程因为自身需求发生某种事件（如 I/O 请求或等待某一资源等）而无法继续执行时，只好暂停执行，此时进程就由执行状态转变为阻塞状态。

（4）执行状态→就绪状态。正在执行的进程，如果因系统分配给的时间片结束或优先权较低而暂停执行时，该进程将会从执行状态转变为就绪状态。

（5）阻塞状态→就绪状态。处于阻塞队列中的进程，如果需要的资源得到满足或完成输入输出响应，就会变为就绪状态，进入就绪队列，等待下一次调度。

（6）执行状态→终止状态。当一个进程正常结束或出现异常错误结束时，进程将由执行状态转变为终止状态。

图 2-6 给出了具有五种进程状态的转换图。

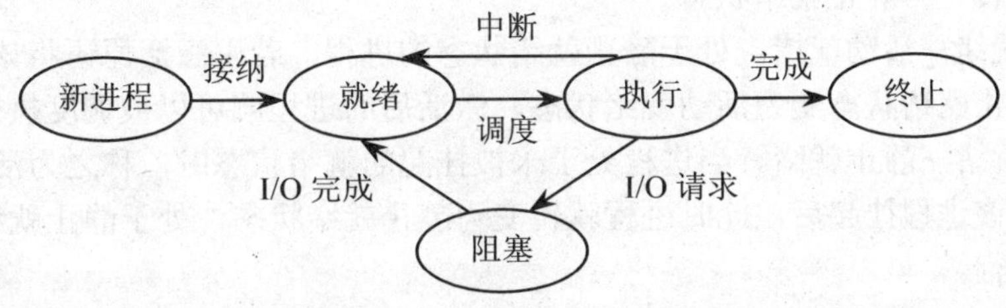

图 2-6　五种进程状态的转换

在这里为了进一步解释进程状态转换，将从另一方面给出一个状态转换图，如图 2-7 所示。

说明： 一个人和一个进程相似，有生命周期，是动态的、异步的、独立的、并发的，也在不停地转换着状态与角色。所以，可以用人生来体会进程的概念，同样，也可以用进程来比对人生，也许会有新的诠释和新的启迪。

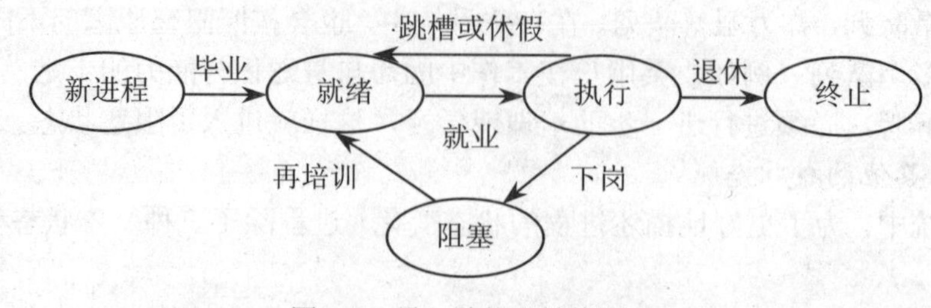

图 2-7 另一种状态转换图

2.2.4 进程的挂起状态

1. 挂起状态的引入

在很多系统中，进程只有上述五种状态。但是，在另一些系统中，由于某种需要又增加了一些新的进程状态，其中最重要最常见的是挂起状态。引入挂起状态主要是基于下列需求：

（1）用户的需求。当用户在进程运行期间发现有可疑问题时，希望进程暂时停止下来，但并不终止进程。若进程处于执行状态，则暂停执行；若进程处于就绪状态，则暂时不接受调度，以便研究进程执行情况或对程序进行修改。这种静止状态称为挂起状态。

（2）父进程的需求。父进程往往希望考查和修改子进程，或者协调各个子进程之间的活动，此时需要挂起自己的子进程。

（3）操作系统的需求。操作系统有时需要挂起某些进程，然后检查系统中资源的使用情况，进行记账控制，以便改善系统运行的性能。

（4）对换的需求。为了缓和主存与系统其他资源的紧张情况，并且提高系统性能，有些系统希望将处于阻塞状态的进程从主存换到外存。而换到外存的进程，当等待的事件完成，它仍然不具备执行的条件，不能进入就绪队列，所以需要一个有别于阻塞状态的新状态来表示，即挂起状态。

2. 引入挂起状态后的进程状态转换

在引入挂起状态后，进程的状态变化又增加了挂起状态（又称为静止状态）与非挂起状态（又称为活动状态）间的转换。

（1）执行状态→静止就绪。正在执行的进程，如果用挂起原语将该进程挂起后，此时进程就暂停执行，转变为静止就绪状态。

（2）静止就绪→活动就绪。处于静止就绪状态的进程，若用激活原语将该进程激活后，进程状态就由静止就绪状态变为活动就绪状态，激活后的进程就可以被调度执行了。

（3）活动就绪→静止就绪。当进程处于未被挂起的就绪状态时，称之为活动就绪状态，在用挂起原语将该进程挂起后，此时进程就转变为静止就绪状态。处于静止就绪状态的进程，不能再被调度执行。

（4）活动阻塞→静止阻塞。当进程处于未被挂起的阻塞状态时，称之为活动阻塞状态。在用挂起原语将该进程挂起后，此时进程就转变为静止阻塞状态。

（5）静止阻塞→活动阻塞。处于静止阻塞状态的进程，若用激活原语将该进程激活，进程状态就由静止阻塞状态变为活动阻塞状态。

（6）静止阻塞→静止就绪。处于静止阻塞状态的进程，在其所需要的资源满足或完成等待的事件后，就会变为静止就绪状态。

读者可以根据上述内容，自己画出引入挂起状态后的进程转换图。

2.3　进程控制

进程控制的主要任务是为作业程序创建进程，撤消已结束的进程，以及控制进程在运行过程中的状态转换。本节主要介绍进程控制块的作用、组成、组织方式，进程的创建与撤消，进程的阻塞与唤醒。

2.3.1　进程控制块 PCB

1. 进程控制块的作用

进程控制块 PCB（Process Control Block）是进程实体的重要组成部分，是操作系统中最重要的记录型数据。在进程控制块中记录了操作系统所需要的、用于描述进程情况及控制进程运行所需要的全部信息。通过 PCB，使得原来不能独立运行的程序（数据），成为一个可以独立运行的基本单位，一个能够并发执行的进程。换句话说，在进程的整个生命周期中，操作系统都要通过进程的 PCB 来对并发执行的进程进行管理和控制。

由此看来，进程控制块是系统对进程控制采用的数据结构。系统是根据进程的 PCB 而感知进程存在的。所以，进程控制块是进程存在的惟一标志。当系统创建一个新进程时，就要为它建立一个 PCB；当进程结束时，系统又回收其 PCB，进程也随之消亡。PCB 可以被多个系统模块读取和修改，如调度模块、资源分配模块、中断处理模块、监督和分析模块等。因为 PCB 经常被系统访问，因此常驻主存。系统把所有的 PCB 组织成若干个链表（或队列），存放在操作系统中专门开辟的 PCB 区内。

2. 进程控制块的内容

进程控制块主要包括下述四个方面的信息，如图 2-8 所示。

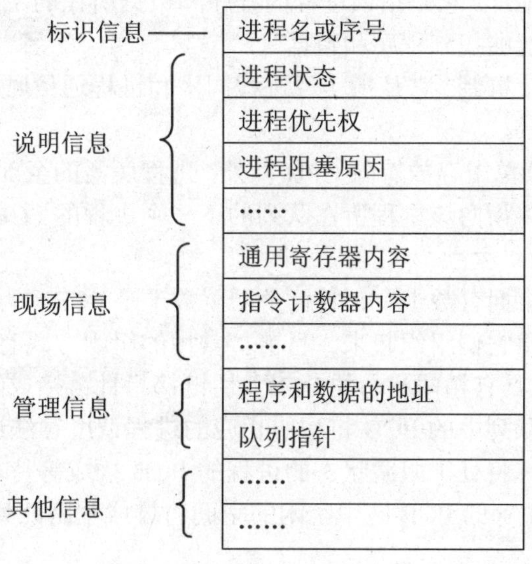

图 2-8　进程控制块的组成

（1）进程标识信息。进程标识符用于标识一个进程，通常有外部标识符和内部标识符两种。

1）外部标识符由进程创建者命名，通常是由字母、数字所组成的一个字符串，在用户（进程）访问该进程时使用。外部标识符都便于记忆，如计算进程、打印进程、发送进程、接收进程等。

2）内部标识符是为方便系统使用而设置的。操作系统为每一个进程赋予惟一的一个整数，把它作为内部标识符。内部标识符通常就是一个进程的序号。

（2）说明信息（进程调度信息）。说明信息是与进程调度有关的状态信息，它包括：

- 进程状态。指明进程当前的状态，作为进程调度和对换时的依据。
- 进程优先权。用于描述进程使用处理器的优先权别，通常是一个整数。优先权高的进程将优先获得处理器。
- 进程调度所需的其他信息。其内容与所采用的进程调度算法有关，如进程等待时间、进程已执行时间等。
- 阻塞事件是指进程由执行状态转变为阻塞状态时所等待发生的事件，即阻塞原因。

（3）现场信息（处理器状态信息）。现场信息是用于保留进程存放在处理器中的各种信息，主要由处理器中各个寄存器的内容组成。尤其是当进程暂停执行时，这些寄存器内的信息将被保存在PCB里，当该进程重新执行时，能从上次停止的地方继续执行。

- 通用寄存器。其中的内容可以被用户程序访问，用于暂存信息。
- 指令计数器。用于存放要访问的下一条指令的地址。
- 程序状态字。用于保存当前处理器的状态信息，如执行方式、中断屏蔽标志等。
- 用户栈指针。每个用户进程都有一个或若干个与之相关的关系栈，用于存放过程和系统调用参数及调用地址，栈指针指向堆栈的栈顶。

（4）管理信息（进程控制信息）。管理信息包括进程资源、控制机制等一些进程执行所需要的信息。

- 程序和数据的地址。它是指该进程的程序和数据所在的主存和外存地址，以便该进程再次执行时，能够找到程序和数据。
- 进程同步和通信机制。它是指实现进程同步和进程通信时所采用的机制，如消息队列指针、信号量等。
- 资源清单。该清单中存放有除CPU以外，进程所需的全部资源和已经分配到的资源。
- 链接指针。它将指向该进程所在队列的下一个进程的PCB的首地址。

3. 进程控制块的组织方式

在一个系统中，通常拥有数十个、数百个乃至数千个PCB，为了能对它们进行有效管理，就必须通过适当的方式将它们组织起来。目前，常用的组织方式有链接方式和索引方式。

（1）链接方式。把具有相同状态的PCB，用链接指针链接成队列，如就绪队列、阻塞队列和空闲队列等。就绪队列中的PCB将按照相应的进程调度算法进行排序。而阻塞队列也可以根据阻塞原因的不同，将处于阻塞状态的进程的PCB排成等待I/O队列、等待主存队列等多个队列。此外，系统主存的PCB区中空闲的空间将排成空闲队列，以方便进行PCB的分配与回收。

图2-9给出了一种PCB链接队列的组织方式。

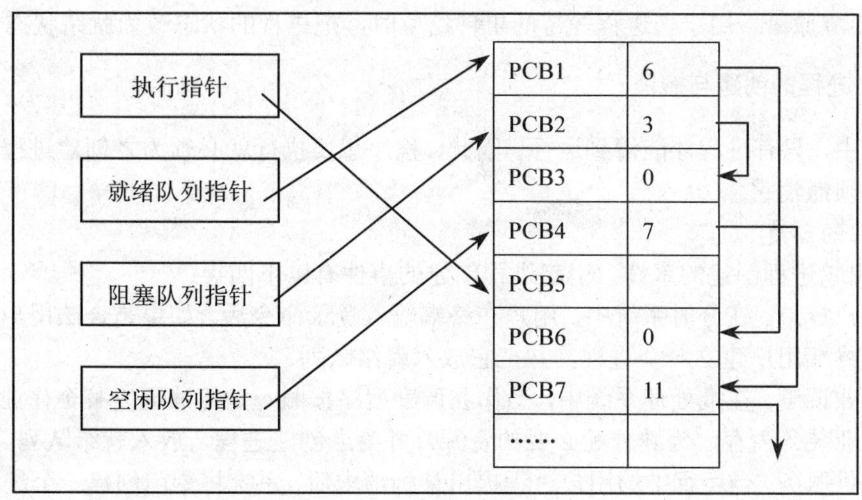

图 2-9　PCB 的链接组织方式

（2）索引方式。系统根据各个进程的状态建立不同的索引表，如就绪索引表、阻塞索引表等，并把各个索引表在主存的首地址记录在主存中的专用单元里，也可以称为表指针。在每个索引表的表目中，记录着具有相同状态的各个 PCB 在表中的地址。

图 2-10 给出了 PCB 组织的索引方式。

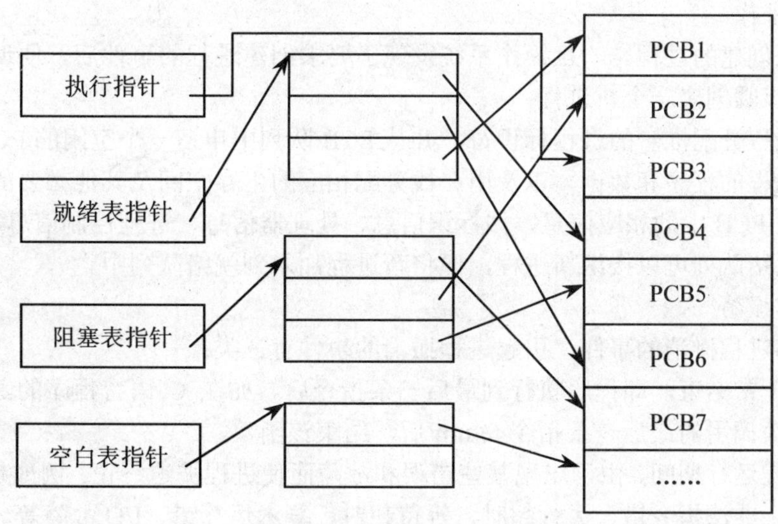

图 2-10　PCB 的索引组织方式

4. 进程控制原语

原语是指具有特定功能的不可被中断的过程。它主要用于实现操作系统的一些专门控制操作。用于进程控制的原语有：

（1）创建原语。用于为一个进程分配工作区和建立 PCB，置该进程为就绪状态。

（2）撤消原语。用于一个进程工作完后，收回它的工作区和 PCB。

（3）阻塞原语。用于进程在运行过程中发生等待事件时，把进程的状态改为阻塞状态。

（4）唤醒原语。用于当进程等待的事件结束时，把进程的状态改为就绪状态。

2.3.2 进程的创建与撤消

在系统中，只有进程才能得到运行。因此，程序想要执行就必须为之创建进程。进程执行结束，就必须撤消它。

1. 进程的创建

（1）引起进程创建的事件。引起进程创建的事件有以下四类：

- 用户登录。在分时系统中，用户在终端输入登录命令后，如果是合法用户，系统将为该终端用户建立一个进程，并把它放入就绪队列。
- 作业调度。在批处理系统中，当作业调度程序按照一定算法调度某个作业时，便将该作业装入主存，为其分配必要的资源，并为之创建进程，放入就绪队列。
- 提供服务。当运行中的用户进程提出某种请求后，系统将专门创建一个进程来提供用户所需要的服务。例如，用户进程要求进行文件打印时，操作系统将为之创建一个打印进程。
- 应用请求。上述三种情况都是由系统为之创建进程，而第四种情况则是基于应用进程自己的需要，由它自己创建一个新进程，这个新进程也称为该进程的子进程。例如，某应用进程需要不断从键盘读入数据，然后进行相应的处理，最后将处理结果以表格形式显示到屏幕上。该应用进程就会分别创建键盘输入进程、表格输出进程来完成相应的工作。

（2）进程创建的过程。一旦操作系统发现了要求创建进程的事件后，便调用进程创建原语，按照下列步骤创建一个新进程。

1）为新进程分配惟一的进程标识符，并从 PCB 队列中申请一个空闲的 PCB。

2）为新进程的程序和数据，以及用户栈分配相应的主存空间及其他必要的资源。

3）初始化 PCB 中的相应信息，如标识信息、处理器信息、进程控制信息等。

4）如果就绪队列可以接纳新进程，便将新进程加入到就绪队列中。

2. 进程的撤消

（1）引起进程撤消的事件。引起进程撤消的事件有三类：

- 进程正常结束，即程序执行到最后一条指令后。如在 C 语言程序的函数调用中，执行函数调用的最后一条指令 return 后，结束该函数。
- 在进程运行期间，由于出现某些错误和故障而使进程被迫终止。例如越界错误、超时故障、非法指令错、运行超时、等待超时、算术运算错、I/O 故障等。
- 进程应外界的请求而终止运行。例如操作员或操作系统要求、父进程干预或父进程结束等。

（2）进程撤消的过程。一旦操作系统发现了要求终止进程的事件后，便调用进程终止原语，按照下列步骤终止指定的进程。

1）根据被终止进程的标识符，从 PCB 集合中检索该进程的 PCB，读出进程状态。

2）若该进程处于执行状态，则立即终止该进程的执行。

3）若该进程有子进程，还要将其子进程终止。

4）将该进程所占用的资源回收，归还给父进程或操作系统。

5）将被终止进程的 PCB 从所在队列中移出，撤消该进程的 PCB，并将其加入到空闲的 PCB 队列中。

2.3.3　进程的阻塞与唤醒

1. 进程的阻塞

（1）引起进程阻塞的事件。引起进程阻塞的事件有四类：

- 请求系统服务。正在执行的进程请求系统提供服务时，例如申请打印机打印，而申请服务资源被另外的进程占有，该进程只能处于阻塞状态。
- 启动某种操作。正在运行的进程启动某种操作后，其后续命令必须在该操作完成后才能执行，所以要先阻塞该进程。例如某进程启动键盘输入数据，只有数据输入完成后才能计算，此时，该进程要被阻塞。
- 新数据尚未到达。对于相互合作的进程，如果一个进程需要先获得另一个进程提供的数据后才能运行，则只有等待所需要的数据到达。所以，该进程也要被阻塞。
- 无新工作可做。系统往往设置一些具有特定功能的系统进程，每当这种进程完成任务后，便把自己阻塞起来等待新任务的到来。例如系统中的发送进程，其主要任务是发送数据，若已有数据发送完成又无新的发送请求，则该进程自我阻塞。

（2）进程阻塞的过程。一旦操作系统发现了要求阻塞进程的事件后，便调用进程阻塞原语，按照下列步骤阻塞指定的进程。

1）立即停止执行该进程。

2）修改进程控制块中的相关信息。把进程控制块中的运行状态由“执行”状态改为“阻塞”状态，并填入阻塞的原因，以及进程的各种状态信息。

3）把进程控制块插入到阻塞队列。根据阻塞队列的组织方式，把阻塞进程的进程控制块插入阻塞队列中。

4）转调度程序重新调度，运行就绪队列中的其他进程。

2. 进程的唤醒

（1）引起进程唤醒的事件。引起进程唤醒的事件有四类：

- 请求系统服务得到满足。因请求服务得不到满足的阻塞队列中的进程，得到相应的服务要求时，处于阻塞队列中的进程就被唤醒。
- 启动某种操作完成。处于等待某种操作完成的阻塞队列中的进程，其等待的操作已经完成，可以执行其后续命令，则必须把它唤醒。
- 新数据已经到达。对于相互合作的进程，如果一个进程需要另一个进程提供的数据已经到达，则把因此而处于阻塞的进程唤醒。
- 有新工作可做。系统中的具有特定功能的系统进程，接收到新的任务时，就必须唤醒它。

（2）进程唤醒的过程。一旦操作系统发现了要求唤醒进程的事件后，便调用进程唤醒原语，按照下列步骤唤醒指定的进程。

1）从阻塞队列中找到该进程。

2）修改该进程控制块中的相关内容，把阻塞状态改为就绪状态，删除阻塞原因等。

3）把进程控制块插入到就绪队列中。按照就绪队列的组织方式，把被唤醒进程的进程控制块插入到就绪队列中。

2.4 进程同步与互斥

在操作系统中引入进程后，虽然改善了资源的利用率，提高了系统的吞吐量，但是由于进程的异步性，也会给系统造成混乱。因此，必须有效地协调各个并发进程间的关系，从而使它们能正确地执行。本节主要介绍进程的同步与互斥的实现机制。

2.4.1 进程的并发性

在并发执行的系统中，若干个作业可以同时执行，而每个作业又需要有多个进程协作完成。在这些同时存在的进程间具有并发性，称之为"并发进程"。

并发进程相互之间可能没有关系，也可能存在某种关系。如果进程间彼此毫无关系，互不影响，这种情况不会对系统产生什么影响，通常不是要研究的对象。如果进程间彼此相关，互相影响，那么就需要进行合理的控制和协调才能正确执行。进程间的关系可以分为：

（1）资源共享关系。系统中的某些进程需要访问共同的资源，即当一个进程访问共享资源时，访问该共享资源的其他进程必须等待，当这个进程使用完后，其他进程才能使用。这时要求进程应互斥地访问共享资源。

（2）相互合作关系。系统中的某些进程之间存在相互合作的关系，即一个进程执行完后，另一个进程才能开始。否则，另一个进程不能开始。这时就要保证相互合作的进程在执行次序上要同步。

2.4.2 同步与互斥的基本概念

1．进程同步与互斥的定义

对于相关进程间的同步和互斥，必须进行有效控制。这种控制涉及几个基本概念，即临界资源、临界区、进程同步和进程互斥的概念。

（1）临界资源。在系统中有许多硬件或软件资源，如打印机、公共变量等，这些资源在一段时间内只允许一个进程访问或使用，这种资源称为临界资源。

（2）临界区。作为临界资源，不论是硬件临界资源，还是软件临界资源，多个并发进程都必须互斥地访问或使用，这时把每个进程中访问临界资源的那段代码称为临界区。而这些并发进程中涉及临界资源访问的那些程序段称为相关临界区。

有了临界区后，如果能保证相关进程互斥地进入各自的临界区，便可以实现它们对临界资源的互斥访问。因此，每个进程在进入临界区前应该对要访问的临界资源进行检查，看它是否正被访问。如果此时临界资源未被访问，该进程就可以进入临界区对资源进行访问，并且将临界资源设为被访问标志；如果此时临界资源正被某个进程访问，那么该进程就不能进入临界区。因此，必须在临界区之前增加一段用于上述检查的代码，这段代码称为进入区。相应地，在临界区后面也要加入一段代码，称为退出区，用于将临界资源的被访问标志恢复为未被访问标志。这样，可以把一个访问临界资源的进程描述为如图 2-11 所示。

（3）进程同步。进程同步是指多个相关进程在执行次序上的协调，这些进程相互合作，在一些关键点上需要相互等待或相互通信。通过临界区可以协调进程间相互合作的关系，这就是进程同步。

```
进程 P：
…
进入区
临界区
退出区
…
```

图 2-11　临界资源的访问

（4）进程互斥。进程互斥是指当一个进程进入临界区使用临界资源时，另一个进程必须等待。当占用临界资源的进程退出临界区后，另一个进程才允许使用临界资源。通过临界区协调进程间资源共享的关系，就是进程互斥。进程互斥是同步的一种特例。

2. 进程同步机制应遵循的原则

为了实现进程的同步与互斥，可以利用软件方法，也可以在系统中设置专门的同步机制来协调各个进程。但是，所有的同步机制都必须遵循以下四条原则。

（1）空闲让进。当无进程处于临界区时，临界资源处于空闲状态，可以允许一个请求进入临界区的进程进入自己的临界区，有效地使用临界资源。

（2）忙则等待。当已有进程进入自己的临界区时，意味着临界资源正被访问，因而其他试图进入临界区的进程必须等待，以保证进程互斥地使用临界资源。

（3）有限等待。对要求访问临界资源的进程，应保证该进程在有效的时间内进入自己的临界区，以免陷入“死等”状态。

（4）让权等待。当进程不能进入自己的临界区时，应立即释放处理器，以免陷入“忙等”。

综上所述，当有若干个进程同时进入临界区时，应在有限时间内使进程进入临界区。它们不能因相互阻塞而使彼此不能进入临界区。但是，每次至多有一个进程进入临界区，并且进程在临界区内只能停留有限的时间。

3. 利用锁机制实现同步

在众多的进程同步机制中，锁机制是一种最简单的机制。

（1）锁的概念。在同步机制中，常用一个变量来代表临界资源的状态，称它为锁。通常用“0”表示资源可用，相当于锁打开。用“1”表示资源已被占用，相当于锁闭合。锁机制的描述如图 2-12 所示。

```
进程 P1
  …
lock(w)
  临界区
unlock(w)
  …
```

```
进程 P2
  …
lock(w)
  临界区
unlock(w)
  …
```

图 2-12　利用锁机制实现互斥

（2）对锁的操作。对锁的操作有两种，一种是关锁操作，另一种是解锁操作。

关锁操作：

```
lock(w)
 {
     test:if (w==1) goto  test;
             else w=1;
  }
```

解锁操作：

```
unlock(w)
{
   w=0;
}
```

4. 利用信号量机制实现同步

（1）信号量的概念。1965 年，荷兰学者 Dijkstra 提出的信号量机制是一种很有效的进程同步工具，得到了广泛使用。这里将介绍最简单的经常使用的信号量——整型信号量。

信号量是一种特殊变量，它用来表示系统中资源的使用情况。而整型信号量就是一个整型变量。当其值大于“0”时，表示系统中对应可用资源的数目；当其值小于“0”时，其绝对值表示因该类资源而被阻塞的进程的数目；当其值等于“0”时，表示系统中对应资源已经用完，并且没有因该类资源而被阻塞的进程。

（2）对信号量的操作。对于整型信号量，仅能通过两个标准的原语操作来访问，这两个操作被称为 P 操作、V 操作，合称为 PV 操作。其中 P 操作在进入临界区前执行，V 操作在退出临界区后执行。PV 操作如图 2-13 所示。

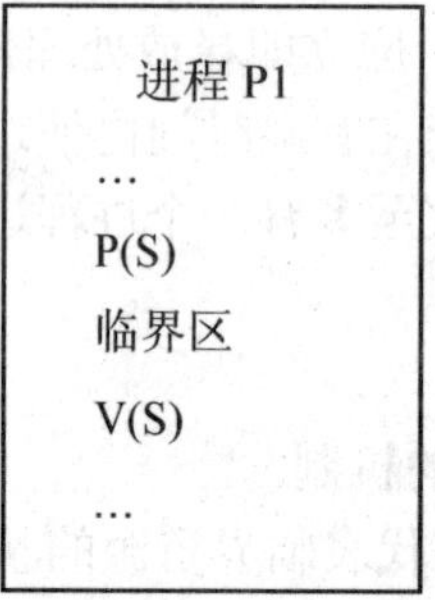

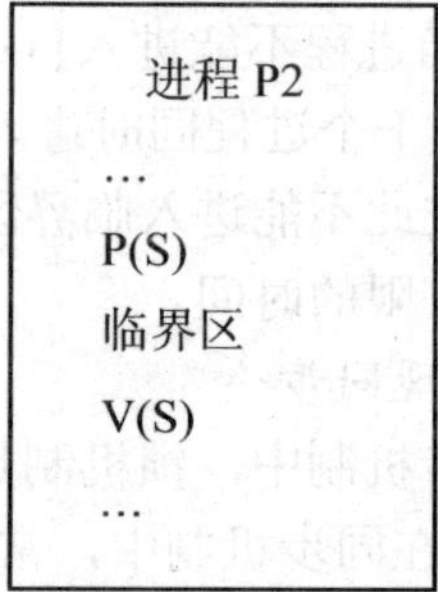

图 2-13　PV 操作描述

1）P 操作：记为 P(S)，其中 S 为信号量，描述为：

```
P(S)
{
   S=S-1;
if (S<0) W(S);
}
```

2）V 操作：记为 V(S)，其中 S 为信号量，描述为：

```
V(S)
{
   S=S+1;
```

```
    if (S<=0)  R(S);
}
```

注意：

W(S)：将进程插入到信号量的等待队列中。

R(S)：从该信号量的等待队列中移出第一个进程。

2.4.3　利用 PV 操作实现互斥与同步

1．利用 PV 操作实现进程互斥

进程互斥的原因是竞争临界资源。所以，实现进程互斥的关键是要描述临界资源的使用情况。若临界资源没有被占用，则允许进程访问，否则不允许进程访问，让该进程入阻塞队列。下面通过几个实例来说明利用 PV 操作实现进程的互斥。

【例 2-4】在一个只允许单向行驶的十字路口，分别有若干辆由东向西、由南向北的车辆等待通过。为了安全每次只允许一辆车通过。当有车辆通过时，其他车辆必须等候；当无车辆在路口行驶时，则允许一辆车通过。请用 PV 操作设计一个十字路口安全行驶的自动管理系统。

【解】通过十字路口的车辆没有必然的先后次序，所以这是一个明显的互斥问题。十字路口即为临界资源，要求车辆每次最多通过一辆。由东向西、由南向北行驶的车辆为两个进程。

设互斥信号量 S 表示临界资源十字路口，其初值为“1”表示十字路口可用。

算法描述如下：

```
int S = 1;
cobegin
  Pew()           /* 由东向西行驶车辆 */
  //Psn()         /* 由南向北行驶车辆 */
coend
Pew()
{
  P(S);
  由东向西通过十字路口;
  V(S);
}
Psn()
{
  P(S);
  由南向北通过十字路口;
  V(S);
}
```

注意：互斥信号量是根据临界资源的类型设置的，有几种类型的临界资源就设置几个互斥信号量。其值代表该类临界资源的数量，或表示该类临界资源是否可用，其初值一般为“1”。

【例 2-5】有 4 位哲学家围着一个圆桌在讨论问题和进餐，在讨论时每人手中什么都不拿，当需要进餐时，每人需要用刀和叉各一把。餐桌上的布置如图 2-14 所示，共有两把刀和两把叉，每把刀或叉供相邻的两个人使用。请用信号量及 PV 操作说明 4 位哲学家的同步过程。

【解】分析：因哲学家进餐没有必然的先后次序，相邻的两个哲学家要竞争刀或叉，刀或叉就成为了临界资源，所以本题属于互斥问题。

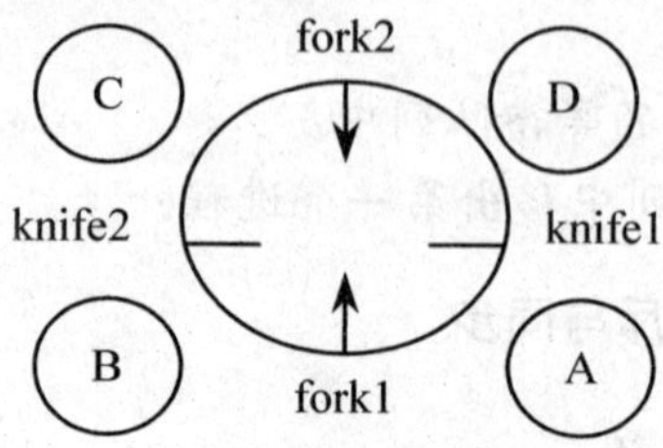

图 2-14 哲学家问题

解题步骤如下：

（1）确定进程的个数及其工作内容。本题涉及 4 个进程，每个哲学家为一个进程。哲学家 A 的工作流程如图 2-15 所示。其他哲学家的工作流程与哲学家 A 相似，只是拿起刀叉的序号不同。

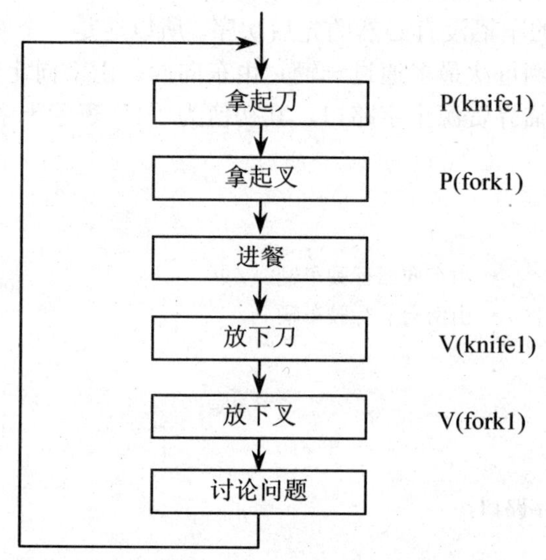

图 2-15 哲学家工作流程

（2）确定互斥信号量的个数、含义及 PV 操作。在本题中应设置 4 个互斥信号量 fork1、fork2、knife1、knife2，其初值均为“1”，分别表示叉 1、叉 2、刀 1、刀 2 是可用的。

（3）用类 C 语言描述互斥关系如下：

```
int  fork1 = fork2 = 1;
int  knife1 = knife2 = 1;
cobegin
    Pa()
    //Pb()
    //Pc()
    //Pd()
```

```
coend
Pa()
{
  while(1)
  { P(knife1);
    P(fork1);
    进餐;
    V(knife1);
    V(fork1);
    讨论问题;
  }
}
Pb()
{
  while(1)
  { P(knife2);
    P(fork1);
    进餐;
    V(knife2);
    V(fork1);
    讨论问题;
  }
}
```

```
Pc()
{
  while(1)
  { P(knife2);
    P(fork2);
    进餐;
    V(knife2);
    V(fork2);
    讨论问题;
  }
}
Pd()
{
  while(1)
  { P(knife1);
    P(fork2);
    进餐;
    V(knife1);
    V(fork2);
    讨论问题;
  }
}
```

【例 2-6】在南开大学和天津大学之间有一条弯曲的小路，其中从 S 到 T 有一段路每次只允许一辆自行车通过。但是，其中有一个小的安全岛 M（同时允许两辆自行车停留），可以供两辆自行车错车时使用，如图 2-16 所示。试设计一个算法以确保来往自行车的顺利通过。

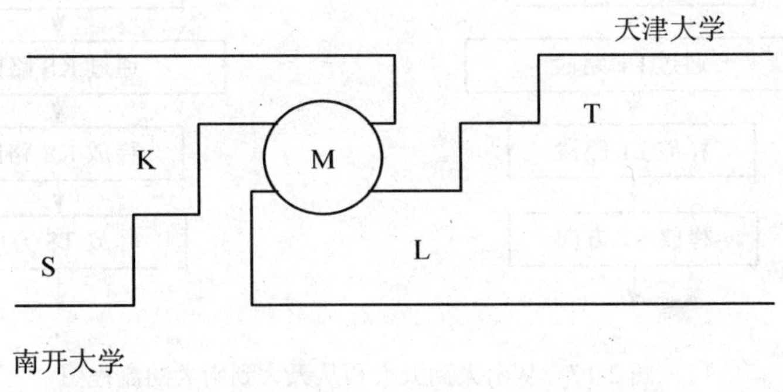

图 2-16　天津大学与南开大学间的小路示意图

【解】分析：在本题中，需要控制路段 T 到 L，S 到 K 及安全岛 M 的使用。路段 T 到 L，S 到 K 都只允许一辆自行车通过，而安全岛允许两辆自行车使用，两个路段和安全岛相当于临界资源。通过该路段的两个进程没有必然的先后次序，因此，本题属于互斥问题。另外，为了保证安全岛上最多有两辆自行车，需要对相向行驶的两个方向进行控制，在每个方向上一次只允许一辆自行车通过。

此图可以简化为：

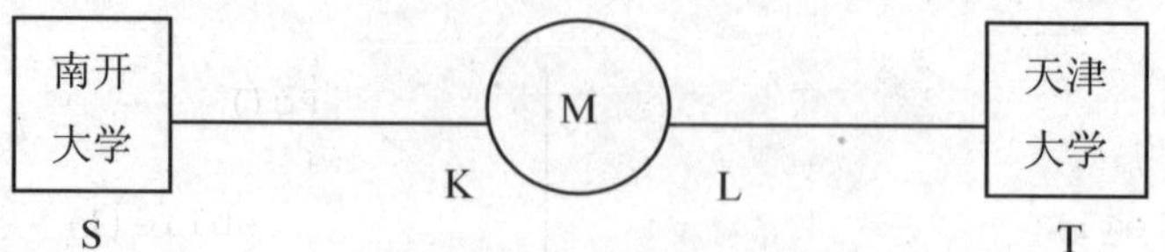

解题步骤如下：

（1）确定进程的个数及其工作。本题涉及两个进程：从南大到天大、从天大到南大。其工作流程如图 2-17 所示。

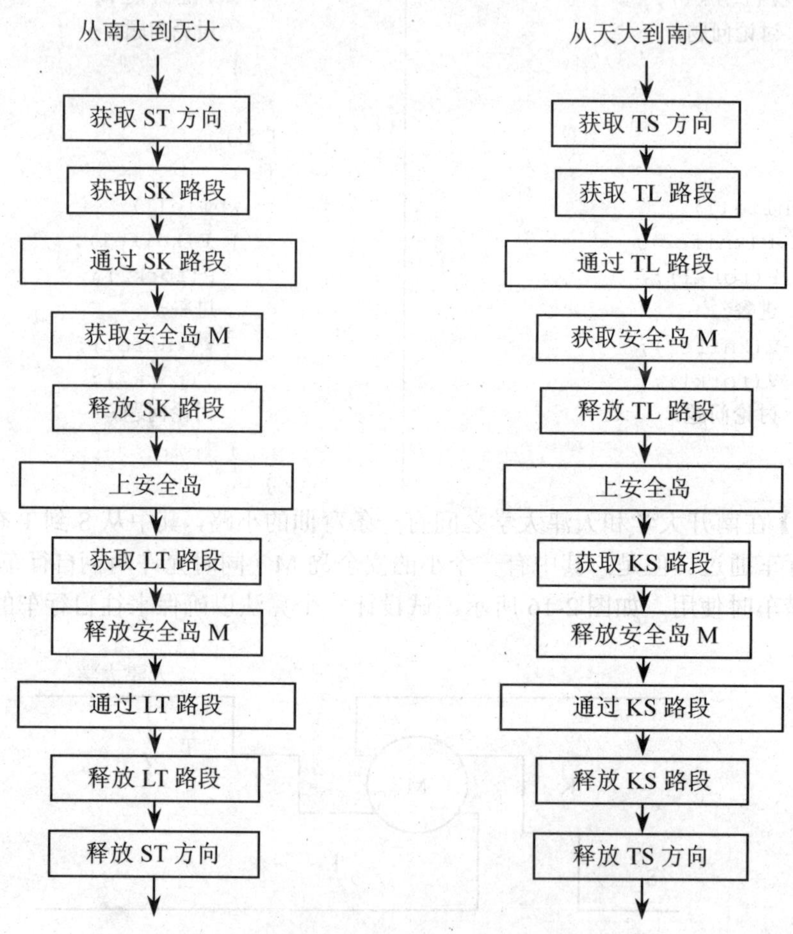

图 2-17　从南大到天大和从天大到南大的流程图

（2）确定互斥信号量的个数、含义及 PV 操作。在本题中设置 5 个信号量 ST、TS、K、L、M，ST 表示是否允许自行车从南大到天大，TS 表示是否允许自行车从天大到南大，K 表示是否允许自行车通过路段 SK，L 表示是否允许自行车通过路段 TL，M 表示安全岛上还可以停放自行车的数目。

（3）用类 C 语言描述算法如下：

```
int ST=1,TS=1;
int K=1,L=1;
int M=2;
```

```
cobegin
  totian()       /* 由南大到天大 */
  //tonan()      /* 由天大到南大 */
coend
```

```
totian()
{
  P(ST);
  P(K);
  从 S 到 K;
  P(M);
  V(K);
  进入安全岛;
  P(L);
  V(M);
  从 L 到 T;
  V(L);
  V(ST);
}
```

```
tonan()
{
  P(TS);
  P(L);
  从 T 到 L;
  P(M);
  V(L);
  进入安全岛;
  P(K);
  V(M);
  从 K 到 S;
  V(K);
  V(TS);
}
```

请读者思考：在 totian()中，P(ST)与 P(K) 互换位置，会对进程产生什么影响？若 P(M)与 V(K)，P(L)与 V(M)，V(L)与 V(ST)互换位置呢？

【例 2-7】某数据库有一个写进程、多个读进程，它们之间读、写操作的互斥要求是：写进程运行时，其他读、写进程不能对数据库进行操作。读进程之间不互斥，可以同时读数据库。请用信号量及 PV 操作描述这一组进程的工作过程。

【解】分析：本题涉及对同一个数据库的读写操作。当多个进程对其读时，因不改变其中的数值，可以不加限制。当既有读进程又有写进程时，应加以限制。此时，数据库就是一个临界资源，读写进程必须对其进行互斥操作。因为写进程执行时，不能执行其他读写进程，所以还必须设置一个计数器统计读进程的个数。如果是第一个读进程，就与写进程竞争数据库。如果是最后一个读进程，就释放数据库。因计数器是一个临界资源，所以多个读进程对计数器的操作又是互斥操作。这是一个互斥问题，也是典型的读者和写者问题。

解题步骤如下：

（1）确定进程的个数及工作。本题只有读写两类进程，各自的工作如图 2-18 所示。

（2）确定信号量的个数、含义及 PV 操作。本题应当设置 2 个信号量和 1 个共享变量：count 为共享变量，记录当前正在读数据库的进程数目；rmutex 为读互斥信号量，使进程互斥地访问共享变量 count，其初值为 1；wmutex 为写互斥信号量，其初值也为“1”。对于写进程与读进程、写进程与写进程来说，数据库是临界资源，一次只能被一个进程使用。所以，本题有两个临界资源：共享变量 count 和数据库，对它们要实施互斥操作。

（3）用类 C 语言描述同步关系。算法描述如下：

```
int rmutex=1;
int wmutex=1;
count=0;
cobegin
    reader()
```

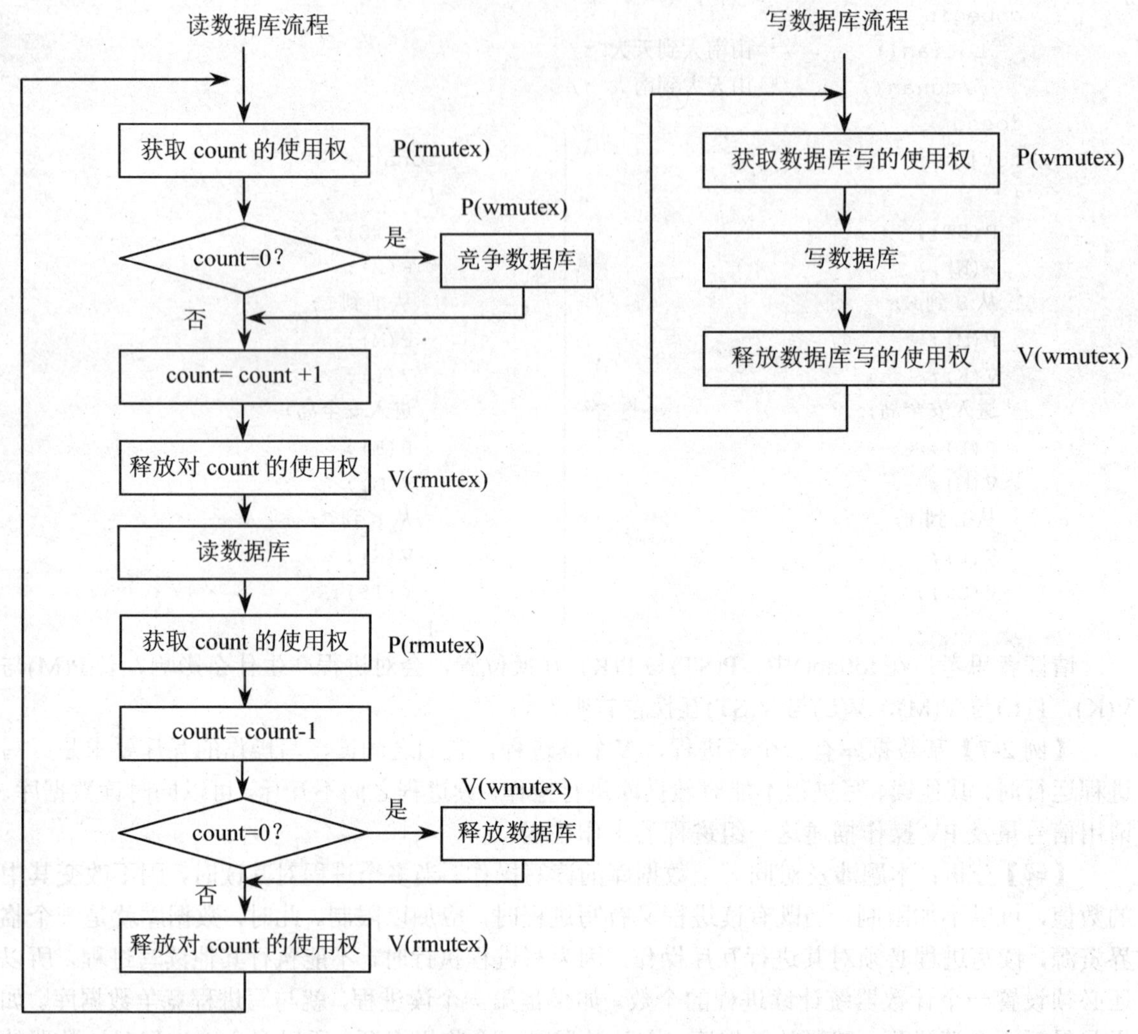

图 2-18　读写数据库流程图

```
    //writer()
coend
reader()
{
  while(1)
  {
    P(rmutex);         /* 获取对 count 变量的操作 */
    if (count==0)  P(wmutex);  /* 当第一个读进程读数据库时，竞争数据库*/
    count++;
    V(rmutex);         /* 释放对 count 变量的操作 */
    读数据库;
    P(rmutex);         /* 获取对 count 变量的操作 */
    count--;
    if (count==0) V(wmutex);  /* 当最后一个读进程读完数据库时，释放数据库*/
    V(rmutex);         /* 释放对 count 变量的操作 */
```

```
    }
  }
  writer()
  {
   while (1)
     {
       P(wmutex);         /* 获取对数据库的操作 */
       写数据库;
       V(wmutex);         /* 释放对数据库的操作 */
     }
  }
```

2. 利用 PV 操作实现进程同步

实现进程同步的关键是进程间执行次序的有效协调。当前一个进程执行完后，其后的进程才能执行。当前进程没有执行完，其后的进程就不能执行。下面通过几个实例来说明利用 PV 操作实现进程的同步。

【例 2-8】图 2-19 给出了 4 个进程合作完成某一任务的前趋图，试说明这 4 个进程间的同步关系，并用 PV 操作描述它们。

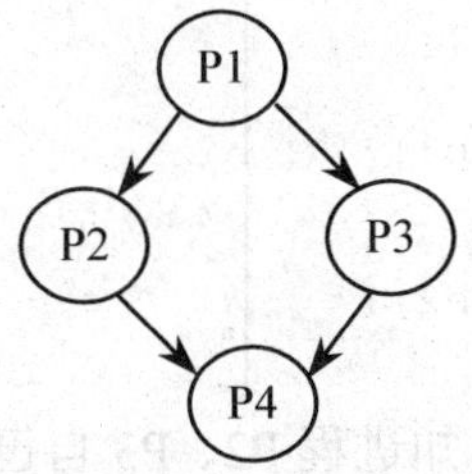

图 2-19　4 个进程并发的前趋图

【解】方法一：用同步信号量来表示该进程是否可以开始。

设置 4 个同步信号量 b1、b2、b3、b4 分别表示进程 P1、P2、P3、P4 是否可以开始执行。因 P1 无条件执行，所以 b1=1，其余信号量初值均为 0。这 4 个进程的同步关系描述如下：

```
int b1=1;
int b2,b3,b4;
b2=b3=b4=0;
cobegin
    P1()
    //P2()
    //P3()
    //P4()
coend
```

P1()	P2()	P3()	P4()

{ p(b1);
…
v(b2);
v(b3);
}
	{
	p(b2);
	…
	v(b4);
	}
		{
		p(b3);
		…
		v(b4);
		}
			{
			p(b4);
			p(b4);
			…
			}

在这里，进程 P1 执行完后，要通知进程 P2、P3 开始执行。所以，在 P1 中有两个 V 操作：V(b2)、V(b3)。进程 P2、P3 得到开始执行的信息（即 P(b2)、P(b3)）后，开始执行。执行完后通知（即 V(b4)）P4 可以开始执行。进程 P4 要得到 P2、P3 的通知后才能执行。所以要先做两个 P 操作（即 P(b4)、P(b4)）。由于进程 P1 是无条件执行的，所以信号量 b1 可以省略。

方法二：用同步信号量来表示进程是否已经结束。

设置 4 个同步信号量 b1、b2、b3、b4 分别表示进程 P1、P2、P3、P4 是否执行结束，其初值均为“0”。这 4 个进程的同步关系可以描述如下：

```
int b1,b2,b3,b4;
b1=b2=b3=b4=0;
cobegin
  P1()
    //P2()
    //P3()
    //P4()
coend
```

P1()	P2()	P3()	P4()
{	{	{	{ p(b2);
…	p(b1);	p(b1);	p(b3);
v(b1);	…	…	…
v(b1);	v(b2);	v(b3);	v(b4);
}	}	}	}

在这里，进程 P1 执行完后，要通知进程 P2、P3 自己结束了。所以，在 P1 中有两个 V 操作：V(b1)、V(b1)。进程 P2、P3 得到 P1 结束的信息（即 P(b1)）后，开始执行。执行完后通知（即 V(b2)、V(b3)）P4 自己结束了。进程 P4 要得到 P2、P3 结束的信息后才能执行。所以要先做两个 P 操作（即 P(b2)、P(b3)）。由于进程 P4 后无进程，所以信号量 b4 可以省略。

【例 2-9】桌子上有一个空盘子，只允许放一个水果。爸爸可以向盘子中放苹果，也可以向盘子中放橘子，儿子专等吃盘子中的橘子，女儿专等吃盘子中的苹果。规定当盘子为空时，一次只能放一个水果，请用 PV 操作实现爸爸、儿子、女儿三个“并发进程”的同步。

【解】分析：这是一个明显的同步问题，也称为生产者和消费者问题。爸爸可以向盘子中放入两类水果：橘子、苹果；然后儿子、女儿每人可以消费其中一种水果。爸爸是生产者，子女是消费者。也就是只有爸爸放入水果，子女才能消费水果；只有子女消费完水果，爸爸才能再次放入水果，如此反复。

解题步骤如下：

（1）确定进程的个数及工作，用流程图的形式描述各进程的工作，如图 2-20 所示。

（2）确定同步信号量的个数及含义。在流程图中标明对同步信号量的 PV 操作。设置 3 个同步信号量：Sp 表示盘子是否为空，其初值为“1”，含义是爸爸是否可以开始放入水果；So 表示盘子中是否有橘子，其含义是儿子是否可以开始取橘子，其初值为“0”表示不能取橘子；Sa 表示盘子中是否有苹果，其含义是女儿是否可以开始取苹果，其初值为“0”表示不能取苹果。

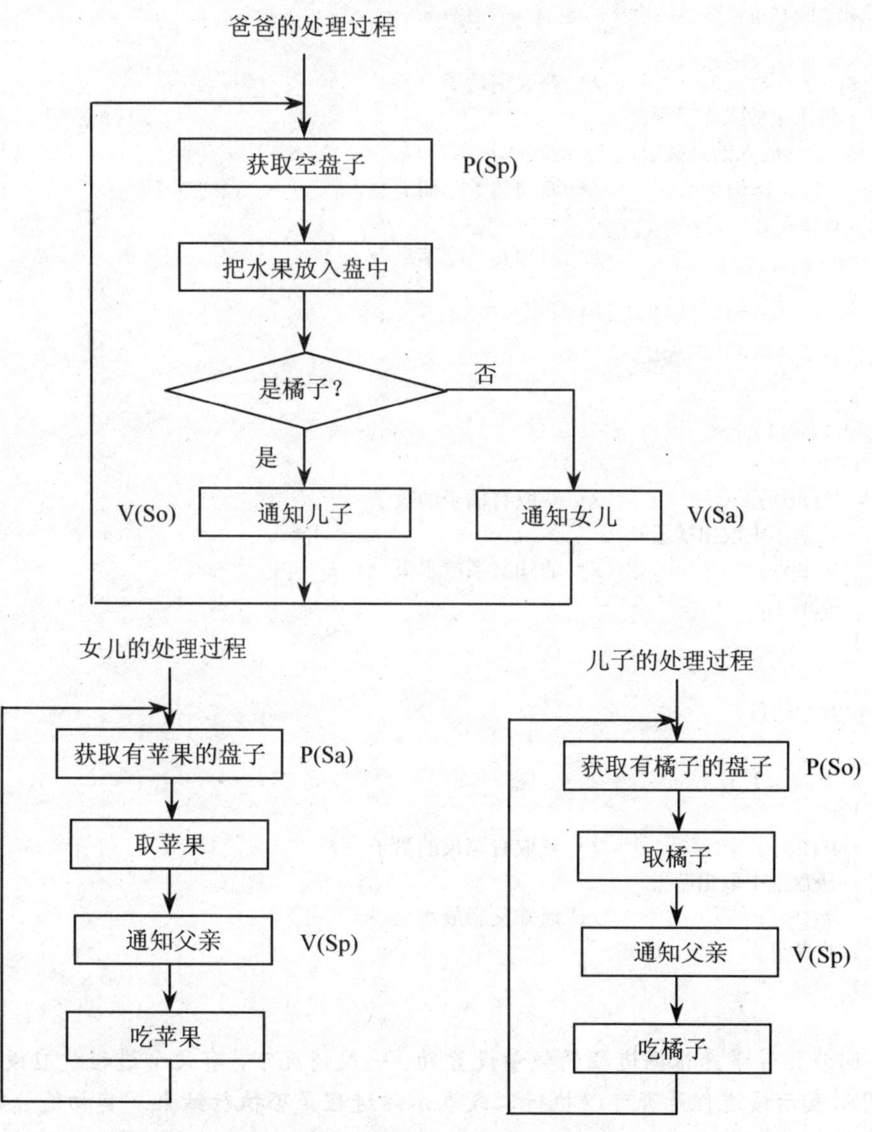

图 2-20　父亲、女儿和儿子的工作流程

（3）用类 C 语言描述同步关系如下：

```
int  Sp = 1;
int  Sa = 0;
int  So = 0;
cobegin
        father()
        //son()
        //daughter()
coend
father()
{
```

```
  while(1)
  {
P(Sp);                /* 获取空盘子 */
    将水果放入盘子中;
    if (放入的是橘子)
        V(So);        /* 通知儿子吃橘子 */
    else
V(Sa);                /* 通知女儿吃苹果 */
  }
}
son()
{
  while(1)
  {
    P(So);            /* 获取有橘子的盘子 */
    从盘子中取出橘子;
    V(Sp);            /* 通知父亲放水果 */
    吃橘子;
  }
}
daughter()
{
  while(1)
  {
    P(Sa);            /* 获取有苹果的盘子 */
    从盘子中取出苹果;
    V(Sp);            /* 通知父亲放水果 */
    吃苹果;
  }
}
```

注意：同步信号量是根据进程的数量设置的。一般情况下，有几个进程就应设置几个同步信号量，用以表示该进程是否可以执行，或表示该进程是否执行结束。其初值一般为“0”。

【例 2-10】有三个进程 PA、PB、PC 合作解决文件打印问题，如图 2-21 所示。PA 将文件记录从磁盘读入主存的缓冲区 1，每执行一次读一条记录；PB 将缓冲区 1 的记录复制到缓冲区 2，每执行一次复制一条记录；PC 将缓冲区 2 的记录打印出来，每执行一次打印一条记录；缓冲区的大小等于一条记录的 PA、PB、PC 大小。请用 PV 操作来保证文件的正确打印。

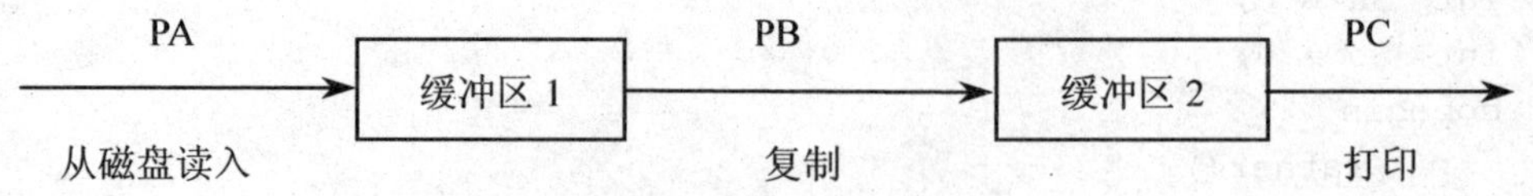

图 2-21　文件打印流程图

【解】分析：在本题中，进程 PA、PB、PC 之间的同步关系为 PA 与 PB 共用缓冲区 1，而 PB 与 PC 共用缓冲区 2。当缓冲区 1 为空时，进程 PA 可以将记录读入其中；若缓冲区 1 中有记录，进程 PB 可以将记录从缓冲区 1 中读出；当缓冲区 2 为空时，进程 PB 可以将记录复制到缓冲区 2 中；当缓冲区 2 中有记录时，进程 PC 可以打印记录。在其他条件下，相应进程必须等待。这是一个生产者与消费者和另一个生产者与消费者串联的问题，也是一个同步问题。PA 进程是生产者，PB 进程既是消费者又是生产者，PC 是消费者。

解题步骤如下：

（1）确定进程的个数及工作，用流程图的形式描述各进程的处理工作，如图 2-22 所示。

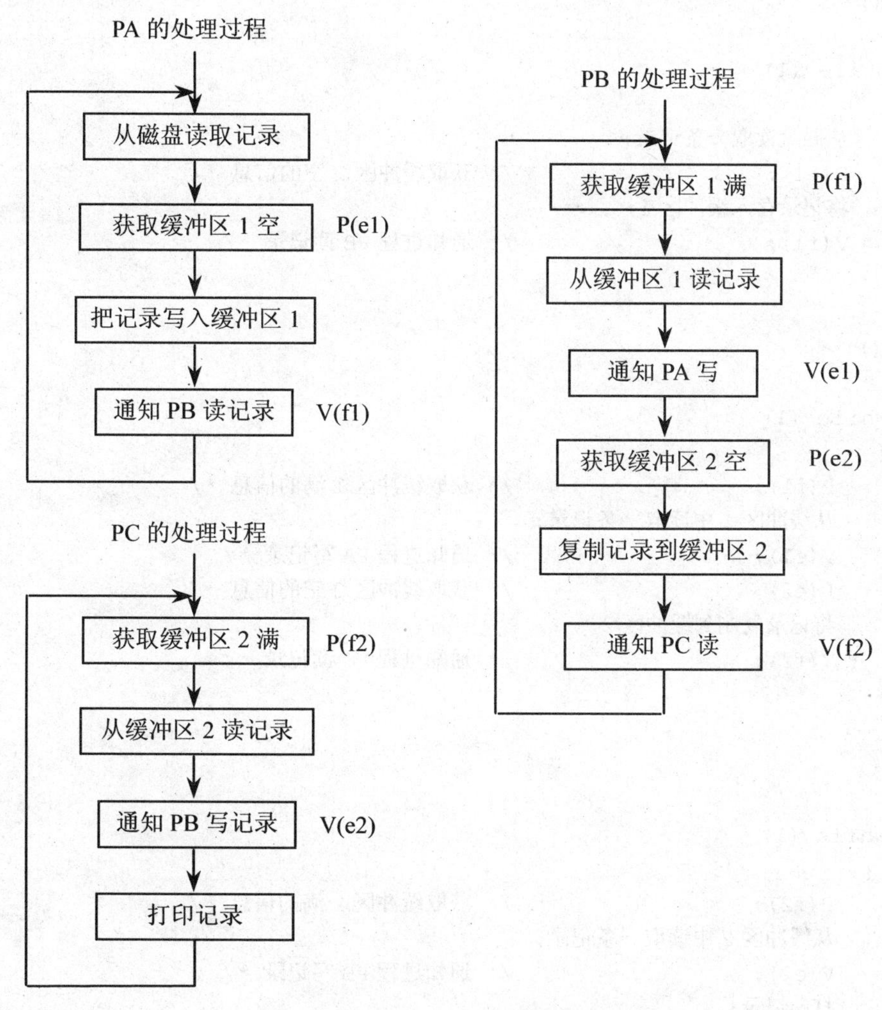

图 2-22　进程 PA、PB、PC 的工作流程

（2）确定同步信号量的个数及含义。在流程图中标明对同步信号量的 PV 操作。本题设置 4 个信号量 e1、e2、f1、f2，信号量 e1、e2 分别表示缓冲区 1 和缓冲区 2 是否为空，其初值为“1”；信号量 f1、f2 分别表示缓冲区 1 和缓冲区 2 是否有记录可以处理，其初值为“0”。也可以理解为 e1 表示 PA 是否可以开始写，f1 表示 PB 是否可以开始读，e2 表示 PB 是否可以开始写，f2 表示 PC 是否可以开始读。

（3）用类 C 语言描述同步关系如下：

```
int e1=1, e2=1;
```

```
int f1=0, f2=0;
cobegin
    PA()
    //PB()
    //PC()
coend
PA()
{
  while (1)
  {
     从磁盘读取一条记录;
     P(e1);                        /* 获取缓冲区 1 空的信息 */
     将记录存入缓冲区 1;
     V(f1);                        /* 通知进程 PB 读记录 */
  }
}
PB()
{
  while (1)
  {
      P(f1);                       /* 获取缓冲区 1 满的信息 */
      从缓冲区 1 中读取一条记录;
      V(e1);                       /* 通知进程 PA 写记录 */
      P(e2);                       /* 获取缓冲区 2 空的信息 */
      将记录复制到缓冲区 2;
      V(f2);                       /* 通知进程 PC 读记录 */
  }
}
PC()
{
  while (1)
   {
      P(f2);                       /* 获取缓冲区 2 满的信息 */
      从缓冲区 2 中读取一条记录;
      V(e2);                       /* 通知进程 PB 写记录 */
      打印记录;
  }
}
```

3. 利用 PV 操作实现进程的同步和互斥

当进程间同时存在同步和互斥两种关系时，也就是既具有竞争临界资源的关系，又具有相互合作的关系，此时，主要是协调同步操作和互斥操作的先后。下面通过几个实例来说明利用 PV 操作实现进程的同步和互斥。

【例 2-11】设有一个具有 N 个信息元素的环形缓冲区（如图 2-23 所示），A 进程顺序地把信息写进缓冲区，B 进程依次从缓冲区中读出信息，请用 PV 操作描述 A、B 进程的同步。

【解】分析：这是一个具有多个缓冲空间的生产者—消费者问题，也是一个同步加互斥的问题。A、B 两个进程对缓冲区的访问必须互斥。当缓冲区满时，A 进程不能写入，必须等待；当缓冲区空时，B 进程不能读，必须等待，读写进程之间又是同步问题。

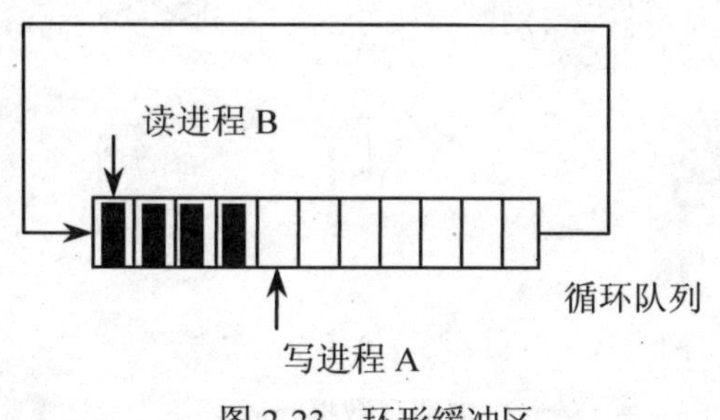

图 2-23　环形缓冲区

解题步骤如下：

（1）确定进程的个数及工作。本题只有读、写两类进程，各自的工作如图 2-24 所示。

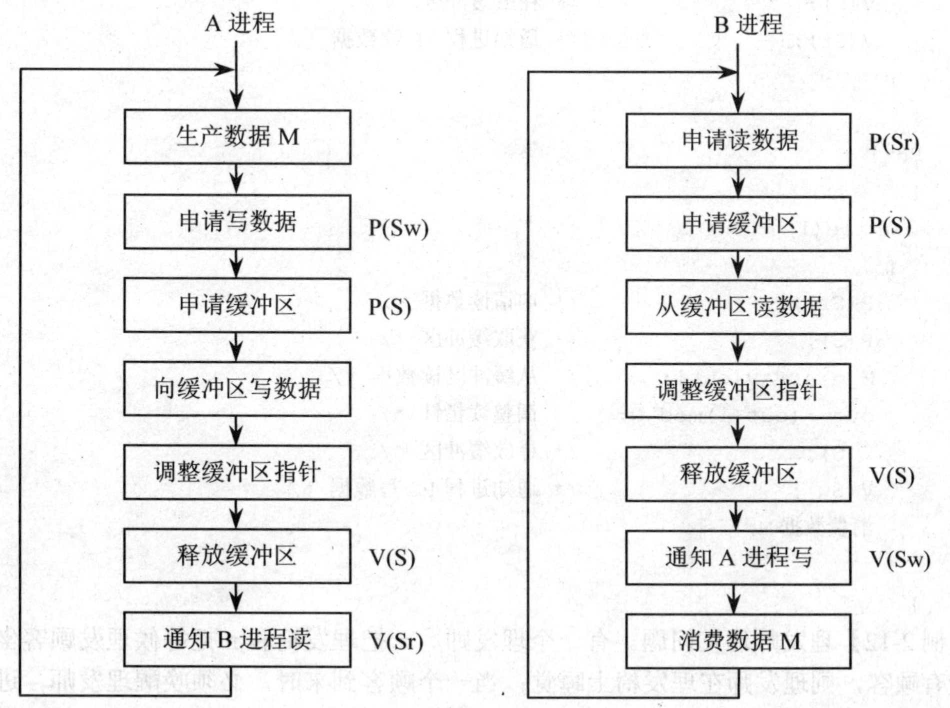

图 2-24　A、B 进程的流程控制图

（2）确定信号量的个数、含义及 PV 操作。本题设置 3 个信号量：互斥信号量 S＝1（表示对缓冲区的互斥使用）；同步信号量 Sw（代表缓冲区是否有空闲，即写进程能否写）、Sr（代表缓冲区是否有数据，即读进程能否读）。假设初始时缓冲区没有任何数据，则 Sw＝N，Sr＝0。设一个数组 array 表示缓冲区，两个整型变量 in、out 表示写入和读出的位置。

（3）用类 C 语言描述同步关系如下：

```
#define N  10
int  array[N],in=0,out=0;
```

```
int  S=1,Sw=N,Sr=0;
cobegin
    PA()
    //PB()
coend
PA()
{
  while(1)
  {
    生产数据M;
    P(Sw);                    /* 申请写数据 */
    P(S);                     /* 获取缓冲区 */
    array[in] = 数据M;          /* 向缓冲区写数据M */
    in =(in+1)mod N;          /* 调整写指针 */
    V(S);                     /* 释放缓冲区 */
    V(Sr);                    /* 通知进程PB读数据 */
  }
}
PB()
{
  while(1)
  {
    P(Sr);                    /* 申请读数据 */
    P(S);                     /* 获取缓冲区 */
    M = array[out];           /* 从缓冲区读数据 */
    out =(out+1)mod N;        /* 调整读指针 */
    V(S);                     /* 释放缓冲区 */
    V(Sw);                    /* 通知进程PA写数据 */
    消费数据M;
  }
}
```

【例2-12】理发师理发问题。有一个理发师、一把理发椅和n把等候理发顾客坐的椅子。如果没有顾客，则理发师在理发椅上睡觉；当一个顾客到来时，必须唤醒理发师，进行理发；当理发师正在理发，又有顾客来到时，如果有空椅子，顾客就可以坐下来等候，如果没有空椅子，他就离开。请为理发师和顾客各编一个程序表述他们的行为。

【解】分析：本题涉及两个进程：理发师和顾客。当有顾客时理发师就可以理发，理完发后，从等候的顾客中选一位顾客继续理发。当理发师正在理发时，顾客要等待，若没有座位就离开，顾客与理发师的工作是同步关系。有多少顾客在等候，需设计一个计数器来记录，顾客和理发师对计数器的操作是互斥的。所以，这是一个同步加互斥的问题。

解题步骤如下：

（1）确定进程的个数及工作。本题只有理发师和顾客两个进程，各自的工作如图2-25所示。

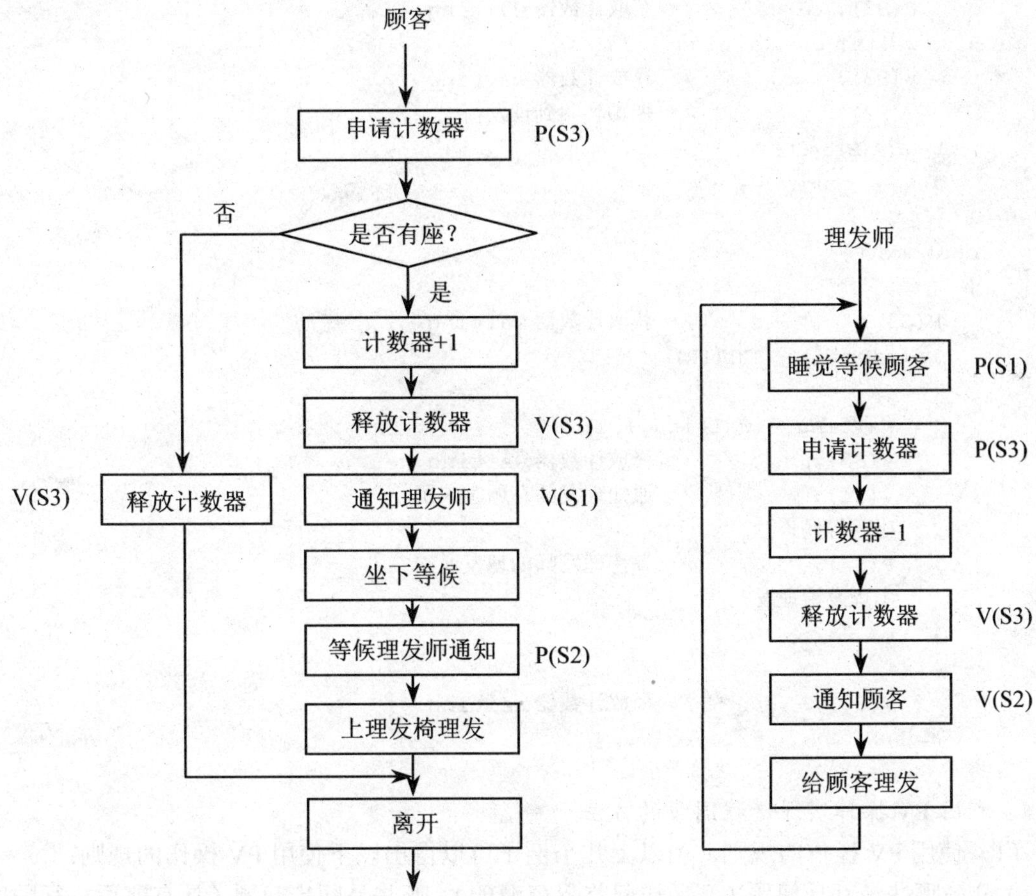

图 2-25　顾客与理发师的工作流程示意图

（2）确定信号量的个数、含义及 PV 操作。本题设置 3 个信号量：S1 表示理发师是否可以开始理发，即是否有顾客；S2 表示顾客是否可以被理发，即是否有理发师；S3 是对计数器 waiting 的互斥操作，waiting 表示等待顾客的人数。

（3）用类 C 语言描述同步关系。算法描述如下：

```
#define CHAIR 6        /* 为等候顾客准备的椅子数 */
int  S1 = 0;           /* 理发师同步信号量 */
int  S2 = 0;           /* 顾客同步信号量 */
int  S3 = 1;           /* 互斥信号量 */
int  waiting = 0;      /* 等待理发的人数 */
cobegin
   barber()
   //customer()
coend
barber()
{
   while(1)
   {
    P(S1);             /* 理发师睡觉等待顾客的唤醒 */
```

```
        P(S3);          /* 获取计数器 waiting */
        waiting = waiting - 1;
        V(S3);          /* 释放计数器 waiting */
        V(S2);          /* 把顾客叫到理发椅上 */
        给顾客理发;
      }
   }
   customer()
   {
      P(S3);            /* 获取计数器 waiting */
      if(waiting < CHAIR)
      {
         waiting = waiting + 1;
         V(S3);         /* 释放计数器 waiting */
         V(S1);         /* 通知理发师有顾客来了 */
         坐下等候;
         P(S2);         /* 等待理发师的理发通知 */
         上理发椅理发;
      }
      else
         V(S3);         /* 释放计数器 waiting */
      离开;
   }
```

4. 利用 PV 操作实现进程同步的方法

（1）使用 PV 操作的规则。由以上几个例子可以得出以下使用 PV 操作的规则：

1）分清哪些是互斥问题（互斥访问临界资源的），哪些是同步问题（具有前后执行顺序要求的）。

2）对于互斥问题要设置互斥信号量，不管有互斥关系的进程有几个或几类，互斥信号量的个数只与临界资源的种类有关。通常，有几类临界资源就设置几个互斥信号量，且初值为 1，代表临界资源可用。

3）对于同步问题要设置同步信号量，通常同步信号量的个数与参与同步的进程种类有关，即同步关系涉及几类进程，就有几个同步信号量。同步信号量表示该进程是否可以开始或该进程是否已经结束。

4）在每个进程中用于实现互斥的 PV 操作必须成对出现；用于实现同步的 PV 操作也必须成对出现，但是，它们分别出现在不同的进程中。在某个进程中如果同时存在互斥与同步的 P 操作，则其顺序不能颠倒。必须先执行对同步信号量的 P 操作，再执行对互斥信号量的 P 操作。但是，V 操作的顺序没有严格要求。

（2）同步互斥问题的解题步骤。解题步骤如下：

1）确定进程。包括进程的数量、进程的工作内容，可以用流程图描述。

2）确定同步互斥关系。根据使用的是临界资源还是处理的前后关系，来确定互斥与同步，然后确定信号量的个数、含义，以及对信号量的 PV 操作。

3）用类 C 语言描述同步或互斥算法。

2.4.4 利用管程实现同步

虽然信号量机制是一种既方便又有效的进程同步机制，但是，每个访问临界资源的进程都必须使用 PV 操作，使得大量的同步操作分散在各个进程中。这不仅给系统的管理带来了麻烦，还可能因同步操作使用不当而导致系统故障，如顺序不当、误写、漏写等。为此，又产生了一种新的进程同步管理工具——管程。

1. 管程的概念

1971 年 Dijkstra 提出，把所有进程中对某一种临界资源的同步操作都集中起来，构成一个所谓的“秘书”进程，凡是访问该临界资源的进程，都需要先报告“秘书”，由“秘书”来实现进程的同步。1973 年，Hansan 和 Hoare 又把“秘书”进程思想发展为管程的概念。

实际上，信号量机制是基于进程控制来分配和使用资源的，而管程是基于资源控制来协调访问资源的进程的。系统的各种硬件和软件资源都可以用数据结构进行抽象说明，即用少量信息和对资源所执行的操作来表示资源，从而忽略它们的内部结构和实现细节。因此，一个管程实际上是定义了一个数据结构和在该数据结构上的能为并发进程所执行的一组操作。这组操作能使进程同步，并改变管程中的数据。在管程机制中，资源作为抽象的数据类型被封装在管程之中，对资源的操作也以函数的形式封装在管程之中。管程可以在用户层实现，便于用户对资源的使用。

由定义可知，管程由三部分组成：局部于管程的共享变量说明、对该数据结构进行操作的一组过程、对局部于管程的数据设置初始值的语句。此外，每个管程都有惟一的名字来标识。管程类似于面向对象程序设计中的类。

例如，学校的教务处就相当于管程。学校的各个教学部门需要安排什么课程，学生对教学有什么要求都向教务处提出申请，由教务处统一协调各类教学资源的使用。这里各教学部门、学生相当于进程，教务处相当于管程。

2. 利用管程实现经典的同步问题

进程或者线程的阻塞和唤醒，可以通过管程的 wait 和 signal 操作来巧妙地实现，所有管程中的过程是互斥的。利用管程实现同步，必须设置两个同步操作原语。

（1）wait 原语：当某进程通过管程请求获得临界资源而未得到满足时，管程调用该原语使该进程阻塞，并将它排在该临界资源的阻塞队列上。

（2）signal 原语：仅当一个进程访问完成并释放临界资源时，管程才能调用该原语，唤醒阻塞队列上的队首进程。

为了区别阻塞的原因，需要设置一个条件变量。条件变量是一个整型变量，用 condition 说明，在条件变量上可以使用 wait 和 signal 操作原语。

管程定义的一般格式为：

```
monitor 管程类名          /* monitor 是关键词 */
{
   共享变量说明;
   条件变量说明;
   过程定义;              /* 一般有多个 */
}
```

【例 2-13】利用管程机制解决例 2-11 中的生产者与消费者问题。

【解】设 in、out、count、buffer[]为共享变量，其中 buffer[]为缓冲区，即生产者和消费者的共享资源。count 为缓冲区产品的数量，in 指示生产者存放产品的位置，out 指示消费者取产品的位置。full、empty 为条件变量，其中 full 表示当缓冲区产品放满时，生产者排队；empty 表示当缓冲区无产品时，消费者排队。put()、get()为两个对缓冲区的操作过程，其中 put()表示把产品放入缓冲区，get()表示从缓冲区取产品。

其管程描述如下：

```
#define N 10
monitor producer_consumer  /* 定义生产者-消费者管程 */
{
  int in=0,out=0,count=0,buffer[N];
  condition full,empty;
  put(int item)
  {
    if (count>=N)
      full.wait;          /* 当缓冲区满时排队 */
    buffer[in]=item;
    in=(in+1)%N;
    count++;
    empty.signal;         /* 唤醒消费者等待队列中的进程 */
  }
  get(int item)
  {
    if (count<=0)
      empty.wait;         /* 当缓冲区空时排队 */
    item=buffer[out];
    out=(out+1)%N;
    count--;
    full.signal;          /* 唤醒生产者等待队列中的进程 */
  }
}
```

生产者—消费者描述如下：

```
int item;
monitor producer_consumer pc;  /* pc 为一个具体的生产者—消费者管程 */
cobegin
  producer()    /* 生产者 */
  {
     while(1)
     {
        生产一个产品 item;
        pc.put(item);  /* 调用管程中的过程存放产品 */
     }
  }
  //consumer()  /* 消费者 */
  {
    while(1)
```

```
      {
         pc.get(item);  /* 调用管程中的过程取产品 */
         消费产品 item;
      }
    }
  coend
```

【例 2-14】用管程机制解决例 2-7 中的读者—写者问题。

【解】读者—写者问题的条件是：当有读者读时，写者等待；当有写者写时，读者必须等待；当写者结束时，读者优先获取读；当读者结束时，写者之后的读者落后于写者。

其管程描述如下：

```
monitor readers_writers
{
  int read_cnt=0;                /* 当前读资源进程的数目 */
  int writing=0;                 /* 是否有写者正在使用这个资源 */
  condition  read, write;        /* 读者等待队列，写者等待队列 */
  start_read()                   /* 开始读过程 */
  {
     if (writing||!empty(write))  /* 如果正在写或者有写者进程就阻塞读进程 */
     read.wait;
     read_cnt++;
     read.signal;                /* 唤醒一个读进程 */
  }
  end_read()                     /* 结束读过程 */
  {
     read_cnt=read_cnt-1;
     if(read_cnt==0)
         write.signal            /* 唤醒一个写进程 */
  }
  start_write()                  /* 开始写过程 */
  {
     if ((read_cnt!=0)||writing)  /* 如果正在写或者有读进程就阻塞写进程 */
         write.wait;
     writing=1;
  }
  end_write()                    /* 结束写过程 */
  {
     writing=0;
     if (!empty(read))           /* 有读进程就唤醒 */
         read.signal;
     else                        /* 否则唤醒写进程 */
         write.signal;
  }
}
```

在读者和写者中调用管程：

```
monitor readers_writers pc; /* 定义一个具体的读者—写者管程 pc */
cobegin
   readers()
```

```
    //writers()
coend
readers()
{
  while(1)
  {
     pc.start_read();            /* 调用开始读过程 */
     读数据库;
     pc.end_read();              /* 调用结束读过程 */
  }
}
writers()
{
  while(1)
  {
    pc.start_write();            /* 调用开始写过程 */
    写数据库;
    pc.end_write();              /* 调用结束写过程 */
  }
}
```

【例 2-15】用管程机制解决例 2-5 中 4 位哲学家就餐问题。

【解】请读者分析管程中使用的共享变量、条件变量和定义的过程。

```
monitor dining_philosophers
{
  enum status
  { thinking, hungry, eating } state[4];   /* 共享变量 */
  condition self[4];             /* 条件变量 */
  for(int i=0;i<4;i++)           /* 设置初始状态 */
    state[i]=thinking;
  pickup(int i)                  /* 申请吃饭过程 */
  {
      state[i]=hungry;
      test(i);                   /* 调整其状态 */
      if (state[i]!=eating)
         self[i].wait;           /* 推迟自己进餐 */
  }
   putdown(int i)                /* 放下筷子的处理过程 */
   {
      state[i]=thinking;
      test((i+4)%4);             /* 调整其前者状态 */
      test((i+1)%4);             /* 调整其后者状态 */
   }
   test(int i)                   /* 调整状态 */
   {
     if(state[(i+4)%4]!=eating && state[i]==hungry && state[(i+1)%4]
               !=eating)
```

```
        {
          state[i]=eating;
          self[i].signal;
        }
      }
    }
```

在并发进程中调用管程：

```
  monitor dining_philosophers  pc; /* 定义一个具体的管程pc */
  cobegin
     p0()
     //p1()
     //p2()
     //p3()
  coend
  pi()         /* 第i个哲学家进程（i=0～3） */
  {
     while(1)
     {
       讨论;
       pc.pickup(i);
       吃饭;
       pc.putdown(i);
       思考;
     }
  }
```

利用管程机制管理临界资源，简化了各个进程中对临界资源的使用。在各个进程中只需要在进入临界区之前调用申请临界资源的管程过程，退出临界区后，再调用释放临界资源的管程过程，就可以完成对临界资源的使用。所有对临界资源的处理都集中在管程中。

2.5 进程通信

进程通信是指进程间的信息交换。进程通信所交换的信息量，少则一个数值，多则成千上万个字节。根据通信机制的不同将进程通信分为低级通信和高级通信。进程的同步与互斥称为低级通信。在进程的同步和互斥中，使用信号量机制是卓有成效的。但是作为通信工具，其效率比较低，一次发送的信息量比较少。并且，信号量机制主要依靠进程来控制，用户使用不方便。用户直接利用操作系统提供的一组通信命令高效地传送大量数据，称为高级通信。高级通信既提高了工作效率，又简化了程序编制的复杂性，方便用户的使用。本节主要介绍进程的高级通信。目前，高级通信机制主要有三大类：共享存储器系统、消息传递系统以及管道通信系统。

2.5.1 共享存储器系统

在共享存储器系统中，相互通信的进程共享某些数据结构或存储区，进程之间能够通过它们进行通信。共享存储器系统又可以分为共享数据结构和共享存储区两种方式。

1．共享数据结构方式

在这种通信方式下，相互通信的进程共用某些数据结构，并通过这些数据结构交换信息。这种方式与信号量机制相比，并没有发生太大的变化，比较低效、复杂，只适用于传送少量的数据。

2．共享存储区方式

这种通信方式是在存储器中划出一块共享存储区，相互通信的进程可以通过对共享存储区中的数据进行读或写来实现通信。这种方式效率高，可以传送较多的数据。

2.5.2 消息传递系统

在消息传递系统中，进程间的数据交换是以消息为单位进行的。用户直接利用系统中提供的一组通信命令（原语）进行通信。这种方式既大大提高了工作效率，又简化了程序编制的复杂性，方便用户的使用。因此，消息传递系统成为最常用的高级通信方式。根据实现方式的不同，它可以分为直接通信方式和间接通信方式两种。

1．直接通信方式

发送进程使用发送原语直接将消息发送给接收进程，并将它挂在接收进程的消息缓冲队列上。接收进程使用接收原语从消息缓冲队列中取出消息。通常，系统提供两条通信原语：

发送原语：Send(Receiver,message);

接收原语：Receive(Sender,message);

例如，原语 Send(P2,m)表示将消息 m 发送给接收进程 P2；而原语 Receive(P1,m)则表示接收由进程 P1 发送来的消息 m。

2．间接通信方式

发送进程使用发送原语直接将消息发送到某种中间实体中。接收进程使用接收原语从该中间实体中取出消息。这种中间实体一般称为信箱。所以，这种方式也称为信箱通信方式，并且被广泛地用于计算机网络中（即电子邮件系统）。发送进程与接收进程通过中间实体——信箱来完成通信，既可以实现实时通信，又可以实现非实时通信。

（1）信箱通信的操作。系统为信箱通信提供了若干条操作原语，包括创建信箱原语、撤消信箱原语、发送原语、接收原语等。

1）信箱的创建与撤消。进程可以利用信箱创建原语来建立一个新信箱。创建进程应给出信箱的名字、信箱属性等。当信箱所属进程不再需要该信箱时，可用信箱撤消原语来撤消信箱。

2）消息的发送与接收。相互通信的进程利用系统提供的下述通信原语来实现消息的发送与接收。

Send(mailbox,message)：将一个消息发送到指定信箱。

Receive(mailbox,message)：从指定信箱中接收一个消息。

（2）信箱的分类。信箱可以由操作系统创建，也可以由用户创建。创建者是信箱的拥有者，据此，可以把信箱分为以下三类：

1）私有信箱。用户进程可以为自己建立一个新信箱，并作为进程的一部分。信箱的拥有者有权从信箱中读取消息，其他用户只能将自己的消息发送到该信箱中。当拥有该信箱的进程终止时，信箱也随之消失。

2）公用信箱。它由操作系统创建，并提供给系统中所有核准的用户进程使用。核准的进程既可以把消息发送到该信箱，又可以从信箱中取出发送给自己的消息。通常，公用信箱在系统运行期间始终存在。

3）共享信箱。它实际上是某种进程创建的私有信箱。在创建时或创建后，又指明它是可以共享的，同时指出共享进程（用户）的名字，此时就成为共享信箱。信箱的拥有者和共享者都有权从信箱中取走发送给自己的消息。

（3）进程间的关系。当利用信箱通信时，发送进程与接收进程存在下列关系：

1）一对一关系。在一个发送进程和一个接收进程之间建立一条专用的通信通道，使它们之间的通信不受其他进程的影响。

2）多对一关系。允许提供服务的一个接收进程与多个用户发送进程之间进行通信，也称为客户/服务器方式。

3）一对多关系。允许一个发送进程与多个接收进程进行通信，使发送进程可以用广播形式向一组或全部接收者发送消息。

4）多对多关系。允许建立一个公用信箱，让多个进程既可以把消息发送到该信箱，又可以从信箱中取出发送给自己的消息。

2.5.3　管道通信系统

所谓管道是指连接读进程和写进程的，用于实现它们之间通信的共享文件。向管道提供输入的发送进程（写进程），以字符流的形式将大量数据送入管道，而接受管道输出的接收进程（读进程），可以从管道中接收数据。由于发送进程和接收进程是利用管道进行通信的，故称为管道通信方式。这种方式首创于 UNIX 系统，因为它能传送大量的数据，又非常有效，所以又被引入到许多操作系统中。

作为人类社会，每个人可以看成被是一个或一组进程，相互之间存在着千丝万缕的关系：或互斥地访问并使用社会资源，或共同协调地进行社会工作。所以，人们在社会环境中，也要进行有效控制与协调，每个人（进程）要学会与他人共享社会资源，也要学会与他人进行有效交流（通信），否则将不能很好地工作和生活。

2.6　进程调度

进程调度又称为低级调度，它决定主存中就绪队列上的哪个进程（单处理器系统）获得处理器，然后把处理器分配给该进程，使其执行。进程调度是最基本的一种调度，运行频率也最高。进程调度的主要目的是为进程分配处理器。但是，在不同的操作系统中所采用的调度方式并不完全相同，在执行调度时所采用的调度算法也不一样。本节主要介绍进程调度算法的构成，选择进程调度算法的原则，以及常用的进程调度算法。

2.6.1　进程调度算法的构成

进程调度算法是根据系统的资源分配策略确定的资源分配算法。在一个操作系统中，如何理解进程调度算法，必须明确算法的构成要素。如何选择调度算法，在很大程度上取决于操作系统的类型和目标。

一个进程调度算法必须明确两个问题：一是何时调度的问题；二是调度谁的问题。何时调度是确定什么时候执行进程调度算法的问题，这是由裁决模式决定的。调度谁是确定选择哪个进程的问题，这是由优先权函数和仲裁规则共同控制的。

1. 裁决模式

裁决模式明确了计算与比较进程优先权的时间点，以及选择执行进程的时间点。在两个连续的裁决时间之间，不能改变分配给 CPU 进程的分配情况。裁决模式分为抢占式的和非抢占式的。

当采用非抢占方式时，一旦把处理器分配给某个进程后，便让该进程一直执行，直到该进程终止或阻塞才退出处理器。此时，系统才能把处理器分配给其他进程。当某个进程正在使用处理器时，不允许其他任何进程抢占处理器。

这种调度方式的优点是实现简单，系统开销小，适用于大多数批处理系统。其缺点是对于紧急任务，不能满足其立即执行的要求。所以，在时间要求较严格的实时系统和部分分时系统中不宜采用。

当采用抢占方式时，把处理器分配给某个进程后，在该进程尚未终止时，允许系统调度程序根据某种原则，暂停正在执行的进程，回收处理器，并将处理器重新分配给更为紧急的进程。采用抢占方式的原则有：①时间片原则：各个进程按照规定的时间片轮流执行；②优先权原则：各个进程按照各自优先权的高低，允许优先权高的进程抢占优先权低的进程所占用的处理器；③短进程原则：各个进程按照各自的长短，允许短进程抢占长进程所占用的处理器。

2. 优先权函数

当优先权函数应用到某个进程时，便产生一个数值。这个数值表示该进程的当前优先权。函数可以把进程或系统的不同属性作为参数来产生优先权值。这些属性包括：

- 运行时间：进程到达以后使用 CPU 的时间总和。
- 周转时间：从进程到达后，在系统中实际花费的时间。它是等待时间和运行时间之和。
- 截止期：进程必须完成的时刻。
- 响应时间：进程到达后到首次执行时的时间。
- 外部优先权：明确地指派给进程的值。
- 内存需求：执行进程所需的内存总量。

3. 仲裁规则

仲裁规则是解决具有相同优先权进程间冲突的规则。根据不同情况采用的规则有随机规则、轮转规则、先进先出规则。

在裁决模式确定时，系统计算出所有就绪进程的优先权函数值。优先权函数值高的进程被调度，获得 CPU。当多个进程的优先权函数值相同时，使用仲裁规则裁定。

2.6.2　进程调度算法的选取原则

选择调度算法的原则有面向用户的，也有面向系统的。

1. 面向用户的原则

这是为满足用户的需求而遵循的一些准则。它包括：

（1）周转时间短。所谓周转时间，是指从进程提交给系统开始，到进程完成为止的这段时间。它包括等待时间和运行时间，主要用于评价批处理系统。

对每个用户而言，都希望自己进程的周转时间最短。但是，作为计算机系统的管理者，是希望平均周转时间最短。这不仅会提高资源的利用率，而且可以使大多数用户感到满意。平均周转时间可以描述为：每个进程的周转时间之和除以进程的个数。

为了能进一步描述每个进程的周转效率，用另一种指标——带权周转时间，即进程的周转时间与系统为其提供的实际服务时间（不包括各阶段的等待时间）之比。那么，平均带权周转时间是所有进程的带权周转时间之和除以进程的个数。

（2）响应时间快。响应时间是指从用户通过键盘提交一个请求开始，直至系统首次产生响应为止的时间（进程首次运行前的等待时间），即系统在屏幕上显示出结果为止的一段时间间隔。它主要用于评价分时操作系统。

（3）截止时间有保证。截止时间是指进程必须开始执行的最迟时间，或必须完成的最迟时间。对于严格的实时系统，其调度方式和调度算法必须保证这一点。否则，有可能引起灾难性的后果。它主要用于评价实时操作系统。

（4）优先权原则。采用优先权原则，目的是让某些紧急的进程得到及时处理。在要求严格的系统中，还要使用抢占调度方式才能保证紧急进程得到及时处理。它用于批处理、分时和实时操作系统。

2. 面向系统的原则

这是为了满足系统要求而遵循的一些准则。它包括：

（1）系统吞吐量高。系统吞吐量是指系统在单位时间内所完成的进程数量。显然进程的平均长度将直接影响到系统吞吐量的大小。另外进程调度的方式与算法，也会对系统吞吐量产生较大的影响。它主要用于评价批处理系统。

（2）处理器利用率高。对于大、中型系统，由于 CPU 价格昂贵，所以处理器的利用率就成为十分重要的指标。在实际系统中，CPU 的利用率一般在 40%～90%之间。但是，该准则一般不用于微机系统和某些实时系统，它主要用于大、中型系统。

（3）各类资源的平衡利用。对于大、中型系统，不仅要使处理器利用率高，而且还应能有效地利用其他各类资源，保持系统中各类资源都处于忙碌状态。同样，该准则一般不用于微机系统和某些实时系统，它主要用于大、中型系统。

2.6.3 常用的进程调度算法

在现有的操作系统中，进程调度算法多种多样，各有优缺点。所以，要根据不同的系统和系统目标，选择不同的调度算法。衡量调度算法优劣的标准是比较不同算法下的周转时间（或带权周转时间）和平均周转时间（或平均带权周转时间）。平均周转时间短或平均带权周转时间短的就是好算法。

1. 先来先服务调度算法（FCFS）

先来先服务调度算法是一种最简单的调度算法，系统开销最少。当系统采用这种调度算法时，系统从就绪队列中选择一个最先进入就绪队列的进程，把处理器分配给该进程，使之得到执行。进程一旦占有了处理器，就一直运行下去，直到完成或因发生某种事件而阻塞，才退出处理器。

先来先服务调度算法的裁决模式是非抢占式的，优先权函数=花费在系统中的实际时间，仲裁规则是随机的。这种调度算法有利于长进程，而不利于短进程。

表 2-1 列出了 A、B、C、D 四个进程分别到达系统的时间、要求服务的时间、开始执行

的时间及各自完成的时间，并计算出了各自的周转时间和带权周转时间。

表 2-1　先来先服务调度算法表

进程名	到达时间	服务时间	开始执行时间	完成时间	周转时间	带权周转时间
A	0	1	0	1	1	1
B	1	100	1	101	100	1
C	2	1	101	102	100	100
D	3	100	102	202	199	1.99

从表 2-1 可知，短进程 C 的带权周转时间高达 100，而长进程 D 的带权周转时间仅为 1.99。

2. 短进程优先调度算法（SPF）

短进程优先调度算法是从就绪队列中选择一个估计运行时间最短的进程，将处理器分配给该进程，使之占有处理器并执行。直到该进程完成或因发生某种事件而阻塞，才退出处理器。

短进程优先调度算法的裁决模式是非抢占式的，优先权函数=-运行时间，仲裁规则是按照时间先后顺序或随机方式。这种调度算法照顾到了系统中的短进程，有效地降低了进程的平均等待时间，提高了系统的吞吐量。但是，这种算法对长进程不利。

通过表 2-2 可以对短进程优先调度算法与先来先服务调度算法进行一个比较。

虽然短进程优先调度算法对短进程很有利，但也存在不容忽视的缺点：

（1）该算法对长进程非常不利。更为严重的是，如果在某一个就绪队列中含有长进程，但是，其中总有比其短的进程，可能导致长进程很长时间内得不到调度，甚至一直得不到调度，这种现象称为“饿死”。

（2）该算法和先来先服务调度算法一样，没有考虑到进程的紧迫程度，因而不能保证紧急进程得到及时的处理。

（3）由于进程调度的依据是用户提供的估计执行时间，而用户有可能会有意或无意地缩短其进程的估计执行时间，致使该算法不一定能真正做到短进程优先调度。

表 2-2　先来先服务调度算法与短进程优先调度算法的比较

	进程名	A	B	C	D	E	平均
	到达时间	0	1	2	3	4	
	服务时间	6	3	5	2	1	
FCFS	完成时间	6	9	14	16	17	
	周转时间	6	8	12	13	13	10.4
	带权周转时间	1	2.67	2.4	6.5	13	5.114
SPF	完成时间	6	12	17	9	7	
	周转时间	6	11	15	6	3	8.2
	带权周转时间	1	3.67	3	3	3	2.754

3. 最短剩余时间优先调度算法（SRT）

最短剩余时间优先调度算法是短进程优先调度算法的抢占式的动态版本。它将 CPU 分配给需要最少时间来完成的进程。

最短剩余时间优先调度算法的裁决模式是抢占式的，优先权函数是动态的，随着进程运行和完成时间的减少而增加，仲裁规则是按照时间先后顺序或随机方式。这种调度算法充分照顾到了剩余运行时间短的进程。

4. 时间片轮转调度算法（RR）

在分时系统中，为了保证人机交互的及时性，系统使每个进程依次按照时间片方式轮流执行，即时间片轮转调度算法。在该算法中，系统将所有的就绪进程按照进入就绪队列的先后次序排列。每次调度时把 CPU 分配给队首进程，让其执行一个时间片。当时间片用完，由计时器发出时钟中断，调度程序暂停该进程的执行，使其退出处理器，并将它送到就绪队列的末尾，等待下一轮调度执行。然后，把 CPU 分配给就绪队列中新的队首进程，同时也让它执行一个时间片。这样就可以保证就绪队列中的所有进程在一定的时间（可以接受的等待时间）内均能获得一个时间片的执行时间。

时间片轮转调度算法的裁决模式是面向时间片的，所有就绪进程的优先权函数值相同，仲裁规则是轮转规则。这种调度算法适用于交互进程的调度。

在时间片轮转调度算法中，时间片的大小对系统的性能有很大影响。如果时间片太大，大到每个进程都能在一个时间片内执行结束，则时间片轮转调度算法便退化为先来先服务调度算法，用户将不能获得满意的响应时间。若时间片过小，用户输入简单的常用命令都要花费多个时间片，那么系统将频繁地进行进程切换，同样难以保证用户对响应时间的要求。

因此，时间片的大小要适当，通常要考虑到以下几个因素：

（1）系统对响应时间的要求。作为分时系统首先必须满足系统对响应时间的要求。响应时间与进程数目和时间片成正比。因此，在进程数目一定时，时间片的大小正比于系统所要求的响应时间。

（2）就绪队列中进程的数目。在分时系统中，就绪队列上的进程数目是随着在终端上机的用户数目而改变的。所以，系统要保证所有终端用户上机时，能获得较好的响应时间。因此，时间片的大小应反比于分时系统所配置的终端数目。

（3）系统的处理能力。系统的处理能力是必须保证用户输入的常用命令能在一个时间片内处理完毕。否则，无法取得满意的响应时间。

5. 优先权调度算法

为了照顾紧迫型进程获得优先处理，引入了优先权调度算法，也称为外部优先权调度算法。它是从就绪队列中选择一个优先权最高的进程，获得处理器并执行。

优先权调度算法的裁决模式是抢占式的或非抢占式的，优先权函数是用户或系统赋给它的优先权，仲裁规则是随机的或先进先出的。

对于优先权调度算法，其关键在于是采用静态优先权还是动态优先权，以及如何确定进程的优先权。

（1）静态优先权。静态优先权是在创建进程时确定的，并且规定它在进程的整个运行期间保持不变。一般来说，优先权是利用某个范围内的一个整数来表示的，如 0～7，或 0～255 中的某个整数，所以又称为优先数。在使用时，有的系统用“0”表示最高优先权，数值越大优先权越小，而有的系统则恰恰相反。确定进程优先权的依据有：

1）进程的类型。通常，系统进程的优先权高于用户进程的优先权。

2）进程对资源的需求。进程在运行期间所需要的资源（如执行时间、主存需要量等）越少，则其优先权越高。

3）用户的要求。根据用户进程的紧迫程度及用户所付费用的多少来确定进程的优先权。

静态优先权方法简单易行、系统开销小。但是，缺点是不够精确，很可能出现优先权低的进程，因系统中总有比其优先权高的进程要求调度，导致该进程很长时间内得不到调度，甚至一直得不到调度，即“饿死”现象。

（2）动态优先权。动态优先权要配合抢占调度方式使用，它是指在创建进程时所赋予的优先权，可以随着进程的推进而发生改变，以便获得更好的调度性能。

在就绪队列中等待调度的进程，随着等待时间的增加，优先权也以某个速率增加。因此，对于优先权初值很低的进程，在等待足够长的时间后，其优先权也可能升为最高，从而获得调度，占用处理器并执行。

同样规定正在执行的进程，其优先权将随着执行时间的增加而逐渐降低，使其优先权可能不再是最高，从而暂停执行，将处理器回收并分配给优先权更高的进程。这种方式能防止一个长进程长期占用处理器的现象。

6. 响应比高者优先调度算法（HRRN）

响应比高者优先调度算法是一个比较折衷的算法，它是从就绪队列中选择一个响应比最高的进程，让其获得处理器并执行，直到该进程完成或因等待某种事件而退出处理器为止。

响应比 = 响应时间 / 要求服务时间

= 等待时间 / 要求服务时间

由上式可以看出：如果进程的等待时间相同，则要求服务时间越短，其优先权越高。因此，该算法有利于短进程；当要求服务的时间相同时，进程的优先权取决于等待时间，因而实现的是先来先服务；对于长进程，当其等待时间足够长时，其优先权便可以升到最高，从而也可以获得处理器执行。

响应比高者优先调度算法的裁决模式是非抢占式的，优先权函数=响应比，仲裁规则是随机或按照先后次序。这种调度算法既照顾了短进程，又考虑了进程到达的先后次序，也不会使长进程长时间得不到服务。因此，它是一个考虑比较全面的算法。但是每次进行调度时，都需要对各个进程计算响应比。所以，系统开销很大，比较复杂。

7. 多级队列调度算法（ML）

目前的计算机系统不少都同时具有多种操作方式，既具有批处理操作方式，用于处理批量型作业；又具有分时操作方式，用于处理交互型作业。

但是，这两种作业的性质却截然不同。通常，为批处理作业所建立的进程将排入后台的就绪队列；而为交互型作业所建立的进程则排入前台的就绪队列。前台采用时间片轮转调度算法，而后台采用优先权调度算法或短进程优先调度算法等。

一般来说，多级队列调度算法是根据进程的类型或性质不同，将就绪进程分为若干个独立队列，不同类型或性质的进程固定地属于一个队列。每个队列可以采用适合自己要求的调度算法。不同的队列可以使用不同的调度算法。

在采用多级队列调度算法时，可以按照多种方式来处理各队列间的关系。一种是规定每个队列的优先权，优先权高的队列将优先获得调度执行。另一种是为各队列分配一定比例的处理器时间，然后分别调度使用。

8. 多级反馈队列调度算法（MLF）

前面所介绍的各种进程调度算法都存在一定的局限性。如短进程优先调度算法，不利于长进程，而且如果没有有效地表明进程的长度，其算法将无法正常使用。而多级反馈队列调度算法，则不必事先知道各个进程所需的执行时间，可以满足各种类型进程的需要，是目前一种较好的进程调度算法。

在采用多级反馈队列调度算法的系统中，调度算法的实施过程如下：

首先，将设置多个就绪队列，并为每个就绪队列赋予不同的优先权。第一个队列的优先权最高，第二个队列次之，其余队列的优先权逐个降低。

其次，队列中的进程将采用时间片轮转调度算法。但是，赋予各个队列中进程执行的时间片的大小各不相同。优先权越高的队列，进程执行的时间片越短。一般低一级队列的时间片是高一级队列的 2 倍。

第三，当一个新进程进入主存后，首先将它放入第一个队列的末尾，按照先后次序排队等待时间片轮转调度。当轮到该进程执行时，如果能在该时间片内完成，便可以正常终止；如果它在时间片结束时尚未完成，调度程序便暂停该进程的执行，并将其转入到第二个队列的末尾，再同样按照先后次序排队等待时间片轮转调度。如果它在第二个队列中运行一个时间片后仍未结束，再依此法将它放入第三个队列的末尾。如此下去，直到放入最低优先权的队列中，按照先后次序排队等待时间片轮转调度，直至结束。

第四，仅当第一个队列无进程时，调度程序才能调度第二个队列中的进程运行。相应地，只有当第 1 个至第 N−1 个队列都无进程时，才能调度第 N 个队列中的进程运行。如果处理器正在第 N 个队列为某个进程服务时，又有新进程进入优先权较高的队列，则此时新进程将抢占正在运行进程的处理器，即由调度程序把正在执行的进程放回到第 N 个队列的末尾，然后将处理器分配给新进程。

多级反馈队列调度算法的组织方式如图 2-26 所示。

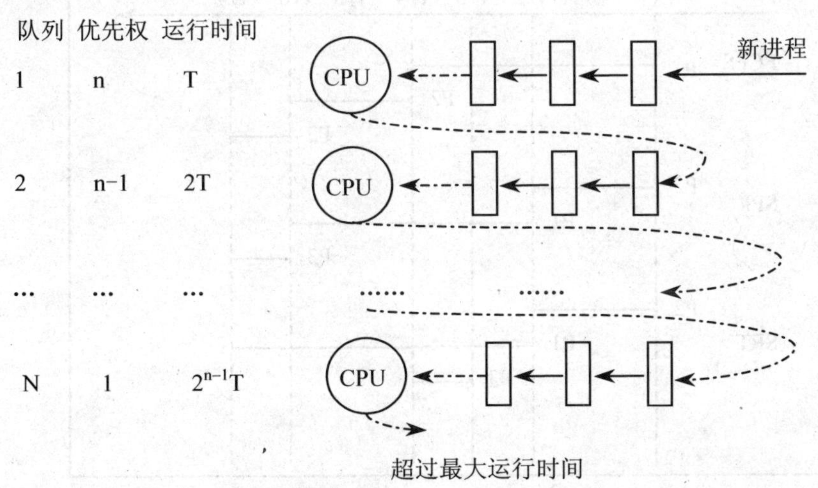

图 2-26　多级反馈队列调度中队列的组织方式

多级反馈队列调度算法的裁决模式是抢占式的或非抢占式的，优先权函数是从最大值开始每执行一次递减 1，仲裁规则是轮转的或按照时间先后次序。这种调度算法具有较好的性能，能满足各种类型用户的需求。

（1）终端型作业用户。由于终端型作业用户提交的作业大都属于交互型作业，通常比较短小，系统可以使这些作业（进程）在第一个队列所规定的时间片内完成，从而使终端型作业用户感到满意。

（2）短批处理作业用户。对于短的批处理作业，同样在第一个队列中执行一个时间片即可完成。对于稍长的作业，通常也只需在第二个队列和第三个队列中各执行一个时间片即可完成，其周转时间仍然较短。

（3）长批处理作业用户。对于长作业，它将依次在第 1、2、3、…，直到第 N 个队列中运行，用户不必担心其作业长期得不到运行的情况。

【例 2-16】3 个批处理进程 P1、P2、P3 具有下列到达时间和要求运行时间，请按照先来先服务（FCFS）、短进程优先（SPF）和最短剩余时间优先（SRT）调度算法，画出其时序图，并计算它们的平均周转时间。

进程名	到达时间	运行时间
P1	t	4
P2	t	3
P3	t+3	1

【解】三种调度算法的时序图如图 2-27 所示。

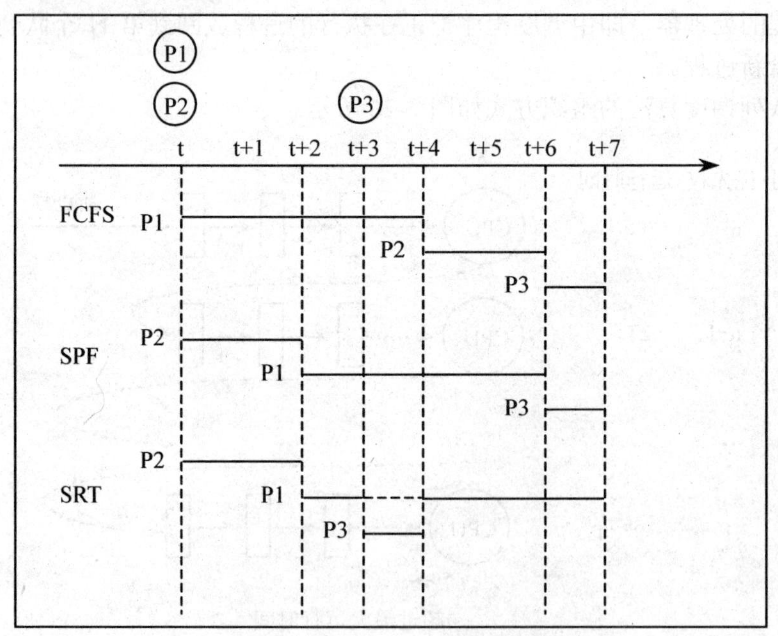

图 2-27　三种调度算法的时序图

根据时序图可以算出各调度算法的平均周转时间如下表所示：

调度算法	P1 的周转时间	P2 的周转时间	P3 的周转时间	平均周转时间
FCFS	0+4	4+2	3+1	14/3=4.67
SPF	2+4	0+2	3+1	12/3=4.00
SRT	3+4	0+2	0+1	10/3=3.33

调度实际上就是一种选择，知道了选择的原则与过程，就可以较好地控制选择的结果。

说明：在社会中，我们也会面临无数次的选择。为了选择正确合适的结果，我们也应该很好地了解每次选择的原则与过程。那么，你认为你是如何选择成功的，或者成功是如何选择你的？是永远向上的朝气、不断进取的锐气、百折不挠的勇气，还是坚守理想的信心、乐于助人的诚心、脚踏实地的耐心？

2.7　进程死锁

在操作系统中，多个进程的并发执行可以改善系统资源的利用率和提高系统的处理能力。但是，这样很可能会发生一种特殊的危险——死锁。本节主要介绍进程死锁的概念，产生死锁的原因和必要条件，以及处理死锁的方法。

2.7.1　死锁的基本概念

1. 死锁的概念

死锁是指多个进程因竞争资源而造成的一种僵局现象，若无外力的作用，这些进程都不能继续执行。

2. 死锁的原因

引起进程死锁有以下原因：

（1）竞争资源。当系统中供多个进程共享的资源不足以同时满足它们的需求时，引起它们对资源的竞争而产生死锁。

系统中有些资源是可剥夺的，例如采用一定的虚拟存储器管理和抢占式调度算法后，CPU 和主存就属于可剥夺资源。而另一类资源是不可剥夺资源，如打印机等，当系统把这类资源分配给某进程后，将不能强行收回，只能等该进程用完后自行释放。当进程竞争下列资源时会产生死锁：

1）竞争不可剥夺资源。可剥夺资源的共享一般不会导致死锁，但是，不可剥夺资源的竞争可能引起死锁。如图 2-28 所示，若系统中只有一台打印机 R1 和一台扫描仪 R2 可供进程 P1 和 P2 共享。假设 P1 已占用了打印机 R1，P2 已占用了扫描仪 R2。此时，P1 又申请扫描仪 R2，因扫描仪已分配给 P2，则 P1 阻塞；同时 P2 申请打印机 R1，也将被阻塞。于是，在 P1 和 P2 间便形成了僵局，两个进程都在等待对方释放自己所需要的资源。但是，它们又因没有获得所需要资源而无法继续推进，从而也不释放自己所占用的资源，以致进入死锁状态。

2）竞争临时性资源。打印机资源是可以重复使用的资源，称为永久性资源。还有一种临时性资源，是由一个进程产生，被另一个进程短暂使用后便无用的资源，它同样能引起死锁。如图 2-29 所示，进程 P1 要先接收从 P3 发来的数据 S3，再发送数据 S1 给 P2；而进程 P2 要先接收从 P1 发来的数据 S1，再发送数据 S2 给 P3；进程 P3 则先接收从 P2 发来的数据 S2，再发送数据 S3 给 P1。这时将导致 3 个进程都无法执行，产生死锁。

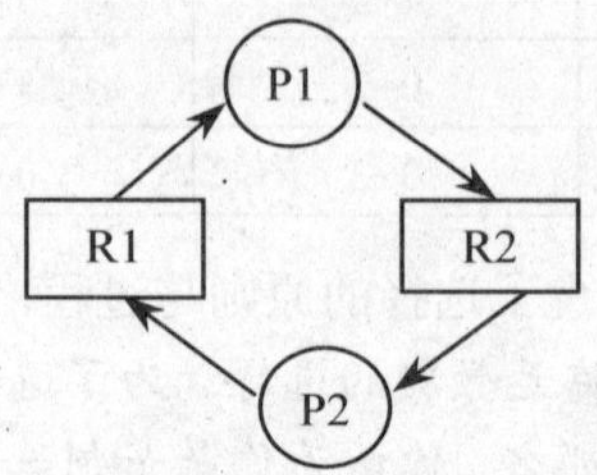

图 2-28 竞争不可剥夺资源导致死锁

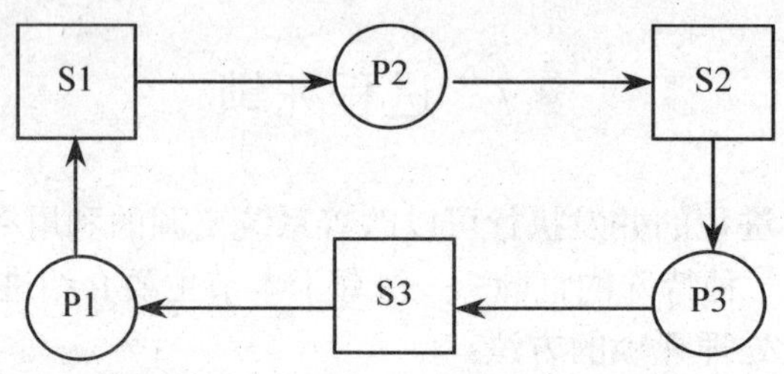

图 2-29 竞争临时性资源导致死锁

（2）进程推进顺序非法。进程在运行过程中，请求和释放资源的顺序不当，会导致进程死锁。例如对图 2-29 作一个新的解释：进程 P1 接收从 P3 发来的数据 S3，发送数据 S1 给 P2；而进程 P2 接收从 P1 发来的数据 S1，发送数据 S2 给 P3；进程 P3 则接收从 P2 发来的数据 S2，发送数据 S3 给 P1，但是，发送接收无严格的顺序要求。然后执行时可能会有不同的方式，将导致不同的结果。

1）进程推进顺序合法。如果 P1、P2、P3 三个进程按照下述顺序执行：

P1：Send(S1);Request(S3);…

P2：Send(S2);Request(S1);…

P3：Send(S3);Request(S2);…

每个进程都先发送数据，后接收数据，则不会发生死锁。

2）进程推进顺序非法。如果 P1、P2、P3 三个进程按照下述顺序执行：

P1：Request(S3);Send(S1);…

P2：Request(S1);Send(S2);…

P3：Request(S2);Send(S3);…

每个进程都先接收数据，后发送数据，则可能发生死锁。

3. *产生死锁的必要条件*

死锁并不一定都会出现，如果一旦产生死锁，一定会满足下述 4 个必要条件。

（1）互斥条件。进程对分配到的资源进行排他性、独占性使用。即在一段时间内某资源只能由一个进程占用，如果此时还有其他进程请求使用该资源，请求者只能等待，直到占有该资源的进程用完后释放，才能使用该资源。

（2）请求和保持条件。进程已经拥有并保持了至少一个资源，但是，又请求新的资源，而新请求的资源又被其他进程占有，此时请求进程被阻塞，但是，对已获得的资源保持不放。

（3）不剥夺条件。进程所占有的资源，在结束之前不能被剥夺，只能在运行结束后由自己释放。

（4）环路等待条件。在发生死锁时，必然存在一个“进程—资源”的环形链。

4. 处理死锁的基本方法

目前，用于处理死锁的方法分为以下三种：

（1）预防死锁。预防死锁是在进行资源分配之前，通过设置某些资源分配的限制条件来破坏产生死锁的四个必要条件的一个或几个。预防死锁是一种较简单的方法，容易使用，但是，由于施加了限制条件，会导致系统资源利用率和吞吐量的下降。

（2）避免死锁。避免死锁是在资源分配前不设置限制条件，在进行资源分配的过程中，用某种方法对每次资源分配进行管理，以避免某次分配使系统进入不安全状态，以至产生死锁。这种方法限制较小，可以获得较好的系统资源利用率和吞吐量。目前比较完善的系统中，通常采用此种方法。

（3）检测和解除死锁。这种方法则是不采取任何限制性措施，也不检查资源分配的安全性，它允许系统在运行过程中产生死锁。该方法首先是通过系统的检测过程及时地检查系统是否出现死锁，并确定与死锁有关的进程和资源；然后，通过撤消或挂起一些死锁中的进程，回收相应的资源，进行资源的再次分配，从而将进程死锁状态解除。这种方法没有限制，可以获得较好的系统资源利用率和吞吐量，但是实现难度较大。

2.7.2　死锁的预防

死锁的预防是通过对资源分配的原则进行限制，而使产生死锁的四个必要条件中的第二、三、四个条件之一不能成立来预防产生死锁。至于第一个必要条件，是由设备或资源的固有特性所决定的，不仅不能改变，还应加以保证。

1. 破坏“不剥夺”条件

一个已经占有某些资源的进程，当它再提出新的资源需求而不能立即得到满足时，必须释放它已经占有的所有资源，待以后需要时再重新申请。这意味着进程已经拥有的资源，在运行过程中可能会暂时被迫释放，即被系统剥夺，从而摒弃了“不剥夺条件”。

这种预防死锁的方法，实现起来比较复杂，并付出较大的代价，会使前段时间的工作失效等。此外这种方法还会因为反复地申请和释放资源而延长进程的周转时间，增加系统开销，降低系统吞吐量。

2. 破坏“请求和保持”条件

在采用这种方法预防死锁时，系统要求进程必须一次性地申请其在整个运行期间所需要的全部资源。若系统有足够的资源，便一次性将其所需要的所有资源分配给该进程，这样一来，该进程在整个运行过程中便不会再提出资源请求，从而摒弃了“请求”条件。而在分配时，只要有一个资源要求不能满足，系统将不分配给该进程任何资源，此时进程没有占有任何资源，因而也摒弃了“保持”条件，所以，可以预防死锁的产生。

这种预防死锁的方法，简单方便、易于实现，但是，因为进程将一次性获得所有资源，并且独占使用，其中可能有些资源在该进程运行期间很少使用，造成资源严重浪费；同时有些进程因不能一次性获得所需要的资源，导致长时间不能投入运行。

3. 破坏“环路等待”条件

在这种方法中规定，系统将所有的资源按照类型进行线性排序，赋予不同的资源序号。并且所有进程对资源的请求和分配必须严格地按照资源序号由小到大地进行，即只有先申请和分配到序号小的资源，才能再申请和分配序号大的资源。这样在最后形成的资源分配图中，将不可能再出现环路，从而摒弃了“环路等待”条件。

这种预防死锁的方法与前两种相比，其资源利用率和系统吞吐量都有明显的改善。但是，这种方法涉及对各类资源的排序编号，考虑到实际的使用，其排序的合理性将受到很大的挑战。

2.7.3 死锁的避免

在预防死锁的各种方法中，都施加了较强的限制条件，虽然实现起来相对简单，却都严重损害了系统的性能。

在死锁的避免中，所施加的限制较弱，可以获得较好的系统性能。该方法把系统状态分为安全状态和不安全状态，只要能使系统始终处于安全状态，便可以避免死锁发生。

1. 安全状态与不安全状态

在避免死锁的方法中，允许进程自由地申请资源。系统在每次资源分配之前，先计算这次资源分配的安全性，若此次分配不会导致系统进入不安全状态，便将资源分配给请求进程；否则进程的这次请求不予满足，进程必须等待。

所谓安全状态，是指系统能够按照某种顺序为每个进程分配所需要的资源，直到最大需求，使每一个进程都可以顺利完成。反之，如果系统不存在这样的一个安全序列，则称系统处于不安全状态。

虽然并非所有的不安全状态都是死锁状态，但是，当系统进入不安全状态后，很有可能进入死锁状态；反之，只要系统处于安全状态，便可避免进入死锁状态。因此，避免死锁的实质就是如何使系统不进入不安全状态。

假定系统有三个进程 P1、P2、P3，共有 12 台打印机，在某一时刻各进程资源分配如表 2-3 所示。经分析可得，现在系统处于安全状态，因为存在一个序列 P2、P1、P3，只要系统按照此进程序列分配资源，每个进程都可以顺利完成。

表 2-3 资源分配情况

进程	最大需求量	已分配量	可用量
P1	10	5	3
P2	4	2	
P3	9	2	

如果此时 P3 又请求一台打印机，系统将检查再次分配后的状态，若 P1、P2、P3 分别得到 5、2、3 台打印机，系统只剩 2 台打印机了。经分析可得，此时系统将进入不安全状态，所以，P3 的这次请求不能满足。

2. 利用银行家算法避免死锁

最具代表性的避免死锁的算法是 Dijkstra 的银行家算法。这是由于该算法能用于银行系统现金贷款的发放而得名。

（1）银行家算法采用的数据结构。银行家算法采用的数据结构有最大需求向量Max、已分配资源向量Allocation、还需资源向量Need和可用资源向量Available。

最大需求向量Max是一个N行M列的二维数组，它定义了系统中N个进程中的每一个进程对M类资源的最大需求。如果Max [I,J] = K，表示进程I需要J类资源的最大数目是K个。

已分配资源向量Allocation是一个N行M列的二维数组，它定义了系统中的每一类资源当前已分配给各进程的资源数。如果Allocation [I,J] = K，表示进程I已分配到J类资源的数目是K个。

还需资源向量Need是一个N行M列的二维数组，它定义了系统中的每一个进程还需要的各类资源数。如果Need [I,J] = K，表示进程I还需要J类资源的数目是K个。

可用资源向量Available是一个有M个元素的一维数组，其中每一个元素代表某一类资源的可分配数目，其初值是系统中所配置的全部可用资源数目。随着资源的分配和回收，其值会动态改变。如果Available [J] = K，表示系统中目前还未分配的J类资源的数目是K个。

在实际处理过程中，通常用表2-4所示的资源分配表来描述银行家算法。

表2-4 资源分配表

进程	最大资源量	已分配资源量	还需资源量	可用资源量

（2）银行家算法的处理步骤。银行家算法的处理步骤如下：

1）列出某一时刻的资源分配表，格式如表2-4所示。

2）拿可用资源量与每一个进程的还需资源量进行比较，可用资源量不少于还需资源量时，把资源分配给该进程。新的可用资源量为原有可用资源量加上该进程已分配的资源量。

3）重复2），直到所有进程都执行完毕或系统可用资源量小于每一个剩余进程的还需资源量，即可判断能否获得一个安全资源分配序列。

3. 银行家算法举例

【例2-17】假定系统中有5个进程P0、P1、P2、P3、P4和3种类型的资源A、B、C，每一种资源的数量分别为10、5、7，在某一时刻资源分配情况如下表所示，利用银行家算法，判断是否有一个资源分配的安全序列？

进程	最大资源量	已分配资源量	还需资源量	可用资源量
P0	10 5 3	0 1 0	10 4 3	3 3 2
P1	3 2 2	2 0 0	1 2 2	
P2	9 0 2	3 0 2	6 0 0	
P3	2 2 2	2 1 1	0 1 1	
P4	4 3 3	0 0 2	4 3 1	

【解】系统可用的资源量为（3，3，2），根据银行家算法可以与每个进程的还需资源量进

行比较、分配，如下表所示：

进程	最大资源量	已分配资源量	还需资源量	可用资源量
P1	3 2 2	2 0 0	1 2 2	3 3 2
P3	2 2 2	2 1 1	0 1 1	5 3 2
P4	4 3 3	0 0 2	4 3 1	7 4 3
P2	9 0 2	3 0 2	6 0 0	7 4 5
P0	10 5 3	0 1 0	10 4 3	10 4 7
				10 5 7

资源分配序列{P1，P3，P4，P2，P0}是安全的。

2.7.4 死锁的检测与解除

当系统为进程分配资源时，如果没有采取任何限制措施，系统必须提供死锁的检测与解除机制。

1．死锁的检测

在进行死锁的检测时，系统必须能保存有关资源的请求和分配的信息，并提供一种算法，以便利用这些信息来检测系统是否进入死锁状态。

（1）资源分配图。系统死锁可以利用资源分配图来描述。该图是由一组方框、圆圈和一组箭头线组成的，如图 2-30 所示。

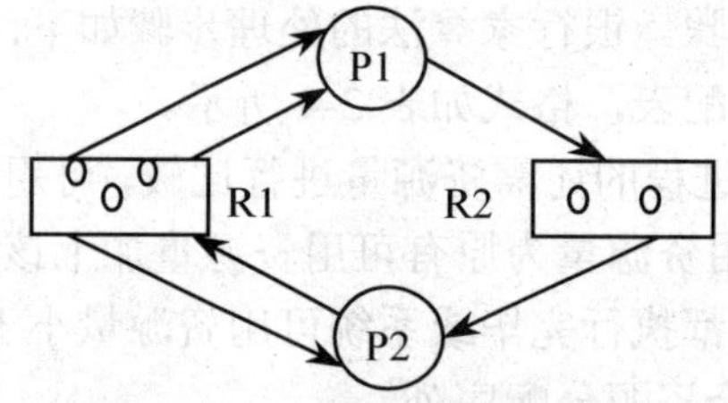

图 2-30 具有 4 个节点的资源分配图

资源分配图采用的图素的含义分别是：

方框：表示资源。有几类资源就画几个方框，方框中的小圆圈表示该类资源的个数。当个数较大时可以在方框内用阿拉伯数字表示。

圆圈：表示进程。有几个进程就画几个圆圈，圆圈内标明进程名称。

箭头线：表示资源的分配与申请。由方框指向圆圈的箭头线表示资源的分配线，由圆圈指向方框的箭头线表示资源的请求线。

在图 2-30 中，P1 进程已经获得了两个 R1 资源，并请求一个 R2 资源；P2 进程已经获得了一个 R2 资源和一个 R1 资源，并请求一个 R1 资源。

（2）死锁定理。在死锁检测时，可以利用把资源分配图进行简化的方法来判断系统当前是否处于死锁状态。具体方法如下：

1）在资源分配图中，找出一个既非阻塞又非孤立的进程节点 Pi。如果 Pi 可以获得其所需要的资源而继续执行，直至运行完毕，就可以释放其所占用的全部资源。这样，就可以把 Pi 所有关联的资源分配线和资源请求线消去，使之成为孤立的点。如图 2-31 所示。P1 就是一个既非阻塞又非孤立的进程节点，消去其资源分配线和资源请求线，使 P1 成为孤立的点。

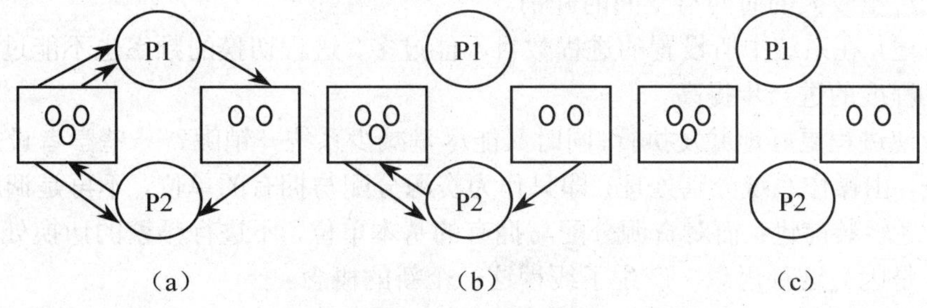

图 2-31　资源分配图的简化

2）重复进行上述操作。在一系列的简化后，如果消去了资源分配图中所有的箭头线，使所有进程节点都成为孤立节点，则称该资源分配图是可完全简化的；反之，则称该资源分配图是不可完全简化的。

如果当前系统状态对应的资源分配图是不可完全简化的，则系统处于死锁状态，该充分条件称为死锁定理。

2. 死锁的解除

当检测到系统发生死锁时，就必须立即把死锁状态解除，常用的方法是：

（1）剥夺资源法。从其他进程剥夺足够数量的资源给死锁进程，使其得到足够的资源，然后继续执行，以解除死锁状态。

（2）撤消进程法。系统采用强制手段将死锁进程撤消。最简单的方法是将全部死锁进程一次性撤消，但代价较大；另一种方法是按照一定的算法，从死锁进程中一个一个地选择进行撤消，并同时剥夺这些进程的资源，直到死锁状态解除为止。

说明：死锁就相当于失败，不愿其发生，却难以避免。我们在生活中也会遇到这样的问题，那该如何面对？是逃避、是放弃，还是勇往直前？

2.8　线程、超线程和双核的基本概念

从 20 世纪 60 年代提出进程的概念后，操作系统中一直都是以进程作为资源分配与独立运行的基本单位。到了 20 世纪 80 年代中期，人们又提出了比进程更小的能独立运行的基本单位——线程，用它来进一步提高系统的并发程度和吞吐量。本节主要介绍线程的概念、属性和类型，以及超线程和双核的基本概念。

2.8.1　线程

1. 线程的引入

在操作系统中引入进程后，使得多个程序可以实现并发执行，改善了资源利用效率，提高了系统吞吐量。此时进程作为系统中的一个基本单位，具有两个属性：一是，进程是资源分配和拥有的基本单位；二是，进程是一个可以独立调度和执行的基本单位。

进程的这两个基本属性构成了进程并发执行的基础，但是，在进程的推进过程中，系统必须进行一系列的操作，如创建进程、撤消进程、切换进程等。而在这些操作过程中，因为进程是一个资源的拥有者，所以，系统要不断地进行资源的分配与回收、现场的保存与恢复等工作。系统要为此付出较大的时间与空间的开销。

综上所述，在系统中所设置的进程数目不能过多，进程切换的频率也不能过高，这就限制了系统并发程度的进一步提高。

如何能使进程更好地并发执行，同时又能尽量减少系统开销呢？一些学者设想将进程的两个属性分开，由操作系统分别处理，即只作为资源分配与拥有的单位，不再是调度和执行的基本单位，使之轻装前进；而对资源分配与拥有的基本单位，不进行频繁的切换处理，以减少系统开销。正是因为这种思想，产生了线程这一个新的概念。

2. 线程的概念

线程是进程中的一个实体，是被系统独立调度和执行的基本单位。线程自己基本上不拥有系统资源，只拥有在运行中必不可少的一点资源（如程序计数器、一组寄存器和栈），但是它可以与同属于一个进程的其他线程共享进程所拥有的全部资源。一个线程可以创建和撤消另一个线程，同一进程中的多个线程之间可以并发执行。线程之间也会相互制约，使其在运行中呈现异步性。因此，线程同样具有就绪、执行、阻塞三种基本状态。

3. 线程与进程的比较

线程具有许多传统进程的特征，所以又称为轻型进程。传统的进程称为重型进程，相当于只有一个线程的任务。在引入线程的操作系统中，通常一个进程拥有若干个线程，至少也有一个线程。线程与进程有些类似但又大不相同，下面从以下几个方面进行比较。

（1）调度。在原有的系统中，进程既是资源分配和拥有的基本单位，又是独立调度和执行的基本单位。在引入线程后，把线程作为独立调度和执行的基本单位，而进程只作为资源分配和拥有的基本单位，把传统进程的两个属性分开，线程便能轻装前进，从而显著提高系统的并发程度。此时，在同一进程中，线程的切换不会引起进程的切换，而由一个进程中的线程切换到另一个进程中的线程时，将会同时引起进程的切换。

（2）并发。在引入线程的系统中，不仅进程之间可以并发执行，而且在一个进程中的多个线程之间也可以并发执行，使系统具有更好的并发性，从而能更有效地使用系统资源和提高系统吞吐量。

（3）拥有资源。不论是传统的操作系统还是引入线程的操作系统，进程都是资源分配和拥有的基本单位，而线程基本上不拥有系统资源（只有一些运行时必不可少的资源），但是，线程可以访问所属进程的所有资源。

（4）系统开销。系统在创建（或撤消）进程时，都要为之分配（或回收）大量的资源，如主存空间、I/O 设备等。所以，在进程切换时，要进行复杂的现场保护和新环境的设置。因而，不管是进程的创建、撤消还是切换，对于进程的操作所付出的系统开销都远大于对于线程操作所付出的系统开销。

说明：实际上人生也如进程和线程。我们处于社会的大环境中，需要背负着很多东西前进，如名利、金钱、责任、家庭、信念等，这些就是“进程”。如果我们想要快乐地生活、轻松地前进，就要卸下某些东西，如名利、金钱等，从而轻装上阵。但是，有些东西则必须背负着，如责任、家庭、信念等，这些就是“线程”。

4. 线程的类型

线程在许多系统中都得以实现，但是，实现的方式并不相同。具体地说，线程可以分为系统级线程和用户级线程两类。

（1）系统级线程。系统级线程是依赖于系统控制的，即无论是用户进程中的线程，还是系统进程中的线程，它们的创建、撤消与切换都是由系统控制实现的。在系统中保留了一张线程控制块，系统根据该线程控制块来感知线程的存在，并对线程进行控制。

（2）用户级线程。用户级线程是由用户控制的，对于用户级线程的创建、撤消与切换都与系统控制无关，完全由用户自己管理。简单来说就是系统并不知道有用户级线程的存在，在系统中各种控制仍然是基于进程的。

2.8.2 超线程技术

进入 21 世纪，在操作系统中又提出了一项新的技术——超线程技术。

1. 超线程的概念

超线程技术是 Intel 在 2002 年发布的一项新技术，它率先在 Intel 的 XERON 处理器上得到应用。所谓超线程技术就是利用特殊的硬件指令，在一个实体处理器中放入两个逻辑处理单元，从而模拟成两个工作环境，让单个处理器能使用线程级的并行计算同时处理多项任务，提升处理器资源的利用率。操作系统或应用软件的多个线程可以同时运行在一个处理器上，两个逻辑处理部件共享一组处理器执行单元，并行完成加、乘、负载等操作，这样就可以使运行性能提高 30%。原来的芯片每秒钟能够处理成千上万条指令，但是在任一时刻只能够对一条指令进行操作。超线程技术可以使芯片同时运行多条指令，使芯片性能得到提升。简单地说超线程技术就是把一个处理器当成多个处理器使用的技术。

2. 超线程的工作

超线程是同时多线程技术的一种，这种技术可经由复制处理器上的结构状态，让同一个处理器上的多个线程同步执行，并共享处理器的执行资源。

对支持多处理器功能的应用程序而言，超线程处理器被视为两个分离的逻辑处理器。应用程序无须修正就可以使用这两个逻辑处理器。同时，每个逻辑处理器都可以独立响应中断。第一个逻辑处理器可追踪一个软件线程，而第二个逻辑处理器则可以同时追踪另一个软件线程。由于两个线程共同使用同样的执行资源，因此不会产生一个线程执行而另一个线程闲置的状况。这种方式可以大大提升每个实体处理器中执行资源的使用率。

使用这项技术后，每个实体处理器可以成为两个逻辑处理器，让多线程的应用程序能在实体处理器上平行处理线程级的工作，提升了系统效率。随着应用程序针对平行处理技术的逐步优化，超线程技术为新功能及用户不断增长的需求提供了更大的改善空间。

最近，AMD 针对以往 Intel 的超线程技术，又提出了逆超线程技术。超线程技术是系统将一颗 CPU 看成两颗，而逆超线程技术是将两个物理核心看作一颗，同时处理一项工作，以便在特定情况下提高速度。有兴趣的读者可以通过其他形式关注这方面的研究。

2.8.3 双核技术

由于超线程技术是通过软件方法模拟出两个核心，所以模拟出来的两个核心是分享物理缓存的，从而使物理缓存大小减半。另外，因为超线程技术对多任务处理有优势，因此，当运行单线程应用软件时，超线程技术将会降低系统性能，尤其在多线程操作系统运行单线程软件时将容易出现此问题。由此，产生了双核技术。

所谓双核技术，简单地说就是在一块 CPU 基板上集成两个处理器核心，并通过并行总线将各处理器核心连接起来的技术。双核心并不是一个新概念，而只是单芯片多处理器中最基本、最简单、最容易实现的一种类型。

换言之，双核技术就是基于单个半导体的一个处理器上拥有两个一样功能的处理器核心的技术。这样就将两个物理处理器核心整合到一个核中。在任务繁重时，两个核心能够相互配合，让 CPU 发挥最大效力。两个能互补的核心运行起来，提高了系统的整体性能。例如使用 Intel 奔腾 D 双核处理器就相当于两台采用奔腾 4 的主机。

如果说超线程技术是通过软件模拟出双核的效果，那么现在所说的双核技术就是真正意义上的两个核心。它弥补了超线程技术适用系统比较少的缺点，可以广泛用于 Windows 操作系统的多个版本。它还有效地解决了双核运算中出现的缓存分离与数据冲突错误的问题。

目前，还出现了一种双 CPU 技术。前面所说的双核技术是在一个处理器里拥有两个处理器核心，核心是两个，但其他硬件还都是一套，由两个核心在共同拥有。而双 CPU 则是真正意义上的双核心，不只是处理器核心是两个，其他如缓存等硬件配置也都是双份的。这样系统处理的效率会更高。

有人把超线程技术、双核技术和双 CPU 技术作以下比较：

（1）布局结构。如果把 CPU 比作一套住房，超线程技术相当于把一间房子人为地通过屏风或者推拉门划分成两小间，虽然表面上每间居住者可以自己干自己的事，不互相影响，但是在出门时都要走同一个大门；双核技术相当于一套两居室，房子里有两个屋子，每个屋子都是独立存在的，不互相干扰。出门时也可以各走各的卧室门到大门口。如果因为某些原因，例如放音乐声音过大等情况，在同一套两居室里的两个屋子之间也会相互影响；双 CPU 技术就是名副其实的两套房子，每个房子都有自己的大门，出入大门不会像超线程那样共用一个门，也不会出现双核技术那样一个房间因为某些原因影响另一间，即使某个房子播放音乐也不会影响到另外一个房子。

（2）运行性能。假设 CPU 是一个运输卡车，货物是要计算的信息，CPU 运算就类似于卡车运输货物。同一时间运送的货物越多，说明 CPU 运算能力越强。单 CPU 系统相当于一辆卡车在一条车道上跑。由于车少，所以运输能力有限。以往 CPU 生产厂商都是在不断地提高卡车的载重（即主频）来提高它的运输能力。双 CPU 系统相当于两辆卡车在两条相交的车道上跑。每辆车大部分都在自己的路上跑，但是，偶尔会相遇、停车避让。由于车多路宽，所以双 CPU 运输能力最强。超线程系统相当于一辆双层卡车在一条车道上跑。由于是双层的，所以猛地一看以为是两辆车在跑，其实只有一辆。不过因为双层涉及车高以及捆绑等问题，有的时候遇到限高的桥梁，需要人为地将货物卸下，手工搬运。所以说超线程技术适用的条件比较苛刻；双核 CPU 系统相当于两辆卡车在一条车道上跑。虽然运输的货物能力提高了，而且也不会频繁产生类似于超线程那样的冲突，但是因为共用一条车道，所以互相避让减速的频率要比双 CPU 高得多。因此，它的运输能力要比真正的双 CPU 系统差。即双 CPU>双核 CPU>超线程 CPU>单 CPU。

说明：当你看到这里，说明你很认真地进行了学习。在这里我们想说的是所有的知识都是现实社会的产物，书上的知识反过来也要应用于社会。因此，学习的关键不仅是掌握书本上的知识，而且还要知道在什么时候，如何运用所学到的知识来解释和解决现实工作生活中的现象和问题。

本章小结

处理器管理的主要任务是分配处理器，主要目的是提高处理器的使用效率，主要功能有：进程控制、进程同步、进程通信和进程调度。

通过本章的学习，读者应熟悉和掌握以下基本概念：

进程、临界资源、信号量、并行、并发、同步、异步、互斥、原语、线程、进程通信、管程、管道、死锁。

通过本章的学习，读者应熟悉和掌握以下基本知识：

（1）并发是指在一个时间段内，有多个进程同时执行；并行是指在某一时刻有多个进程同时执行。

（2）进程描述与控制：进程控制块是进程存在的惟一标志；进程具有就绪、执行和阻塞三种基本状态，进程状态之间的转换是通过进程控制原语和进程调度程序实现的。

（3）同步控制机制：所有的同步机制都必须遵循四条准则：空闲让进、忙则等待、有限等待、让权等待。信号量就是一种特殊变量，它用来表示系统中资源的使用情况。而整型信号量就是一个整型变量。当其值大于 0 时，表示系统中对应可用资源的数目；当其值小于 0 时，其绝对值表示因该类资源而被阻塞的进程的数目；当其值等于 0 时，表示系统中对应资源已经都被占用，并且没有因该类资源而被阻塞的进程。对于整型信号量可以用 PV 操作来实现。

（4）进程调度：采用周转时间短、响应时间快、截止时间有保证、优先权等面向用户的原则和系统吞吐量高、处理器利用率好、各类资源的平衡利用等面向系统的原则。常用的进程调度算法有先来先服务、短进程优先、时间片轮转、优先权、响应比高者优先等。

（5）进程通信：是指相互合作的进程之间进行信息的交换。进程通信分为低级通信和高级通信。进程的同步与互斥称为低级通信。用户直接利用操作系统提供的一组通信命令，高效地传送大量数据称为高级通信。高级通信分为共享存储器系统、消息传递系统以及管道通信系统。

（6）进程死锁：产生死锁的原因是竞争资源和进程推进顺序非法。产生死锁的必要条件是：互斥条件、请求和保持条件、不剥夺条件、环路等待条件。处理死锁的基本方法有：预防死锁、避免死锁、检测和解除死锁。

习题

一、单项选择题

1．多道程序设计是指（　）。

A）在实时系统中并发运行多个程序

B）在分布系统中同一时刻运行多个程序

C）在一台处理器上同一时刻运行多个程序

D）在一台处理器上并发运行多个程序

2．进程存在的惟一标识是（　）。

A）程序　　B）PCB

C）数据集　　D）中断

3．在 PCB 中，用于进程调度的是（　）。

A）标识信息　　B）说明信息

C）现场信息　　D）管理信息

4．当进程等待事件结束时，将进程状态改为就绪状态所使用的原语是（　）。

A）创建原语　　B）撤消原语

C）阻塞原语　　D）唤醒原语

5．分配给进程的时间片用完而强迫进程让出 CPU，此时进程处于（　）。

A）阻塞状态　　B）等待状态

C）就绪状态　　D）都不是

6．进程被创建后，立即进入（　）。

A）阻塞队列　　B）缓冲区队列

C）就绪队列　　D）运行队列

7．原语的主要特点是（　）。

A）不可分割性　　B）不可再现性

C）不可屏蔽性　　D）不可访问性

8．在多道程序中负责从就绪队列中选中一个进程占用 CPU 的是（　）。

A）对换和覆盖调度　　B）作业调度

C）进程调度　　D）SPOOLing 技术

9．进程的并发性是指（　）。

A）若干个进程同时占用中央处理器

B）若干个进程交替占用中央处理器

C）微观并行、宏观交替地占用中央处理器

D）在多处理器系统中若干个进程同时执行

10．进程从运行状态到阻塞状态，可能是由于（　）。

A）进程调度程序的调度　　B）运行进程的时间片用完

C）运行进程执行了 P 操作　　D）运行进程执行了 V 操作

11．并发进程之间（　）。

A）彼此无关　　B）必须同步

C）必须互斥　　D）可能需要同步或互斥

12．在操作系统中，PV 操作是一种（　）。

A）机器指令　　B）系统调用命令

C）作业控制命令　　D）低级进程通信原语

13．若信号量 S 的初值为 2，当前值为-1，则表示有（　）个等待进程。

A）0　　B）1　　C）2　　D）3

14．设有 5 个进程共享一个互斥段，如果最多允许两个进程同时进入互斥段，则所采用互斥信号量的初值是（　）。

A）5　　B）2　　C）1　　D）0

15．根据进程的紧迫性进行进程调度，应采用（　）。

A）时间片轮转调度算法　　B）先来先服务调度算法

C）优先权调度算法　　D）短进程优先调度算法

16．进程的切换是由（　）引起的。

A）程序的运行　　B）进程状态的变化

C）CPU 故障　　D）进程非正常执行

17．在时间片轮转调度算法中，若时间片过大，该算法将退化为（　）。

A）优先权调度算法　　B）响应比高者优先调度算法

C）先来先服务调度算法　　D）不能确定

18．设有 4 个进程同时到达，每个进程的执行时间均为 2 小时，它们在一台机器上按照单道方式执行，则平均周转时间为（　）。

A）1 小时　　B）5 小时

C）2.5 小时　　D）8 小时

19．现有 3 个同时到达的进程 P1、P2、P3，它们的执行时间分别是 T1、T2、T3，且 T1<T2<T3。系统按照单道方式运行，且采用短进程优先调度算法，则平均周转时间是（　）。

A）T1+T2+T3　　B）(T1+T2+T3)/3

C）(3T1+2T2+T3)/3　　D）(T1+2T2+3T3)/3

20．进程从运行状态进入就绪状态的原因可能是（　）。

A）被选中占有处理器　　B）等待某一事件

C）等待的事件已发生　　D）时间片用完

21．一个进程 8:00 到达系统，估计运行时间为 1 小时。若 10:00 开始执行该进程，其响应比是（　）。

A）2　　B）1　　C）3　　D）0.5

22．银行家算法在解决死锁问题中是用于（　）的。

A）预防死锁　　B）避免死锁

C）检测死锁　　D）解除死锁

二、填空题

1．系统中各进程之间的逻辑关系称为________。

2．进程通常由________、________、________三部分组成。

3．进程控制块是进程存在的________，程序和数据集合是进程的________。

4．并发进程中涉及相同变量的程序段叫做________，对这段程序要________执行。

5．临界区是指________。

6．设有四个进程共享一程序段，而每次最多允许两个进程进入该程序段，则信号量的取值范围可能是________。

7．如果系统有 n 个进程，则在就绪队列中进程的个数最多有________个，运行的进程个数最多有________个，阻塞队列中进程的个数最多有________个。

8．如果系统中的进程是同时到达的，则平均周转时间最短的进程调度是________。

9．若使用当前运行的进程总是优先权最高的进程，应选择________进程调度算法。

10．如果信号量的当前值为-4，则表示系统中在该信号量上有________个阻塞进程。

11．在有 m 个进程的系统中出现死锁时，死锁进程的个数 k 应满足的条件是________。

12．不让死锁发生的策略可以分为静态和动态两种，避免死锁属于________。

13．可以预防死锁的方法有________法和________法。

14．采用资源有序分配的算法可以________死锁的发生。

15．死锁产生的四个必要条件是：________、________、________和________。

三、判断题

（ ）1．采用多道程序设计的系统中，系统的程序道数越多，系统的效率就越高。

（ ）2．采用资源的静态分配方法可以预防死锁。

（ ）3．作业调度是处理器的高级调度，进程调度是处理器的低级调度。

（ ）4．进程是一个独立运行的单位，也是系统进行资源分配和调度的基本单位。

（ ）5．程序的并发执行是指在同一时刻有两个以上的程序，它们的指令在同一处理器中。

（ ）6．原语的执行是屏蔽中断的。

（ ）7．时间片轮转调度算法一般用于分时系统。

（ ）8．PCB 是进程存在的惟一标志。

（ ）9．时间片越小，系统响应时间越短，系统的效率就越高。

（ ）10．进程 A 与进程 B 共享变量 S1，需要互斥；进程 B 与进程 C 共享变量 S2，需要互斥。从而，进程 A 与 C 也必须互斥。

四、区分下列概念

1．程序与进程

2．进程与线程

3．并发与并行

4．同步与互斥

5．线程与管程

6．直接通信与间接通信

7．信箱与管道

8．死锁与“饿死”

五、简答题

1．进程的特征是什么？

2．进程控制块的作用是什么？其主要内容是什么？

3．给出 PV 操作的程序段。

4．进程的基本状态有哪些？试用图示的方式描述它们之间的切换。

5．请画出引入挂起状态后的进程转换图。

6．进程的调度算法有哪些？请说明它们各有什么特点。

7．产生进程死锁的原因是什么？如何解除死锁？

8．请列举 2～3 个现实生活中类似下列概念的事情：

程序、进程、线程、管程、同步、互斥、死锁、并发

六、应用题

1．根据例 2-4 完成下列要求：

（1）如果是双向行驶的十字路口，其他条件不变，如何修改同步算法？

（2）如果此题改为两人相向过独木桥，如何修改同步算法？

2．根据例 2-5 做如下修改，请回答相应问题。

（1）如果四位哲学家每人都先拿起左手的餐具，再拿起右手的餐具，会出现什么问题？

（2）把此题改为：五位哲学家吃面条，只有五根筷子，每个人必须用一双筷子才能吃面条。请用 PV 操作描述五位哲学家的关系。

3．对例 2-6 做如下修改，请利用 PV 操作实现两个进程的同步。

（1）若安全岛上只能停一辆自行车，此问题简化为：无安全岛。

（提示：需要设一个信号量 S，表示是否可以走该段路。）

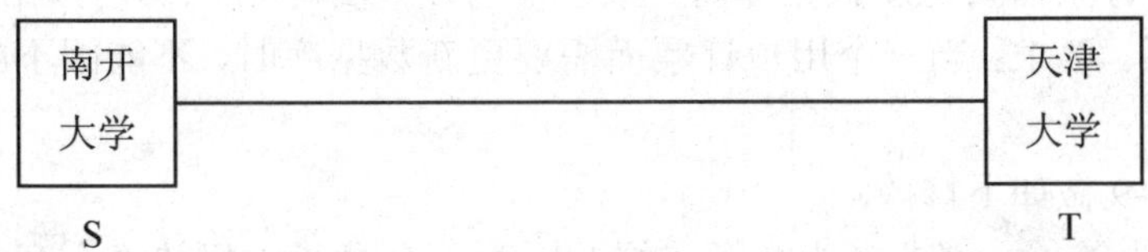

（2）安全岛上能停放无数辆自行车，此问题简化为：从天大到南大分两段路走。

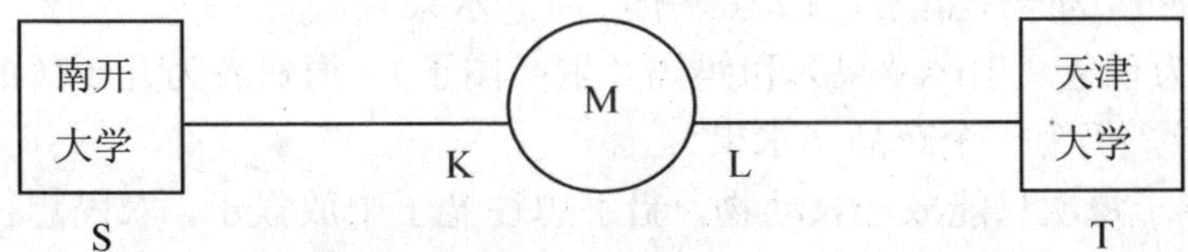

（提示：需要设两个信息号量，S1 表示 SK 段路是否可以走；S2 表示 LT 段路是否可以走。）

（3）在 tonan()中，P(TS)与 P(L)，P(M)与 V(L)，P(K)与 V(M)，V(K)与 V(TS)互换位置，会对进程产生什么影响？

4．设有 8 个程序 p1，p2，…，p8，它们的并发关系如图 2-32 所示。试用 PV 操作实现这些程序间的同步。

5．设有 6 个进程 P1～P6，它们有如图 2-33 所示的并发关系。试用 PV 操作实现这些进程的同步。

6．设在公共汽车上，司机和售票员的活动分别为：

司机的活动：启动汽车；正常行驶；到站停车。

售票员的活动：关车门；售票；开车门。

在汽车不断到站、停车、行驶的过程中，这两个活动有什么同步关系？用信号量和 PV 操作实现它们的同步。

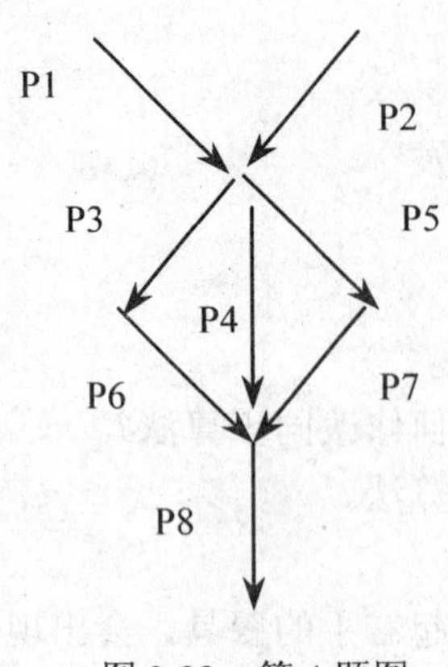

图 2-32　第 4 题图

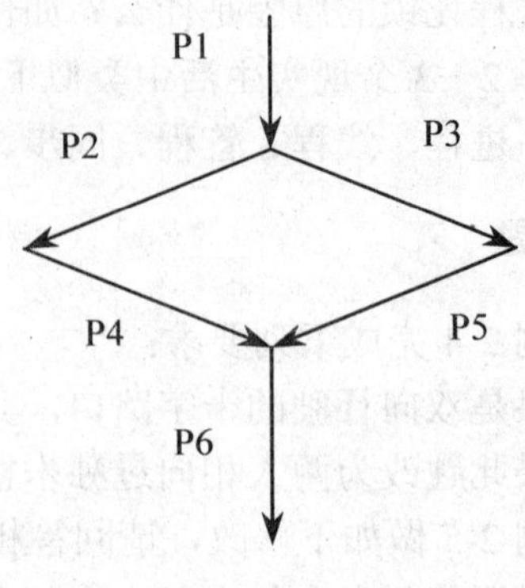

图 2-33　第 5 题图

7．用数学法和程序法描述第 4 题和第 5 题中的进程关系。

8．根据例 2-7 修改其同步算法，使得它对写者优先，即一旦有写者到达，后续的读者必须等待。

9．在一个飞机订票系统中，多个用户共享一个数据库。多用户同时查询是可以接受的，但是，一个用户要订票需要更新数据库时，其余所有用户都不可以访问数据库。请用 PV 操作描述这种同步关系。要求：当一个用户订票而需要更新数据库时，不能因不断有查询者的到来而使其长期等待。

10．根据例 2-9 做如下修改：

（1）生产者为爸爸，消费者为儿子，缓冲区为一个盘子，仍放一个产品（水果）。

（2）生产者为爸爸（生产苹果）和妈妈（生产橘子），消费者为儿子（消费橘子）、女儿（消费苹果），缓冲区为一个盘子，仍为一个产品（水果）。

（3）生产者为爸爸（生产苹果）和妈妈（生产橘子），消费者为儿子（消费橘子、苹果），缓冲区为一个盘子，仍为一个产品（水果）。

11．有一只笼子每次只能放一只动物，猎手想往笼子中放猴子，农民想往笼子中放猪，动物园等着买笼子中的猴子，饭店等着买笼子中的猪，试用 PV 操作写出它们能同步执行的程序。

12．根据例 2-10，若把进程 PB 的算法做如下修改，其同步效率与例 2-10 相比有何不同？

```
PB()
{
  while (1)
  {
      P(f1);                    /* 获取缓冲区 1 满的信息 */
      P(e2);                    /* 获取缓冲区 2 空的信息 */
      从缓冲区 1 中读取一条记录;
      将记录存入缓冲区 2;
      V(e1);                    /* 通知进程 PA 写记录 */
      V(f2);                    /* 通知进程 PC 读记录 */
  }
}
```

13．对例 2-11 中的 PA、PB 进程做如下修改会出现什么问题？为什么？

（1）把 PA、PB 中的两个 P 操作互换位置。

（2）把 PA、PB 中的两个 V 操作互换位置。

14．某车站售票厅，任何时刻最多可以容纳 20 名购票者进入，当售票厅中有少于 20 名购票者时，则厅外的购票者可以立即进入，否则需在外面等候。若把一个购票者看作一个进程，请回答下列问题：（可以参照例 2-12）

（1）用 PV 操作管理这些并发进程时，应怎样定义信号量？写出信号量的初始值及各种定义的含义。

（2）根据所定义的信号量，把应执行的 PV 操作填入下述程序中，以保证进程能够并发执行。

```
pi(i=1...20)
{
    __________;
    进入售票厅;
    购票;
    __________;
    退出;
}
```

（3）若欲购票者最多为 n 人，写出信号量可能的变化范围（最大值和最小值）。

（4）写出售票员的同步算法。

15．有五个待运行的进程 A、B、C、D、E，各自估计运行时间为 9、6、3、5、X。试问采用哪种运行次序可以使得平均响应时间最短？（答案依赖于 X）

16．单道批处理系统中有 4 个进程，其有关情况如下表所示。在采用响应比高者优先调度算法时，计算其平均周转时间和平均带权周转时间。

进程名	提交时间	运行时间
P1	8.0	2.0
P2	8.6	0.6
P3	8.8	0.2
P4	9.0	0.5

17. 试用 PV 操作描述读者—写者问题，要求允许几个阅读者进程可以同时访问该数据集，而一个写者进程不能与其他进程（不管是写者还是读者）同时访问该数据集。

18．设有两个进程 P1、P2 的程序如下，其信号量的初始值 S1=S2=0，试求 P1、P2 并发执行结束后，X、Y、Z 的值。

```
进程 P1                 进程 P2
Y = 1;                  X = 1;
Y = Y+2;                X = X+1;
V(S1);                  P(S1);
Z = Y+1;                X = X+Y;
P(S2);                  V(S2);
Y = Y+Z;                Z = Z+X;
```

19．在银行家算法中，若出现下述资源分配情况（见下表）：

进程	已分配资源量	还需资源量	可用资源量
P0	0 0 3 2	0 0 1 2	1 6 2 2
P1	1 0 0 0	1 7 5 0	
P2	1 3 5 4	2 3 5 6	
P3	0 3 3 2	0 6 5 2	
P4	0 0 1 4	0 6 5 6	

（1）该状态是否安全？

（2）如果进程 P2 提出请求（1 2 2 2）后，系统能否将资源分配给它？

20．设系统中有三类资源：A、B、C，其资源数量分别为 17、5、20，及 5 个进程：P1、P2、P3、P4、P5，在某一时刻的系统状态如下表所示。系统采用银行家算法实施避免死锁策略。

进程	最大资源需求量	已分配资源量
P1	5 5 9	2 1 2
P2	5 3 6	4 0 2
P3	4 0 11	4 0 5
P4	4 2 5	2 0 4
P5	4 2 4	3 1 4

21．试简化下列资源分配图，并利用死锁定理给出相应的结论。

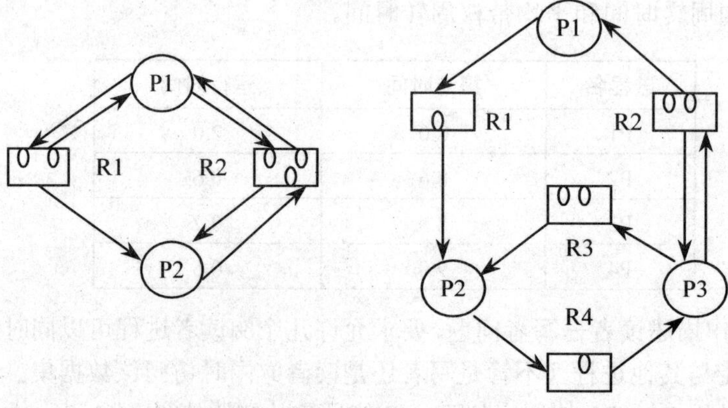

第3章　存储器管理

本章主要内容

- 存储器管理概述
- 单用户连续存储管理方式
- 固定分区存储管理方式
- 可变分区存储管理方式
- 页式存储管理方式
- 段式存储管理方式
- 段页式存储管理方式
- 虚拟存储管理方式

本章教学目标

- 熟悉存储管理的基本功能
- 掌握各种存储管理方式下主存分配与回收、地址转换与存储保护、管理的特点
- 熟悉在各种存储管理方式下提高主存利用率的方法

3.1　存储器管理概述

存储器管理的主要对象是主存储器（简称主存）。主存是计算机系统中仅次于CPU的重要资源。因为任何程序和数据，以及供控制使用的数据结构，都必须放在主存中。如何对主存施行有效地管理，不仅影响到主存的利用率，而且会影响到系统的性能。本节主要介绍存储器管理的主要任务和主要功能，以及程序的装入与链接。

3.1.1　存储器管理的主要任务

存储器管理的主要任务是为用户作业分配主存空间，提高主存的使用效率，并从逻辑上扩充主存空间，使主存在成本、速度和规模之间获得较好的权衡。

3.1.2　存储器管理的主要功能

1. 主存空间的分配和回收

在多道程序设计环境下，往往有多个程序同时存放在主存中，所以，主存分配的主要任务是采用一定的数据结构，按照一定的算法为每一道程序分配主存空间，使它们“各得其所”，并记录主存空间的使用情况和作业的分配情况。

主存空间的回收是指当一个作业运行结束后，必须归还所占用的主存空间，即在记录主存空间使用情况的数据结构中进行修改，并且把记录作业分配情况的数据结构删除。

2. 地址转换

当程序装入主存时，操作系统要为该程序分配一个合适的主存空间，由于程序的逻辑地址与分配到主存的物理地址不一致，而 CPU 执行指令时是按照物理地址进行的，所以要进行地址转换。

将用户程序的逻辑地址转换为运行时的物理地址的过程称为地址转换，也称为地址映射（即重定位）。逻辑地址是指编程时使用的地址，每个程序都是从“0”开始编址的，也称为相对地址。物理地址是指在主存中每个存储单元的地址，是程序运行时使用的地址，也称为绝对地址。

3. 主存空间的共享与保护

在多道程序设计系统中，同时进入主存执行的作业可能需要调用相同的程序或数据，这就是主存的共享。例如，调用编译程序进行编译，把这个编译程序存放在某个区域中，各作业要调用时就访问这个区域，因此这个区域就是共享的。同样也可以实现公共数据的共享。

在实现主存分配与共享时，必须解决主存中信息的保护问题。存储保护的工作一般由硬件和软件配合实现。

4. 主存空间的扩充

提供虚拟存储器的管理功能，使用户编写程序时不必考虑主存的实际容量，使计算机系统有一个比实际主存容量大得多的存储空间。这样就可以运行较多和较大的程序。

3.1.3 程序的装入与链接

1. 源程序的执行过程

在多道程序环境下，程序要运行必须先将程序和数据装入主存。那么，如何将一个用户源程序变为一个在主存中可执行的程序呢？通常需要经过编译、链接和装入等几个步骤，其控制步骤如图 3-1 所示。

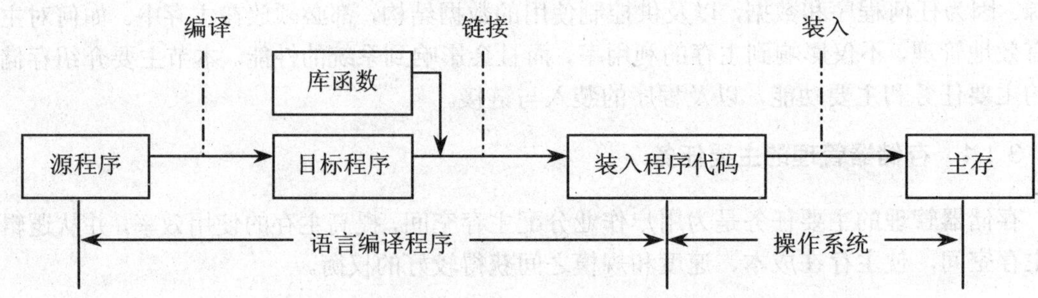

图 3-1 源程序的执行过程

（1）编译。由编译程序将用户源程序编译成若干个目标程序。

（2）链接。由链接程序将编译后形成的目标程序同它们所需要的库函数链接在一起，形成一个装入程序代码。

（3）装入。由装入程序将装入程序代码装入主存。

由源程序经过编译、链接产生装入程序代码的工作是由语言编译程序完成的，把装入程序代码装入主存是由操作系统的装入控制程序完成的。

例如，C 语言源程序的执行过程是：编辑（*.C）→编译（*.obj）→链接（*.exe）→装入运行，即经过编辑产生源程序（*.C）；源程序经过编译产生目标程序（*.obj）；目标程序与库函数一起，经过链接产生可执行程序（*.exe），也就是装入程序代码。这些工作在 C 语言的环境下就可以完成。在操作系统环境下，输入可执行程序的名字就可以装入执行。

2. 程序的装入

将一个装入程序代码装入主存时，可以采用以下三种方式：

（1）绝对装入方式。绝对装入方式是由装入程序根据装入程序代码中的地址将程序和数据装入主存。在编译时，如果知道程序将驻留在主存的什么位置，那么编译程序将产生绝对地址的目标代码。例如，事先已知用户程序（进程）驻留在从 R 位置开始的主存空间，则编译程序所产生的目标代码便从 R 位置开始装入。在此情况下可以采用绝对装入方式。

绝对装入程序按照装入程序代码中的地址，将程序和数据装入主存。装入程序代码被装入主存后，不需要对程序和数据的地址进行修改，程序中所使用的绝对地址，既可以在编译或汇编时给出，也可以由程序员直接赋予。但是，由程序员直接给出绝对地址，不仅要求程序员熟悉主存的使用情况，而且一旦程序或数据被修改后（如插入新的或删除旧的程序或数据），可能要改变程序中的所有地址。因此，通常是在程序中采用符号地址，然后在编译或汇编时，将这些符号地址再转换为绝对地址。

（2）可重定位方式。可重定位方式是由装入程序根据主存当前的实际使用情况，将装入程序代码装入到主存适当的地方。在多道程序环境下，由于编译程序不能预知所编译的目标模块在主存的位置，因此，目标模块的起始地址通常都是从 0 开始的。程序中的所有其他地址，也都是相对于起始地址计算的。此时，不可能再用绝对装入方式，而应该用可重定位装入方式，把装入程序代码装入主存。

可重定位装入程序，根据主存当前的使用情况，将装入程序代码装入到主存的某个位置。静态地址重定位是指在用户程序执行之前由重定位装配程序集中一次完成地址映射工作。例如，在确定了相对目标程序装入到以 1000 开始的主存区域之后，装配程序要把相对目标程序中的所有地址都加上 1000。

我们把在装入时对目标程序中的指令和数据地址的修改过程称为重定位。又因为地址变换只是在装入时一次完成，以后不再改变，故称为静态重定位。静态重定位后的程序在其执行过程中是不能随便在主存中移动的。

静态重定位有两个主要优点：一是无须增加硬件地址变换机构；二是利用重定位装配程序可以对由若干个程序段组成的作业进行静态链接，且实现简单。当然，它也存在一些缺点。一是由于程序在重定位之后就不能在主存中移动了，因此，不能根据主存占用情况的变化，调整程序在主存中的位置。它只能一次性装入，不能改变。若用户所需要的存储空间超过实际的主存空间，则需要考虑使用覆盖技术。二是程序的存储空间要求连续，不能把程序分布在若干个不连续的区域内。三是多个用户很难共享主存中的同一个程序副本。所以，静态重定位技术只适用于对程序使用要求不高的场合。

如图 3-2 所示，在用户程序的 100 号单元处有一条指令 LOAD A,260，该指令的功能是将 260 号单元中的整数 156 取至寄存器 A。但是，若将该用户程序装入到主存的 1000～1600 号单元而不进行地址变换，则在执行 1100 号单元中的上述指令时，它仍将从 260 号单元中把数据取至寄存器 A，导致数据出错。由图 3-2 可以看出，正确的方法应该是该指令从 1260 号单元中取出数据。为此，应将取数指令中的地址 260 修改成 1260，即把有效地址（相对地址）与本程序在主存中的起始址相加，才得到正确的物理地址。故除了数据地址应该修改外，指令地址同样也需要修改。

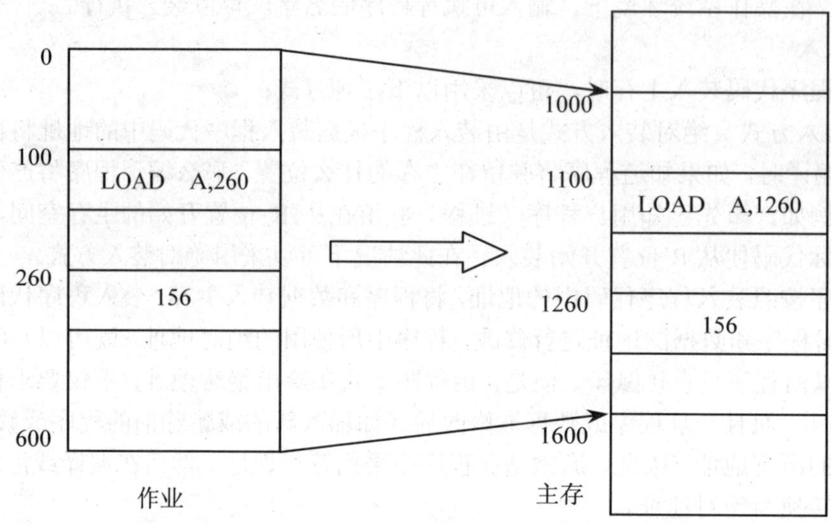

图 3-2 作业装入主存时的情况

（3）动态运行时装入方式。绝对装入方式只能将装入程序代码装入到主存中事先指定的位置。在多道程序环境下，不可能事先知道每一道程序在主存中的位置。因此，这种装入方式只能用于单道程序环境。可重定位装入方式，可以将装入程序代码装入到主存中任何允许的位置，故可以用于多道程序环境。然而，它不允许运行中的程序在主存中移动位置。因为程序在主存中移动意味着它们的物理地址要发生变化，此时，必须对程序和数据的地址（绝对地址）进行修改，才能正常运行。然而，实际情况是程序在主存中的位置，可能经常改变。例如，在具有对换功能的系统中，一个进程有可能被多次换出，又被多次换入。每次换入后的位置与换出前的位置通常是不相同的。在这种情况下，就应该采用动态运行时的装入方式。

动态运行时的装入程序，在把装入程序代码装入主存后，并不立即把装入程序代码中的相对地址转换为绝对地址，而是把这种地址转换推迟到程序执行时。因此，装入主存后的所有地址仍都是相对地址。为使地址转换不影响指令的执行速度，这种方式需要特殊硬件的支持，这种重定位方式称为动态重定位。即在程序执行过程中，在 CPU 访问主存之前将被访问的程序和数据逻辑地址转换成物理地址。

动态重定位也有很明显的特点，其优点有：一是可以对主存进行非连续分配。从原理上讲，只需增加几个基地址寄存器，每个基地址寄存器对应一段程序即可，这样主存使用更加灵活、有效。二是提供了实现虚拟存储器的基础。因为动态重定位可以部分地和动态地分配主存，所以它可以在执行期间采用请求方式为那些不在主存中的程序段分配主存，以达到主存扩充的目的，即为用户提供一个比主存空间大得多的虚拟空间。三是有利于程序段的共享。其缺点有：一是动态重定位技术所付出的代价需要硬件支持，增加了成本；二是实现存储管理的软件算法比较复杂。

3. 程序的链接

链接程序的功能是将经过编译或汇编后所得到的一组目标程序以及它们所需要的库函数装配成一个完整的装入程序代码。实现链接的方法有三种：静态链接、装入时动态链接和运行时动态链接。

（1）静态链接。假如有 3 个经编译后所得到的目标模块 A、B、C，它们的长度分别为 L、M 和 N。在模块 A 中，有一条语句 CALL B，用于调用模块 B。模块 B 中，有一条语句 CALL C，用于调用模块 C。B 和 C 都属于外部调用符号，在将这几个目标模块链接装配成一个装入程序代码时，需要解决以下两个问题：

1）修改相对地址。通常由编译程序产生的所有目标模块，其起始地址都为 0，每个模块中的地址都是相对于 0 的。在链接成一个装入程序后，模块 B 和 C 的起始地址不再是 0，而是 L 和 L＋M，此时须修改 B 和 C 中的相对地址，即模块 B 中的所有相对地址加上 L，模块 C 中的相对地址都加上 L+M。

2）变换外部调用符号。即将每个模块中所用的外部调用符号都变换为相对地址。例如把 B 的起始地址变换为 L，C 的起始地址变换为 L＋M，这种先进行链接所形成的一个完整的装入程序代码，又称为可执行文件。通常都不再拆开它，要运行时可以直接将它装入主存。这种事先进行链接，以后不再拆开的链接方式，称为静态链接方式。

（2）装入时动态链接。用户源程序经编译后所得到的目标模块，是在装入主存时边装入边链接的。即在装入一个目标模块时，若发生一个外部模块调用，将引起装入程序去找相应的外部目标模块，并将它装入主存，且修改目标模块中的相对地址。装入时动态链接方式有以下优点：

1）便于软件版本的修改和更新。采用装入时动态链接方式要修改或更新各个目标模块是非常容易的，但是，对于静态链接已装配在一起的装入程序代码，如果要修改或更新其中的某个目标模块，则要求重新打开装入程序代码，这不仅是低效的，而且有时是不可能的。

2）便于实现目标模块共享。若采用装入时动态链接的方式，操作系统能够将一个目标模块链接到几个应用模块，即实现多个应用程序对该模块的共享。然而，采用静态链接方式时，每个应用模块都必须含有该目标模块的拷贝，而无法实现共享。

（3）运行时动态链接。虽然前面所介绍的动态装入方式，可以将一个装入程序代码装入到主存的任何地方，但是，装入程序代码的结构是静态的，它主要表现在两个方面：一是在进程（程序）的整个执行期间，装入程序代码是不改变的；二是每次运行时的装入程序代码都是相同的。实际上，在许多情况下，每次要运行的模块可能是不相同的。但是，由于事先无法知道本次要运行哪些模块，故只能是将所有可能要运行到的模块，在装入时全部链接在一起，使每次执行时的装入程序代码是相同的，显然这是低效的。因为这样在装入程序代码的运行过程中，往往会有某些目标模块根本就不运行。比较典型的例子是错误处理模块，如果程序在整个运行过程中都不出现错误，便不会用到该模块。

能有效地改变这种情况的链接方式，是近几年流行起来的运行时动态链接方式。这种链接方式可以将某些目标模块的链接推迟到执行时才进行。即在执行过程中，若发现一个被调用模块尚未装入主存时，由操作系统去找到该模块，将它装入主存，并把它链接到调用者模块上。

3.1.4 存储管理方式

对主存的存储管理方式，根据是否把作业全部装入，全部装入后是否装入到一个连续的存储区域，可以分为如图 3-3 所示的几种管理方式。

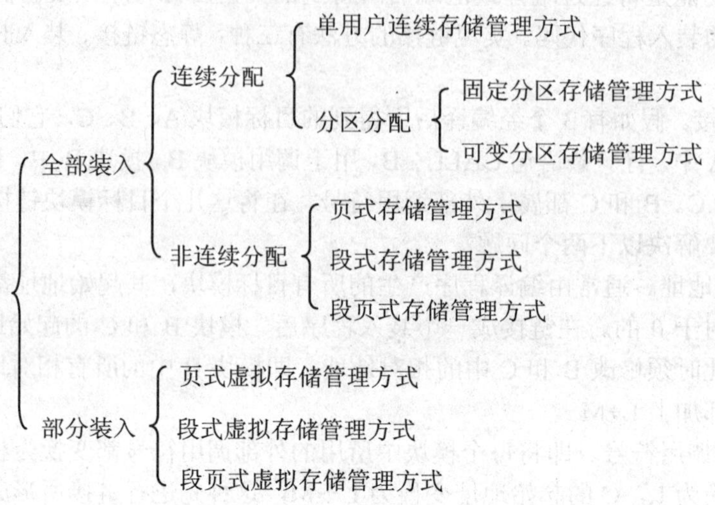

图 3-3 主存的存储管理方式

各种存储管理方式可以从以下几个方面理解：一是基本原理；二是主存的分配与回收；三是地址转换与存储保护；四是该存储管理方式的特点；五是对其改进的方法。

基本原理主要是理解该管理方式的大环境：是否全部装入、是否装入一个连续的存储区等；主存的分配与回收主要理解该管理方式采用的数据结构、主存的分配过程、主存的回收过程；地址转换与存储保护主要理解地址的重定位方式和地址转换过程，存储保护包括存储区的保护和地址转换的保护；存储管理方式的特点主要分析该管理方式的优点和不足；管理方式改进方法主要理解采用什么技术或方法可以提高管理效益。

3.2 单用户连续存储管理方式

单用户连续存储管理方式是一种最简单的存储管理方式。在这种管理方式下，操作系统占有一部分主存空间，其余空间给用户的一个作业使用。这种分配方式曾被广泛地应用于 20 世纪 60～70 年代的操作系统中，至今仍占有一席之地。本节主要介绍单用户存储管理方式的基本原理、主存的分配与回收、地址转换与存储保护，以及管理特点。

3.2.1 基本原理

这是最早出现的一种存储管理方式。在主存中仅驻留一道程序，整个用户区被一个用户独占。当用户作业空间大于用户区时，该作业不能装入。这种分配方式仅能用于单用户单任务的操作系统中，不能用于多用户系统和单用户多任务系统中。

3.2.2 主存空间的分配与回收

1. 主存空间的分配

采用单用户连续存储管理方式时，主存分为两个分区，即系统区和用户区，如图 3-4 所示。

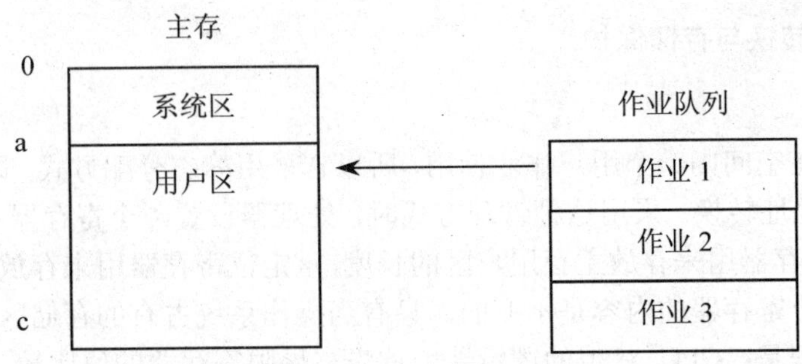

图 3-4　单用户连续存储管理主存空间的分配

（1）系统区是仅提供给操作系统使用的主存区，它可以驻留在主存的低地址部分，也可以驻留在主存的高地址部分。由于中断向量通常驻留在低地址部分，故操作系统通常也驻留在主存的低地址部分。

（2）用户区是指除系统区以外的主存空间，提供给用户使用。

等待装入主存的作业排成一个作业队列，当主存中无作业或一个作业执行结束，允许作业队列中的一个作业装入主存。其分配过程是：首先，从作业队列中取出队首作业；判断作业的大小是否大于用户区的大小，若大于则作业不能装入。否则，可以把作业装入用户区。

在这种管理方式下，主存分配的流程如图 3-5 所示。

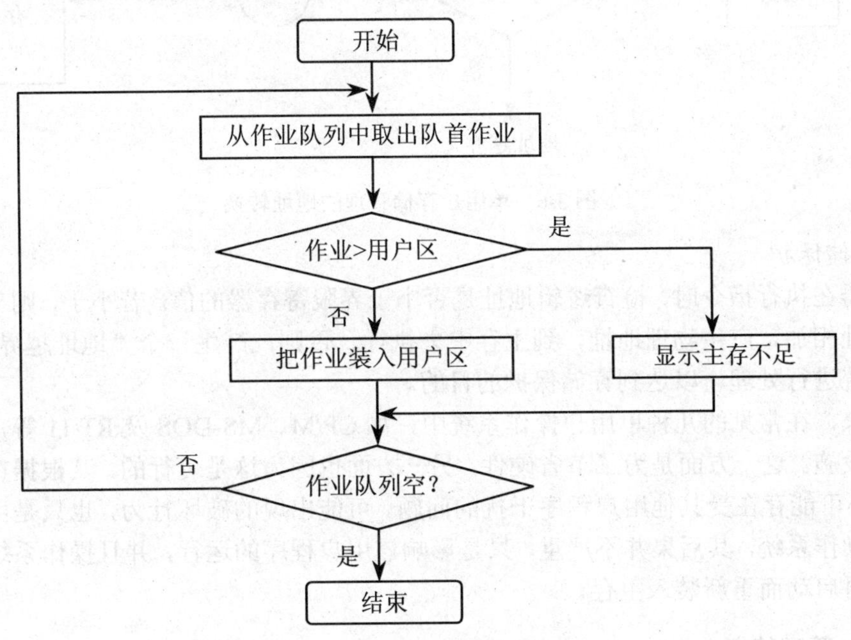

图 3-5　单用户存储管理的主存分配流程图

2. 主存空间的回收

作业一旦进入主存，就要等到它结束后，系统才能回收作业所占用的空间。在这种管理方式下，回收主存空间不需要做任何操作，直接装入第二个作业即可。

3.2.3 地址转换与存储保护

1. 地址转换

因为主存所有空间归一个用户作业使用，所以它采用静态分配方式，即在作业被装入主存时，一次性完成地址转换。采用这种管理方式时，处理器设置两个寄存器：界限寄存器和重定位寄存器。界限寄存器用来存放主存用户区的长度，重定位寄存器用来存放用户区的起始地址。一般情况下这两个寄存器的内容是不变的，只有当操作系统占有的存储区域改变时才会改变。

地址转换过程是：CPU 获得的逻辑地址首先与界限寄存器的值比较，若大于界限寄存器的值，产生“地址越界”中断信号，由相应的中断处理程序处理；若不大于界限寄存器的值，就与重定位寄存器中的基址相加，得到物理地址，对应于主存中的一个存储单元。其转换过程如图 3-6 所示。

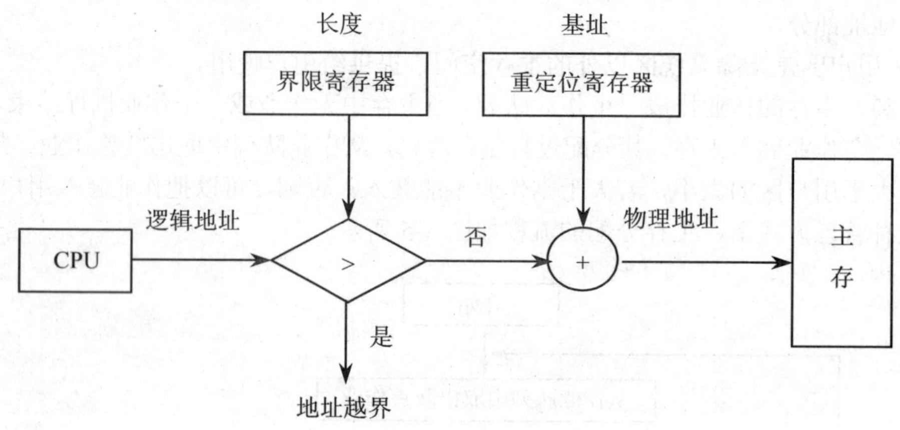

图 3-6 单用户存储管理的地址转换

2. 存储保护

处理器在执行指令时，检查逻辑地址是否小于界限寄存器的值。若小于，则与重定位寄存器中的基址相加，产生物理地址，到主存中去执行。否则，产生一个“地址越界”中断信号，由操作系统进行处理，以达到存储保护的目的。

近年来，在常见的几种单用户操作系统中，如 CP/M、MS-DOS 及 RT-11 等，都未设置存储器保护设施。这一方面是为了节省硬件，另一方面也因为这是可行的。其根据在于机器由用户独占，不可能存在受其他用户程序干扰的问题。可能出现的破坏行为，也只是由用户程序自己去破坏操作系统，其后果并不严重，只是影响该用户程序的运行，并且操作系统也很容易通过系统的再启动而重新装入主存。

3.2.4 管理特点

采用单用户存储管理方式具有以下特点：

- 管理简单。它把主存分为两个区，用户区一次只能装入一个完整的作业，且占用一个连续的存储空间。它需要很少的软硬件支持，且便于用户了解和使用。
- 在主存中的作业不必考虑移动的问题，并且主存的回收不需要任何操作。

- 资源利用率低。不管用户区有多大，它一次只能装入一个作业，这样就造成了存储空间的浪费，使系统整体资源利用率不高。
- 这种分配方式不支持虚拟存储器的实现。

3.3　固定分区存储管理方式

当主存较大且作业较小时，单用户存储管理方式对主存空间的浪费太大。那么如何让主存可以同时装入多个作业呢？这就产生了两种可以用于多道程序环境的存储管理方式，即固定分区存储管理方式和可变分区存储管理方式。本节主要介绍固定分区存储管理方式的基本原理、主存的分配与回收、地址转换与存储保护，以及管理特点。

3.3.1　基本原理

固定分区存储管理方式是最早使用的一种可以运行多道程序的存储管理方式。它要求把作业全部装入主存，且装入一个连续的存储空间。

在这种管理方式下，把主存中可以分配的用户区预先划分成若干个大小固定的区域，每一个区域称为一个分区，每个分区可以装入一个作业，一个作业也只能装入一个分区中。这样就可以装入多个作业，使它们并发执行。当有一个空闲分区时，便可以从外存的后备作业队列中选择一个适当大小的作业装入该分区；当该作业运行结束时，又可以从后备作业队列中选择另一个作业装入该分区。

那么，如何把主存空间划分为若干个固定大小的分区呢？下面介绍两种方法。

（1）分区大小相等。使所有主存分区的大小相等，主要用于一台计算机控制多个相同对象的场合，因为这些对象所需要的主存空间是大小相等的。例如，炉温控制系统是利用一台计算机去控制多台相同的冶炼炉。但是，当程序太小时，会造成主存空间的浪费。当程序太大时，可能因分区的大小不足以装入该程序，而使该程序无法运行。

（2）分区大小不等。为了克服分区大小相等分配方法的缺点，可以在主存中划分出多个较小的分区、适量的中等分区及少量的大分区。对于小程序可以分配小分区，对于中、大程序，可以分配大分区。这样，可以减少主存空间的浪费，提高主存的利用率。

3.3.2　主存空间的分配与回收

1. 采用的数据结构

在固定分区存储管理方式下，为了记录各个分区的使用情况，方便主存空间的分配与回收操作，就建立了一张分区分配表。分区分配表的内容包括分区序号、始址、大小、状态。状态栏的值为“0”表示分区空闲，可以装入作业；当装入作业后，其值改为作业名，表示这个分区被该作业占有。如表 3-1 所示，第 0 分区已被作业 J1 占用，第 1 分区空闲。

因为在作业装入之前，主存中的分区大小和个数已经确定，也就是说分区分配表的记录个数是确定的。所以，分区分配表一般采用顺序存储方式，即用数组存储。

2. 主存空间的分配

在作业分配之前，根据主存分区的划分情况，在分区分配表中填入每个分区的起始地址（简称始址）、大小，在状态栏中一律填入“0”，表示该分区可用。当作业装入时填入作业名。

表 3-1 分区分配表

序号	始址	大小	状态
0	1000	1000	J1
1	2000	500	0
…	…	…	…

当有作业申请主存空间时，主存空间的分配步骤为：从作业队列中取出队首作业，检查分区分配表，选择状态标志为“0”的分区，并将作业地址空间的大小与状态标志为“0”的分区的大小进行比较，当所有分区长度都不能容纳该作业时，则该作业暂时不能装入，显示主存不足的信息。当某一个分区长度能容纳该作业时，则把作业装入该分区，并把作业名填到该分区的状态栏里，然后再分配下一个作业。

在这种管理方式下，主存空间的分配流程如图 3-7 所示。

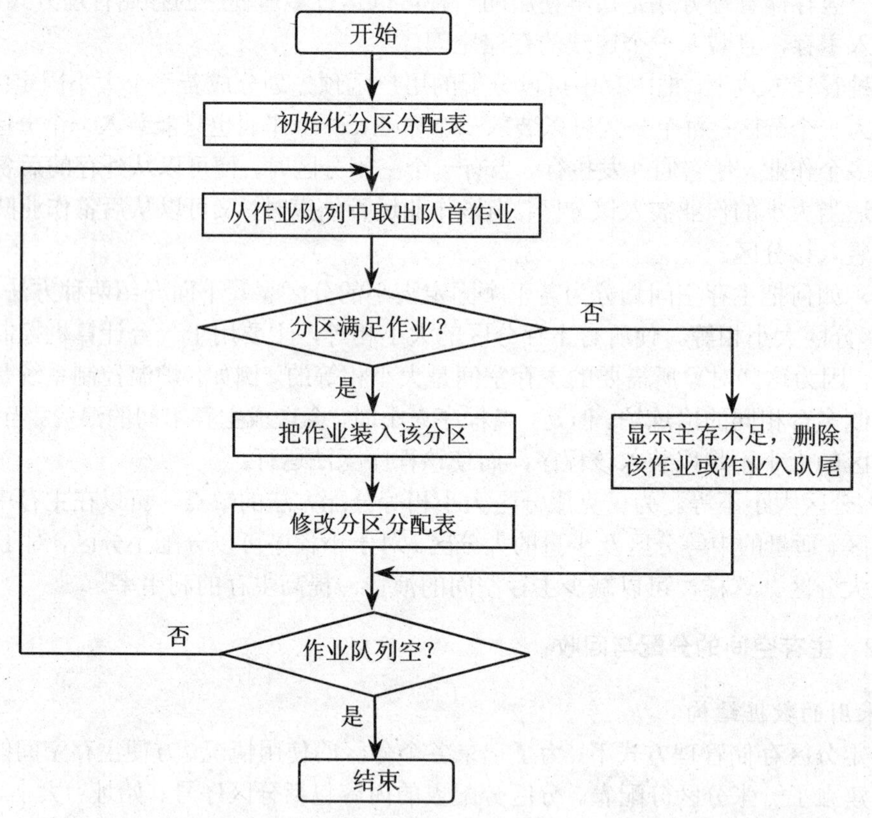

图 3-7 固定分区存储管理的主存分配流程图

例如，某台计算机的主存大小为 500KB，前 100KB 为系统区，其余的空间为用户区，并将其划分为四个分区，划分情况如图 3-8 所示。各分区的初始状态为“0”，表示可用。

现有一个作业申请队列 J1、J2、J3、J4、J5，大小分别为 30KB、20KB、40KB、100KB、70KB，按固定分区分配主存空间后，分区分配表和主存的变化如图 3-9 所示。作业 J5 处于等待状态。

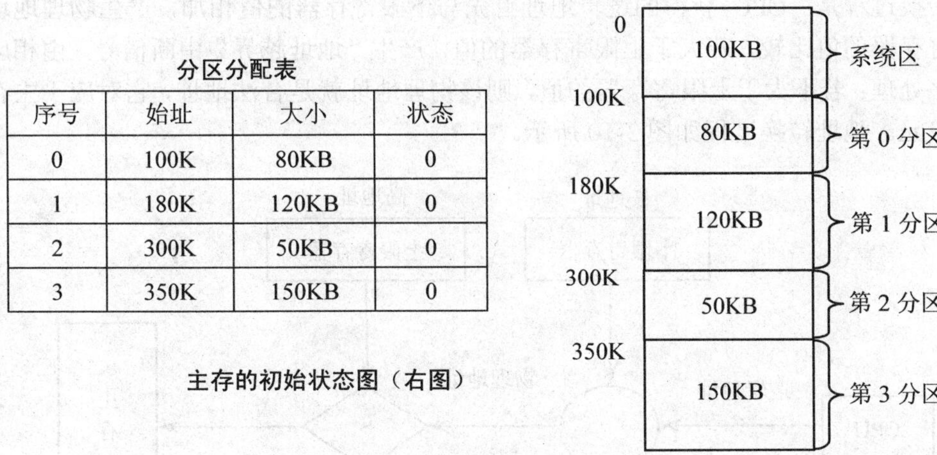
分区分配表

序号	始址	大小	状态
0	100K	80KB	0
1	180K	120KB	0
2	300K	50KB	0
3	350K	150KB	0

图 3-8　分区分配表和主存的初始状态

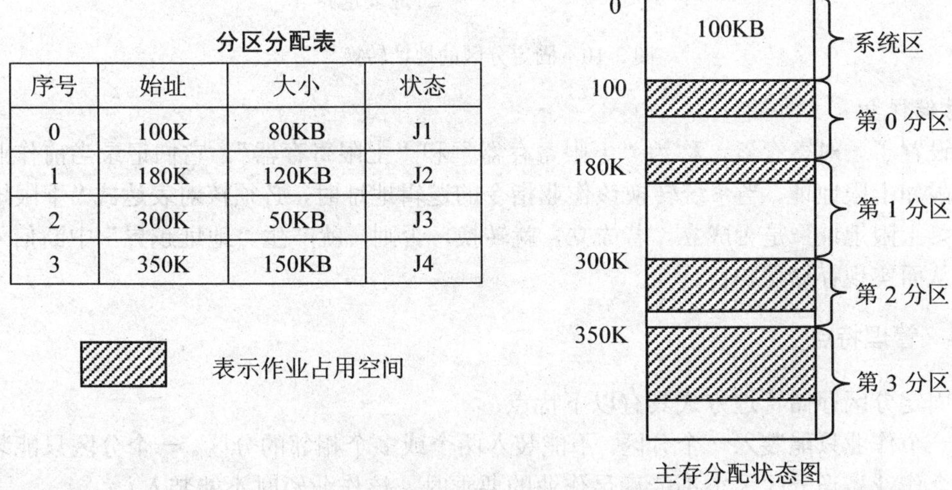
分区分配表

序号	始址	大小	状态
0	100K	80KB	J1
1	180K	120KB	J2
2	300K	50KB	J3
3	350K	150KB	J4

图 3-9　固定分区的主存分配

3. 主存空间的回收

当作业运行结束时，系统根据作业名到分区分配表中查找作业所在的分区，把该分区的状态标志置为“0”，表示该分区空闲，可以用来装入新的作业。

3.3.3　地址转换与存储保护

1. 地址转换

由于作业在执行时不会改变分区的个数和大小，所以地址转换采用静态重定位方式，即在作业被装入主存时，一次性地完成地址转换。采用这种存储管理方式，处理器设置两个寄存器：下限寄存器和上限寄存器。下限寄存器用来存放分区的低地址，即起始地址；上限寄存器用来存放分区的高地址，即末地址。一般情况下这两个寄存器的内容是随着处理作业的不同而改变的，它们从分区分配表中获取该分区的始址和末址（等于始址+分区大小-1）。

地址转换过程是：CPU 获得的逻辑地址首先与下限寄存器的值相加，产生物理地址；然后与上限寄存器的值比较，若大于上限寄存器的值，产生“地址越界”中断信号，由相应的中断处理程序处理；若不大于上限寄存器的值，则该物理地址就是合法地址，它对应于主存中的一个存储单元。地址转换过程如图 3-10 所示。

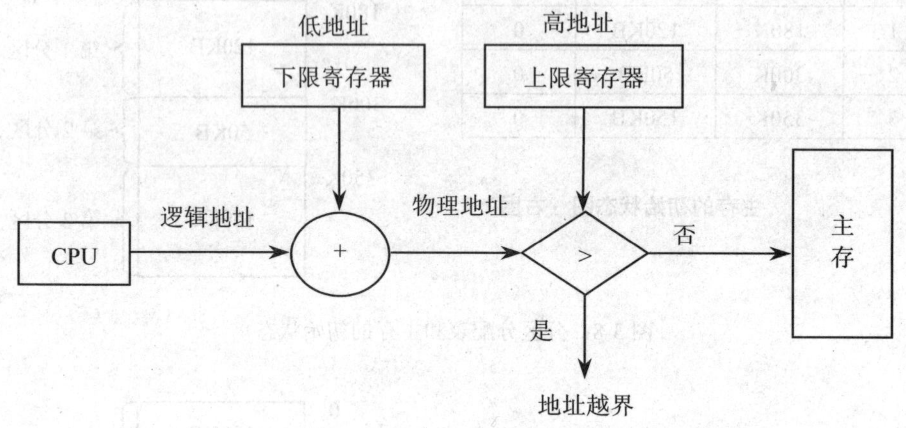

图 3-10　固定分区的地址转换

2．存储保护

系统设置了一对寄存器，称为“下限寄存器”和“上限寄存器”。它们记录当前作业在主存中的下限和上限地址。当系统转换该作业指令的逻辑地址时，必须核对表达式“下限地址≤物理地址≤上限地址”是否成立。若成立，就转换。否则，就产生“地址越界”中断信号，停止转换。从而实现存储保护。

3.3.4　管理特点

采用固定分区存储管理方式具有以下特点：

- 一个作业只能装入一个分区，不能装入两个或多个相邻的分区。一个分区只能装入一个作业，当分区大小不能满足作业的要求时，该作业暂时不能装入。
- 通过对“分区分配表”的改写，来实现对主存空间的分配与回收。作业在执行时，不会改变存储区域，所以采用静态地址重定位方式易于实现，且系统开销小。
- 当分区较大而作业较小时，仍然浪费许多主存空间，并且分区总数固定，限制了并发执行的作业数目。

3.3.5　对固定分区存储管理方式的改进

一个分区只装入一个作业，分区的其他部分闲置不用，降低了主存的利用率。可以采用下列方法提高主存的利用率：

（1）根据经常出现的作业的大小和数量来划分分区，尽可能地使各个分区充分利用。

（2）划分分区时按分区的大小顺序排列，低地址部分是较小的分区，高地址部分是较大的分区。各分区按从小到大的顺序登记在分区表中。

（3）按作业对主存的需求量排成多个作业队列，一个作业队列对应一个分区，互不借用。

3.3.6　固定分区存储管理举例

【例 3-1】在某系统中采用固定分区分配管理方式，主存分区（单位字节）情况如图 3-11（a）所示。现有大小为 1KB、9KB、33KB、121KB 的多个作业要求进入主存，试画出它们进入主存后的空间分配情况，并说明主存浪费有多大？

【解】采用固定分区存储管理方式，作业进入系统后的分配情况如图 3-11（b）所示，主存浪费 512KB−20KB−(1KB+9KB+33KB+121KB)=328KB。

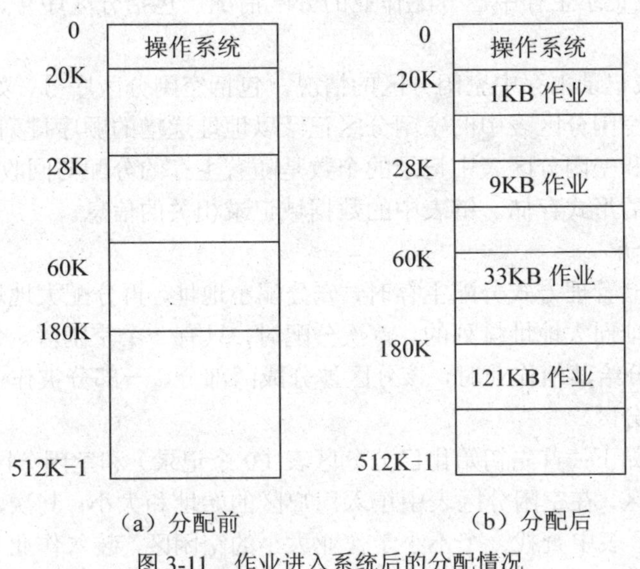

图 3-11　作业进入系统后的分配情况

3.4　可变分区存储管理方式

由于固定分区存储管理方式的分区大小是固定的，对于小作业容易造成主存空间的浪费。为了让分区的大小与作业的大小相一致，可以采取可变分区存储管理方式。本节主要介绍可变分区存储管理方式的基本原理、主存空间的分配与回收、地址转换与存储保护，以及管理特点。

3.4.1　基本原理

可变分区存储管理方式又称为动态分区存储管理方式。它是根据用户作业的大小，在作业要求装入主存时，动态地划分分区，使分区的大小正好适应作业的要求。采用这种存储管理方式，分区的大小是不定的，分区的数目也是不定的。

可变分区存储管理方式必须解决三个问题：一是分区分配中所用的数据结构，二是分区的分配算法，三是分区的分配和回收。

3.4.2　主存空间的分配与回收

1. 采用的数据结构

为了实现可变分区分配，系统中必须配置相应的数据结构，用来记录主存的使用情况，包括空闲分区的情况和已分分区的情况，为作业分配主存空间提供依据。为此，设置了两张表，即已分分区表和空闲分区表，如表 3-2 和表 3-3 所示。

表 3-2　已分分区表

序号	始址	大小	状态

表 3-3　空闲分区表

序号	始址	大小

（1）已分分区表记录主存中已分配作业的分区情况，包括分区序号、始址、大小和状态（作业名）。

（2）空闲分区表记录主存中空闲分区的情况，包括空闲分区序号、始址和大小。为了方便处理，一般情况下空闲分区表中的空闲分区记录以地址递增的顺序排列。

因为已分分区表和空闲分区表中记录的个数是随着主存的分配与回收而变化的，所以，这两张表一般采用链表的形式存储。链表中的数据域记录相关的信息。

2. 主存空间的分配

采用可变分区存储管理方式分配主存时，先分配小地址，再分配大地址。空闲分区表中记录的排列也是从小地址向大地址排列的。首次分配时，只有一个空闲区。分区被收回后，还可以再分给其他作业。分给其他作业时，该分区被分成两部分，一部分被作业占有，另一部分又成为一个较小的空闲分区。

主存的分配过程如下：首先初始化已分分区表（0 个记录）和空闲分区表（1 个记录），整个用户区为一个空闲区，在空闲分区表中填入用户区的始址和大小。其次，从作业队列中取出队首作业，在空闲分区表中查找一个不小于作业大小的空闲区，装入作业。在已分分区表中增加一条记录，填上该作业所占用分区的序号、始址、大小、作业名，并修改空闲分区表相应记录的始址和大小；若找不到一个空闲区，则显示主存不足的信息，删除该作业或把作业放到队尾，等待大的空闲区。然后，再分配下一个作业，直到所有作业分配完毕。

在这种管理方式下，主存空间的分配流程如图 3-12 所示。

3. 常用的主存分配算法

（1）最先适应分配算法（FF）。它要求空闲分区表中的记录按地址递增的顺序排列。在每次分配主存时，总是从第 1 条记录开始顺序查找空闲分区表，找到第一个能满足作业长度要求的空闲区，分割这个空闲区。一部分分配给作业，另一部分仍作为空闲区。

它的特点是分配算法简单，容易产生过多的主存碎片。主存碎片是指小的不能使用的主存空间。这种算法把大的空闲区分成了小的空闲区，当有大作业要求分配时，不能满足要求，降低了系统的效率。

为了降低主存碎片产生的速度，把最先适应算法分配改造为循环最先适应分配算法。循环最先适应算法要求空闲分区表的记录仍然按地址递增的顺序排列。每次分配时，是从上次分配的空闲区的下一条记录开始顺序查找空闲分区表，最后一条记录不能满足要求时，再从第一条记录开始比较，找到第一个能满足作业长度要求的空闲区，分割这个空闲区，装入作业。否则，作业不能装入。

（2）最优适应分配算法（BF）。它是从所有的空闲分区中挑选一个能满足作业要求的最小空闲区进行分配。这样可以保证不去分割一个更大的空闲区，使装入大作业时比较容易得到满足。为实现这种算法，把空闲区按长度递增次序登记在空闲分区表中，分配时，顺序查找。

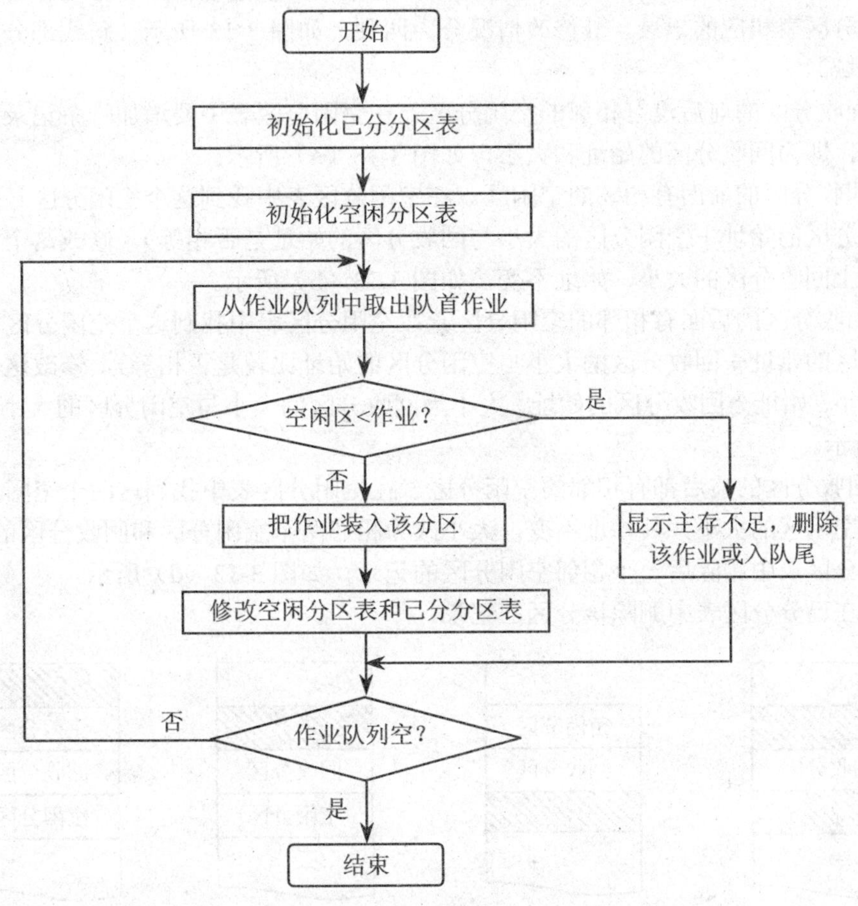

图 3-12　可变分区管理的主存分配流程图

它的优点是解决了大作业的分配问题，不足是容易产生主存碎片，降低了主存空间的利用率。另外回收主存时，要按长度递增顺序插入到空闲分区表中，增加了系统开销（操作系统所占有的系统资源和所需要的处理器的时间称为“系统开销”）。

（3）最坏适应分配算法（WF）。它每次分配主存时总是挑选一个最大的空闲区，分割一部分给作业使用，使剩下的部分不至于太小而成为主存碎片。为实现这种算法，把空闲区按长度递减的次序登记在空闲分区表中，分配时，顺序查找。

它的优点是不会产生过多的碎片，不足是影响大作业的分配。另外回收主存时，要按长度递减的顺序插入到空闲分区表中，增加了系统开销。

从搜索速度和回收过程上看，最先适应分配算法具有最佳性能。在空间利用上，最先适应分配算法比最优适应分配算法好，最优适应分配算法又比最坏适应分配算法好，最优适应分配算法找到的空闲区是最佳的，但在某些情况下，不一定能提高主存的利用率。最先适应分配算法的另一个优点是尽可能地利用了低地址空间，从而保证高地址有较大的空闲区来放置较大的作业。最坏适应分配算法由于过多地分割大的空闲区，当遇到较大作业申请时，很可能无法满足其申请，该算法对中、小作业比较有利。因此，在实际系统中，最先适应分配算法用得最多。

4. 主存空间的回收

当一个作业运行结束后，在已分分区表中找到该作业，根据该作业所占主存的始址和大小去修改空闲分区表相应的记录。其修改情况分为四种，如图 3-13 所示（斜线部分为被作业占有的主存区域）。

（1）回收分区的前后没有相邻的空闲分区。在空闲分区表中要增加一条记录，该记录的始址和大小，即为回收分区的始址和大小，如图 3-13（a）所示。

（2）回收分区的前面有相邻的空闲区。在空闲分区表中找到这个空闲分区（查找的方法是比较空闲分区的始址＋空闲分区的大小与回收分区的始址是否相等），修改这个空闲分区的大小，即加上回收分区的大小，始址不变，如图 3-13（b）所示。

（3）回收分区的后面有相邻的空闲分区。在空闲分区表中找到这个空闲分区（查找的方法是回收分区的始址＋回收分区的大小与空闲分区的始址比较是否相等），修改这个空闲分区的始址和大小。始址为回收分区的始址，大小为回收分区的大小与空闲分区的大小之和，如图 3-13（c）所示。

（4）回收分区的前后都有相邻的空闲分区。在空闲分区表中找到这两个空闲分区，修改前面相邻的空闲区的大小，其始址不变。大小改为相邻两个空闲分区和回收分区的大小之和，然后从空闲分区表中删除后一个相邻空闲分区的记录，如图 3-13（d）所示。

最后，在已分分区表中删除该分区的记录。

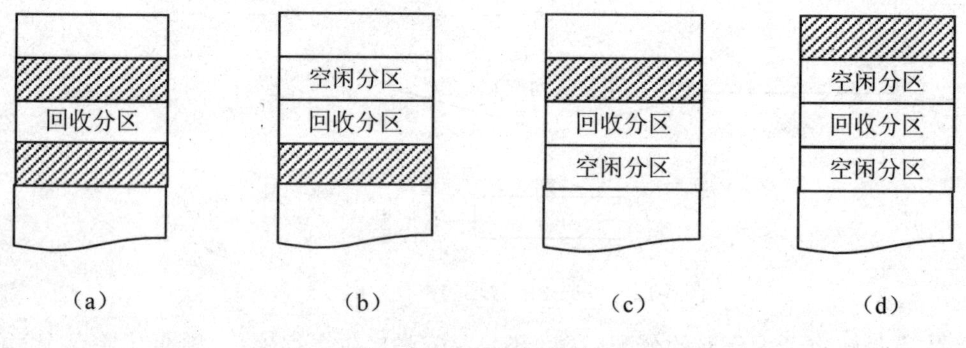

图 3-13 空闲分区修改图

3.4.3 地址转换与存储保护

1. 地址转换

因为空闲分区的个数和大小，以及作业的个数和大小都不能预先确定，所以，可变分区存储管理方式一般采用动态重定位方式装入作业。它需要设置硬件地址转换机构：两个专用寄存器（即基址寄存器和限长寄存器）以及一些加法、比较电路。地址转换步骤如下：

（1）当作业占用处理器时，进程调度把该作业所占分区的起始地址送入基址寄存器，把作业所占分区的最大地址送入限长寄存器。

（2）作业执行过程中，处理器每执行一条指令都需要由硬件的地址转换机构把逻辑地址转换成物理地址。

（3）当取出一条指令后，把该指令中的逻辑地址与基址寄存器的内容相加得到物理地址，该物理地址必须满足：物理地址≤限长寄存器的值。此时允许指令访问主存单元的地址，否则产生“地址越界”中断，不允许访问。

基址寄存器和限长寄存器总是存放占用处理器的作业所占分区的始址和末址。一个作业让出处理器时，应先把这两个寄存器的内容保存到该作业所对应进程的 PCB 中，然后再把新作业所占分区的始址和末址存入这两个专用寄存器中，如图 3-14 所示。

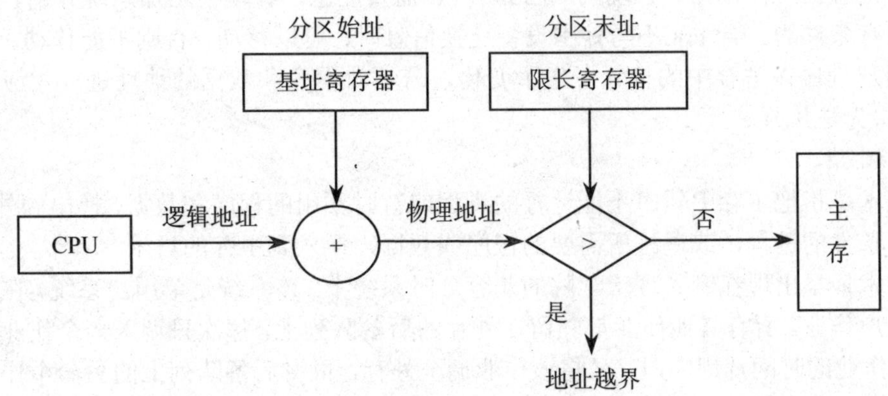

图 3-14　可变分区存储管理的地址转换

2. *存储保护*

系统设置了一对寄存器，称为“基址寄存器”和“限长寄存器”，用它记录当前在 CPU 中运行作业在主存中所占分区的始址和末址。当处理器执行该作业的指令时必须核对表达式“始址≤物理地址≤末址”是否成立。若成立，就执行该指令，否则就产生“地址越界”中断信号，停止执行该指令。

当作业运行结束让出处理器时，调度程序将选择另一个可以运行的作业，同时修改当前运行作业的分区号和基址寄存器、限长寄存器的内容，以保证处理器能控制作业在所在的分区内正常运行。

3.4.4　管理特点

采用可变分区存储管理方式分配主存具有以下特点：

- 分区的长度不是预先固定的，而是按作业的实际需求来划分的。分区的个数也不是预先确定的，而是由装入的作业个数决定的。
- 分区的大小由作业的大小决定，提高了主存的使用效率。
- 在主存分配过程中，会产生许多主存碎片，造成主存空间的浪费。

3.4.5　采用技术

为了提高主存空间的利用率，可以采用移动技术合并空闲分区，满足作业的空间要求，也可以采用对换技术把暂时不能运行的作业从主存移到外存，让紧迫的作业运行。当紧迫的作业运行结束后，再把移到外存上的作业调入主存。

1. *移动技术*

在连续分配主存的方式中，必须把一个系统程序或用户程序装入到一个连续的主存空间。

如果在系统中有若干个小的分区，其总容量大于要装入的程序，但是，由于它们不邻接，该程序也不能装入主存。

在此情况下，若想把作业装入，可以采用的一种方法是，移动主存中的所有作业，使它们相邻接。这样，原来分散的多个主存碎片便拼接成了一个大的空闲分区，从而可以装入作业。这种通过移动把多个分散的小分区拼接成大分区的方法称为“拼接”或“紧凑”。这种改变作业在主存中位置的工作称为“移动”。在移动时，需要注意，移动会增加系统开销。

移动是有条件的。当作业不与外围设备交换信息时，可以移动，否则不能移动。由于经过移动后的用户程序在主存中的位置发生了变化，若不对程序和数据的地址进行相应修改（变换），程序将无法执行。

2. 对换技术

对换技术是指把主存中暂时不能运行的进程或暂时不用的程序和数据，换出到外存上，把已具备运行条件的进程，或进程所需要的程序或数据，换入到主存的技术。

对换技术最早出现在麻省理工学院的兼容分时系统中。该系统是单用户系统，在主存中仅驻留一道用户作业。所有其他作业都驻留在外存的后备队列上，每次只调入一个作业进入主存运行；当此作业的时间片用完时，又将该作业调至外存，再将后备队列上的另一个作业调入主存；也让它运行一个时间片的时间，然后又将它调出，再调下一个作业进入主存。这就是早期的对换技术，此时引入对换技术的目的，是为了解决由于主存不足而无法同时让多达数十个甚至数百个用户程序运行的问题。但是，这种最初的对换技术现在很少使用。因为其效率太低，即 CPU 大约有一半的时间都处于空闲状态，用于等待前一作业的调出和后一作业的调入。

在多道程序环境下，一方面是主存中的某些进程由于某种事件尚未发生而被阻塞，无法正常运行，却仍然占据着大量的主存空间，有时甚至会使主存中的所有进程都被阻塞，而迫使 CPU 停下来等待；另一方面是在外存上尚有许多进程，因无主存空间而不能进入主存运行。显然，这对系统资源是一种严重的浪费，且使系统吞吐量下降。为了解决这一问题，在系统中又增设了对换设施。它是提高主存利用率的有效措施。对换技术现在已被广泛应用于操作系统中。

目前 UNIX 的各种版本实现对换功能的方法大体上是一样的，即在系统中设置一个对换进程，由它将主存中暂时不能运行的进程调出至磁盘；也由它将磁盘上已经具备运行条件的进程调入主存。Microsoft 公司的 Windows 操作系统也具有对换功能。

对换有整体对换和部分对换两种方式。如果对换是以整个进程为单位进行的，称之为“整体对换”或“进程对换”。这种对换被广泛应用于分时系统中，其目的是用以解决主存紧张问题，并可以进一步提高主存的利用率。如果对换是以“页”或“段”为单位进行的，则分别称之为“页面对换”或“分段对换”，又统称为“部分对换”。这种对换是实现页式或段式虚拟存储管理的基础，其目的是为了支持虚拟存储管理系统。

3.4.6 可变分区存储管理举例

【例 3-2】主存有两个空闲区 F1、F2，如图 3-15（a）所示。F1 为 220KB，F2 为 120KB，另外依次有 J1、J2、J3 三个作业请求加载运行，它们的主存需求量分别是 40KB、160KB、100KB，试比较最先适应分配算法、最优适应分配算法和最坏适应分配算法的性能。

【解】根据作业和主存空闲区的情况，以及作业分配算法的处理步骤，在最先适应分配算法和最坏适应分配算法中，可以给所有作业分配主存空间。在最优适应分配算法中，还有作业

J3 不能分配，如图 3-15（b）所示。

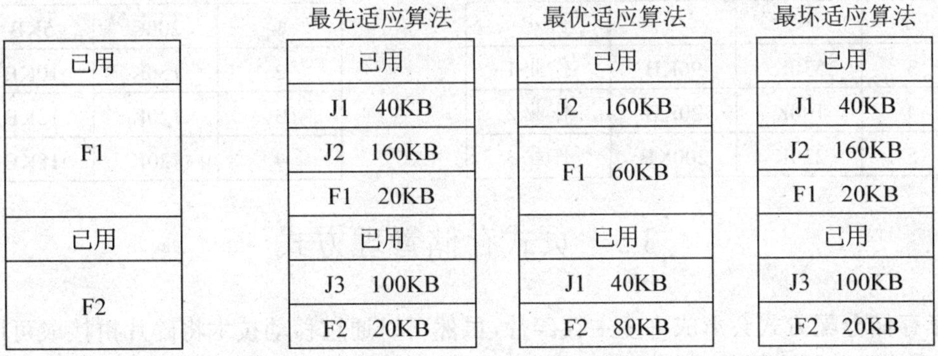

分配前
已用
F1
已用
F2

（a）分配前

最先适应算法	最优适应算法	最坏适应算法
已用	已用	已用
J1　40KB	J2　160KB	J1　40KB
J2　160KB	F1　60KB	J2　160KB
F1　20KB		F1　20KB
已用	已用	已用
J3　100KB	J1　40KB	J3　100KB
F2　20KB	F2　80KB	F2　20KB

（b）分配后

图 3-15　例 3-2 图

【例 3-3】下表给出了某系统中的空闲分区表，系统采用可变分区存储管理策略。现有以下作业序列：96KB、20KB、200KB。若用最先适应分配算法和最优适应分配算法来处理这个作业序列，试问哪一种算法可以满足该作业序列的请求，为什么？

序号	始址	大小
1	100K	32KB
2	150K	10KB
3	200K	5KB
4	220K	218KB
5	530K	96KB

【解】（1）按最先适应分配算法分配主存。作业 96KB 被分配到第 4 个分区（假设在已分分区表中的分区序号为 3），作业 20KB 被分配到第 1 个分区，作业 200KB 没有足够的空间不能分配。已分分区表和空闲分区表的情况如下所示：

已分分区表

序号	始址	大小	状态
⋮	⋮	⋮	……
3	220K	96KB	作业 1
4	100K	20KB	作业 2

空闲分区表

序号	始址	大小
1	120K	12KB
2	150K	10KB
3	200K	5KB
4	316K	122KB
5	530K	96KB

（2）按最优适应分配算法分配主存。作业 96KB 被分配到第 5 个分区（假设在已分分区表中的分区序号为 3），作业 20KB 被分配到第 1 个分区，作业 200KB 被分配到第 4 个分区。在这种分配方式下，三个作业可以全部装入，满足作业序列的请求。其已分分区表和空闲分区表的情况如下所示。

已分分区表

序号	始址	大小	状态
…	…	…	…
3	530K	96KB	作业 1
4	100K	20KB	作业 2
5	220K	200KB	作业 3

空闲分区表

序号	始址	大小
1	200K	5KB
2	150K	10KB
3	120K	12KB
4	420K	18KB

3.5 页式存储管理方式

连续存储分配方式会形成许多主存碎片，虽然可以通过移动技术将碎片拼接成可用的空闲区，但是系统为此付出了很大的开销。如果允许将一个作业直接分散地分配到不相邻的分区中，就不必再进行移动了。基于这一思想而产生了主存的离散分配方式。根据离散分配时所用基本单位的不同，又可以把离散分配方式分为页式存储管理方式、段式存储管理方式、段页式存储管理方式。本节主要介绍页式存储管理方式的基本原理、主存空间的分配与回收、地址转换与存储保护，以及管理特点。

3.5.1 基本原理

在页式存储管理方式中，将用户作业的地址空间分成若干个大小相同的区域，称为页面或页，并为每个页从“0”开始编号；相应地，主存空间也分成与页大小相同的若干个存储块，称为物理块或页框，并且采用同样的方式为它们进行编号，从 0 开始：0 块，1 块，…，n-1 块。程序的逻辑地址由页号和页内地址组成，页号的长度决定了分页的多少，页内地址的长度决定了页面的大小。在为作业分配主存时，以块为单位将作业中的若干页分别装入到多个不相邻接的块中。作业执行时根据逻辑地址中的页号找到它所在的块号，再确定当前指令要访问的物理地址。它的地址转换属于动态重定位，由于进程的最后一页经常装不满一块而形成不可利用的碎片，称为“页内碎片”。

由于页式存储管理是将作业分页，主存分块，这就需要解决两个问题：一是，怎样知道主存中哪些块已被占用，哪些块是空闲的？二是，作业信息被分散存放后如何保证作业的正确执行？

3.5.2 主存空间的分配与回收

1. 采用的数据结构

为了实现页式存储管理方式，系统设置了主存分配表、位示图和页表，记录主存空间的使用情况和每个作业的分配情况。

（1）位示图。它包括标志位和空闲块数两部分。系统用它来记录主存空间的使用情况和当前剩余的空闲块数。如主存空间为 512KB，块的大小为 2KB，则主存被分成 256 块。主存分配表的标志位用 256 位二进制数，即用 32 个字节来存储。若某个标志位是“0”，表示对应的块未用，若是“1”表示对应的块被占用。另用 2 个字节记录剩余空闲块数，位示图的大小为 34 个字节，如图 3-16 所示，位示图用 17 个字 34 个字节来存储，图中行号表示字号，列号表示位号，用于确定该二进制位所对应的块号。

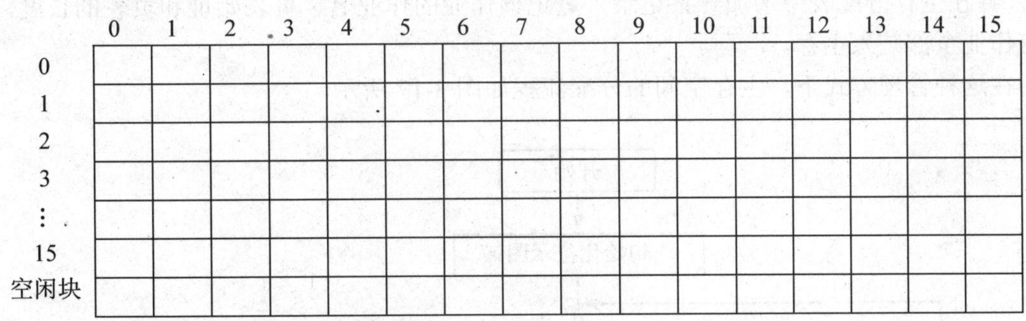

注：行号表示字号，列号表示位号。

图 3-16　位示图

第 0 行第 0 列表示第 0 块的使用情况，第 0 行第 1 列表示第 1 块的使用情况，……，第 15 行第 15 列表示第 255 块的使用情况。最后一个字，表示空闲块数，其初值为 256，表示空闲块数为 256 块，其值为 0 表示无空闲块。

（2）页表。在页式存储管理系统中，允许将作业的每一页离散地存储在主存的任一物理块中。但是，系统应能保证作业的正确运行，即能在主存中找到每个页面所对应的物理块。为此，系统又为每个作业建立了一张页面映射表，简称页表。页表给出逻辑地址中的页号与主存块号的对应关系。在配置了页表后，当作业执行时，通过查找页表，可以找到每页在主存中的物理块号。可见，页表的作用是实现从页号到块号的地址映射。页表的一般格式如表 3-4 所示。

从用户角度看，用户使用的依然是一维的逻辑空间，与使用分区管理没有什么两样。页的划分完全是一种系统硬件行为。页划分后，作业的逻辑地址变为页号和页内地址。

（3）主存分配表。它记录主存中各作业的作业名、页表始址和页表长度。每个作业占用一个表目，页表长度为作业的页数。整个系统设置一张主存分配表，如表 3-5 所示。

表 3-4　页表格式

页号	块号
0	2
1	8
…	…

表 3-5　主存分配表

作业名	页表始址	页表长度
J1	4000	5
J2	4500	7
…	…	…

2. 主存空间的分配

主存空间的分配过程为：首先，系统初始化位示图，即把位示图中的标志位全部置为“0”，空闲块数置为主存的块数。其次，在进行主存分配时，从作业队列中取出队首作业，计算该作业的页数，然后，与位示图中的空闲块数比较，若不能满足作业空间的要求，则作业不能装入，显示主存不足的信息，把该作业放到队尾或删除该作业；若能满足作业的空间要求，则为该作业建立页表，并根据位示图中主存块的状态标志找出标志为“0”的那些位，置上占用标志“1”，根据该位在位示图中的字号和位号，利用下列公式可以计算出该页所对应的块号。

计算块号的方法为：块号=字号×字长+位号。

根据计算得到的块号，把作业页装入对应的主存块中，并在页表中填入对应的块号，直到所有作业页全部装入。最后，修改位示图中空闲块数，即原有空闲块数减去本次占用的块数（页数），并在主存分配表中增加一条记录，登记该作业的作业名、页表始址和页表的长度，直到所有作业全部装入主存。

在这种管理方式下，主存空间的分配流程如图 3-17 所示。

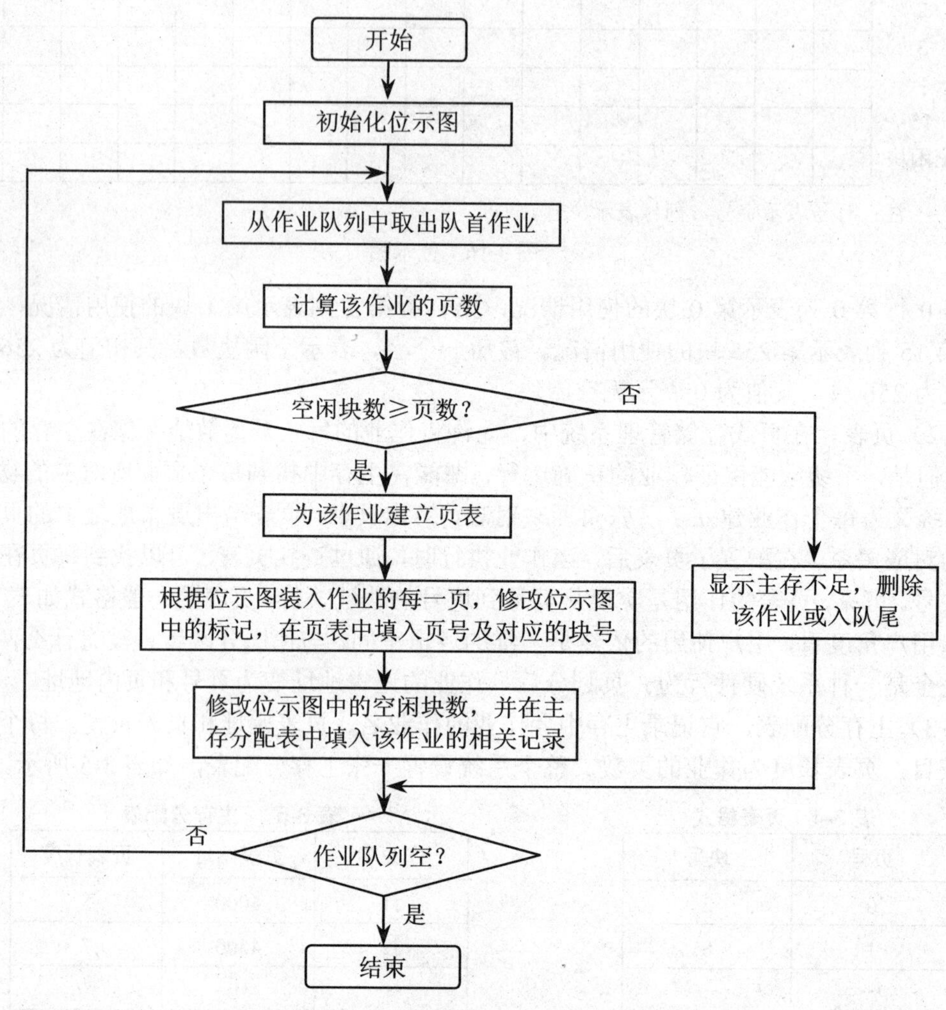

图 3-17 页式存储管理的主存分配流程图

3. 主存空间的回收

当一个作业执行结束，则应回收该作业所占用的主存块。根据主存分配表中的记录，取出该作业的页表。从该作业的页表中取出每一个归还的块号，计算出该块在位示图中的位置，将占用标志位置“0”。最后，把归还的块数加入到空闲块数中，删除该作业的页表，并把分区分配表中该作业的记录删除。

由块号计算对应位示图中位置的方法是：

字号 = 块号 / 字长（商），位号 = 块号 mod 字长（余数）

3.5.3　地址转换与存储保护

1. 地址转换

首先，介绍两个与地址计算有关的方法。一是，由逻辑地址计算出页号和页内地址的计算方法如下：

页号 = 逻辑地址 / 页长　（商）

页内地址 = 逻辑地址 mod 页长　（余数）

二是，由块号计算物理地址的计算方法为：

物理地址 = 块号×块长 + 块内地址 + 用户区基址

其中，块长等于页长，块内地址等于页内地址，用户区基址在转换前是已知的。

为了能将用户地址空间中的逻辑地址变换为主存空间中的物理地址，在系统中必须设置地址变换机构，该机构的基本任务是实现逻辑地址到物理地址的转换。因此，页式存储管理采用动态重定位方式装入作业。

页表的功能可以由一组专门的寄存器来实现，一个页表项用一个寄存器。由于寄存器具有很快的访问速度，因而有利于提高地址转换的速度。但是，由于寄存器成本较高，故只适用于较小的系统。大多数现代计算机的页表都很大，使页表项的总数可达几千至几十万个，显然它们不可能都用寄存器来实现。因此，页表大多驻留在主存中。在系统中设置一个页表寄存器，用以存放页表在主存中的始址和页表的长度。

页表的始址和长度是存放在主存分配表中的，当调度程序调度到某个作业时，才将它们装入到页表寄存器中。因此，在单处理器环境下，虽然系统中可以运行多个作业，但是，只需要一个页表寄存器。当作业要访问某个逻辑地址中的数据时，地址转换机构会自动地将逻辑地址分为页号和页内地址两部分，再以页号为索引去检索页表。查找页表操作由硬件执行。

在执行检索之前，先将页号与页表长度进行比较。如果页号不小于页表长度，则表示本次所访问的地址已超越作业的地址空间。这一错误将被系统发现并产生“地址越界”中断。若未出现越界错误，则将页表始址与页号相加，得到该表项在页表中的位置，可以从中得到该页的物理块号，将块号装入物理地址寄存器中。与此同时，再将逻辑地址寄存器中的页内地址直接送入物理地址寄存器的块内地址字段中（由于页和物理块的大小相等，所以页内地址与块内地址是相同的，因而无须进行页内地址到块内地址的转换）。经过硬件机制，把物理地址寄存器中的块号和块内地址转换成物理地址。这样便完成了从逻辑地址到物理地址的变换。

页式地址转换过程如图 3-18 所示，假设用户区基址为 1000。

2. 页的共享和保护

（1）页的共享。页的共享可以节省主存空间。页式存储管理能方便地实现多个作业共享程序和数据。共享的方法是使各自页表中的有关表目指向共享信息的主存块。如表 3-6 所示，页表 1 所代表作业的第 2 页与页表 2 所代表作业的第 1 页共享第 9 块主存空间。

（2）页的保护。在页式存储管理方式下的保护有三种情况：共享页的保护、不同作业所占空间的保护、逻辑地址转换成物理地址的保护。

1）页的共享必须考虑共享信息的保护问题，其方法是在页表中增加一个权限位，指出该信息可以读/写、只读、只执行等权限，如表 3-7 所示。

完成从逻辑地址到物理地址的转换后，在执行指令之前，检查该指令的权限位是否有这种操作的权限。如果有这种操作权限就执行指令，否则不能执行。

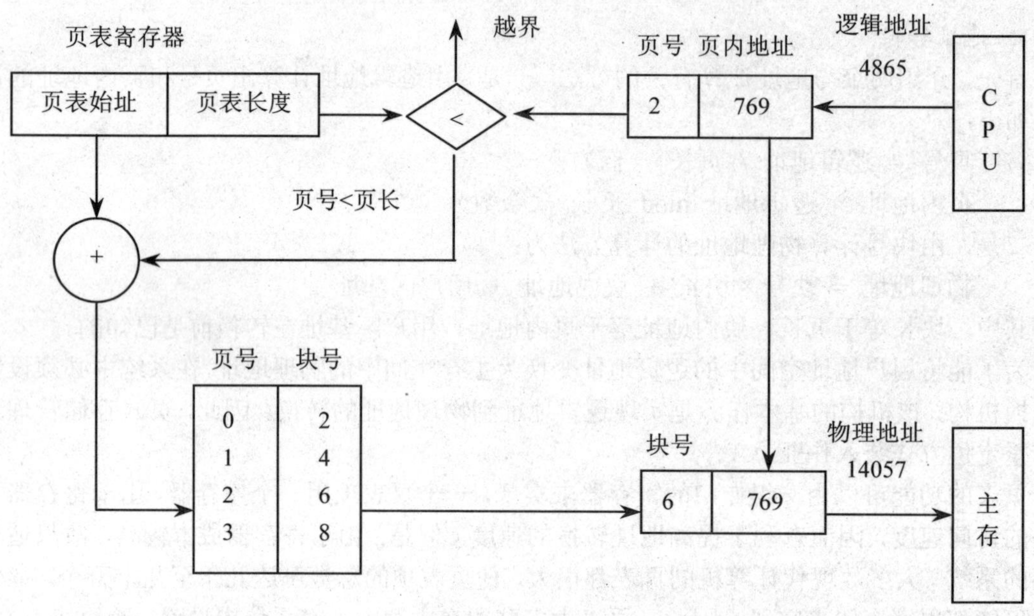

图 3-18 页式系统的地址转换图

表 3-6 页表 1（左）与页表 2（右）的共享

页号	块号
0	2
1	6
2	9
3	12
…	…

页号	块号
0	1
1	9
2	10
3	17
…	…

表 3-7 带权限的页表

页号	块号	权限
0	2	只执行
1	7	读/写
2	8	只读
…	…	…

2）不同作业所占空间的保护。在给作业分配主存时，通过位示图中的每个存储块的标志位（标志为“0”可用，标志为“1”不可用）来保护已经分配到主存中的作业空间，不被新作业覆盖。

3）逻辑地址转换成物理地址的保护。在把作业的逻辑地址转换成物理地址时，通过逻辑地址中的页号与页表寄存器中的页表长度进行比较。若不小于页表长度，则产生“地址越界”

中断信号，由相应的中断处理程序处理。否则，取出页表首地址，进行逻辑地址到物理地址的转换。

3.5.4　对页式存储管理的改进

因页表在主存中，CPU 在存取数据时，要访问主存两次。第一次是访问主存中的页表，从中找出该页的物理块号，将此块号与页内地址拼接形成物理地址。第二次是根据上一步得到的物理地址到主存中获取数据。这样就降低了计算机的处理速度。为了提高处理速度，可以采用快表和两级页表的方法对页式存储管理进行改进。

1. 具有快表的地址变换

为了提高存取速度，通常设置一个专用的高速缓冲寄存器组，用来存放页表的一部分。我们把存放在高速缓冲寄存器中的页表叫做快表。这个高速缓冲寄存器又叫做联想寄存器。

此时，地址的转换过程是：在 CPU 给出逻辑地址后，由地址转换机构自动地将页号送入高速缓冲寄存器，与快表中的所有页号进行比较。若快表中有要处理的页号，则从快表中取出所对应的块号；若快表中无要处理的页号，再访问主存，到页表中查找，把物理块号送地址寄存器，并把此表项存入快表的一个存储单元中。

具有快表的地址转换如图 3-19 所示。联想寄存器的存取速度比主存快，但其造价也高。因此，这种寄存器的数量不宜太多，整个系统通常只需要用 8～16 个就可以大大提高程序的执行速度。

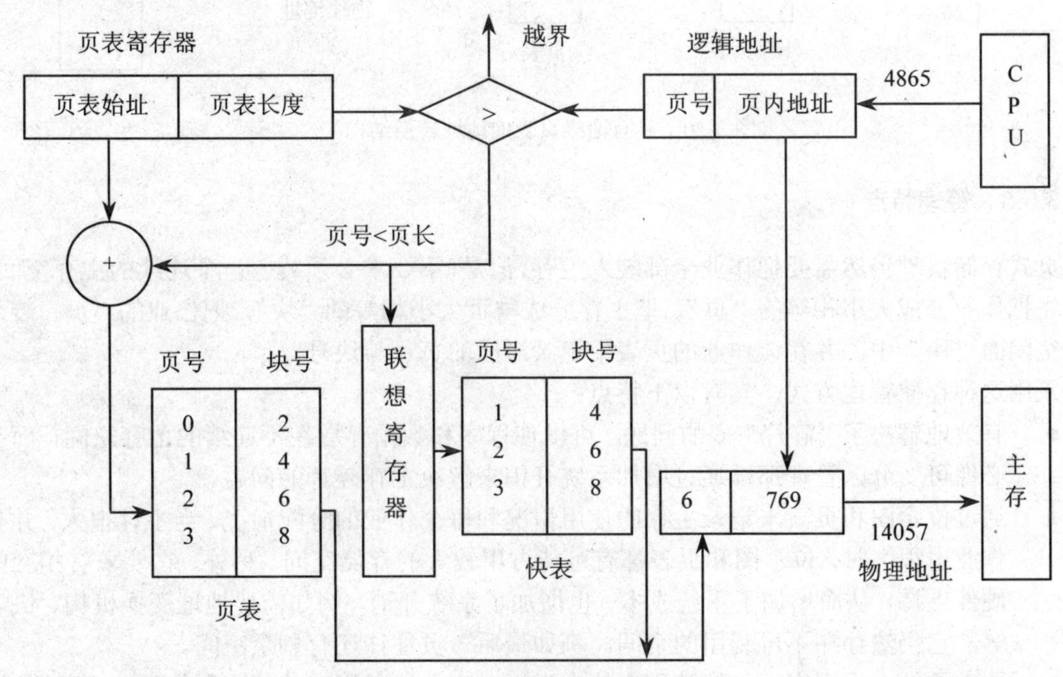

图 3-19　具有快表的地址转换

系统为每个作业建立一张页表，但是只设置一个公共快表。当前正在执行哪个作业，快表就描述哪个作业的页表。由于快表一般小于页表，所以它描述了页表的活跃子集，即快表中保存当前作业经常要访问的那些页。经验表明，当快表由 8 个单元组成时，命中率就达 85%，当增至 12 和 16 个单元时，命中率可以高达 93%和 97%，这种效果相当可观。

2. 具有两级页表的地址转换

对于非常大的逻辑地址空间（2^{32}～2^{64}），若每页大小 4KB，则需要 1M 个页表项，每个页表项占 4B，页表需要占用主存 4MB。针对找到较大的连续主存空间存放页表比较困难的情况，可以采用将页表再进行分页的办法，使每个页面的大小与主存物理块的大小相同，并为它们进行编号，即依次为 0 页，1 页，……，n 页。可以离散地将各个页面分别放在不同的物理块中，同样要为离散分配的页表再建立一张页表，称为外部页表，在每个页表项中记录了页表页面的物理块号，把要使用的页表项调入主存，其余页表项仍在外存，需要时再调入。具有两级页表的地址转换结构如图 3-20 所示。

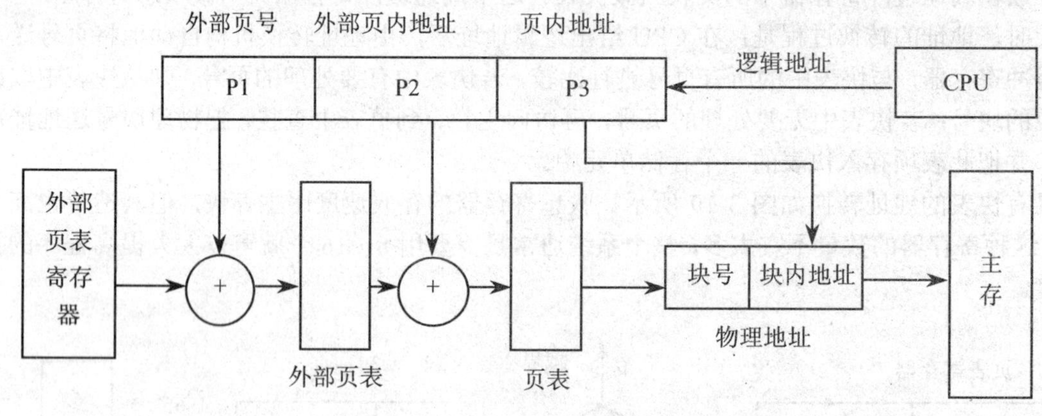

图 3-20　具有两级页表的地址转换结构

3.5.5　管理特点

页式存储管理仍然需要把作业全部装入主存，但是，不要求必须装入一个连续的主存空间。它事先把作业分成大小相等的“页”，把主存分成与页大小相等的“块”，把作业的“页”装入主存空闲的“块”中，并在该作业的页表中记录对应的页号与块号。

采用这种存储管理方式，具有以下特点：

- 有效地解决了“碎片”多的问题。可以使程序和数据存放在不连续的主存空间，而不必像可变分区管理那样通过增加系统开销来解决主存碎片的问题。
- 通过位示图和页表来记录主存的使用情况和每个作业的分配情况，当主存很大，并且作业也很大时，位示图和页表都有可能占用较大的存储空间。另外，它要求有相应的硬件支持，从而增加了系统成本，也增加了系统开销。例如需要地址变换机构、快表等。它仍然存在不可利用的空间，例如最后一页往往还有剩余空间。
- 要求页的大小固定，不能随程序的大小而改变，这对程序的共享和使用造成了困难。

3.5.6　页式存储管理举例

【例 3-4】在一个页式存储管理系统中，页面大小为 1KB，主存中用户区的起始地址为

1000，假定页表如下。现有一逻辑地址（页号为 2，页内地址为 20），试计算相应的物理地址，并画图说明地址转换过程。

页号	块号
0	3
1	4
2	9
3	7

【解】地址转换过程如图 3-21 所示。从逻辑地址中取出页号 2，与页表地址寄存器中的页表始址相加，得到该页在页表中的记录号，从页表中取出该页的块号 9，因为页内地址为 20，所以块内地址也是 20。根据物理地址的计算公式可得：

物理地址 ＝ 用户区基址＋块号×块长＋块内地址 ＝1000＋9×1024＋20＝10236

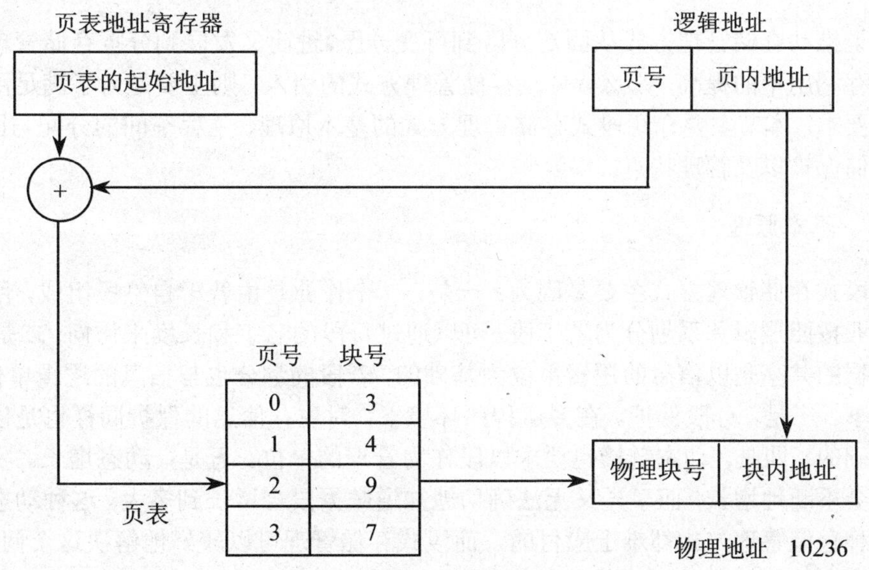

图 3-21　地址转换过程图

【例 3-5】设一个页式存储管理系统，向用户提供逻辑地址空间最大为 16 页，每页 2048 字节，主存总共有 8 个存储块，试问逻辑地址应为多少位？主存空间有多大？

【解】页式存储管理系统中的逻辑地址结构为：页号+页内地址。在本题中，由于每页为 2048 字节，所以页内地址部分需要占据 11 个二进制位；逻辑地址空间最大为 16 页，页号部分地址需要占据 4 个二进制位。故逻辑地址至少为 11+4=15 位。

由于主存共有 8 个存储块，在页式存储管理系统中，存储块大小与页面的大小相等。因此，主存空间为 16KB。

【例 3-6】在页式存储管理系统中，某作业的页表如下左表所示。页面大小为 1024 字节，用户区的基址为 1000，试将逻辑地址 1011、2148、3000、4000、5012 转换为相应的物理地址。

【解】根据页表和每个页面的大小 1024 字节，利用公式：

页号 = int (逻辑地址/页面大小)，页内地址 = 逻辑地址 mod 页面大小

由页号到页表中查找块号。所以，物理地址=用户区基址＋块号×块长＋块内地址。

各逻辑地址对应的物理地址分别如下右表所示：

页号	块号
0	2
1	3
2	1
3	6

逻辑地址	物理地址
1011	4059
2148	2124
3000	2976
4000	8072
5012	非法

3.6 段式存储管理方式

如果说推动存储管理方式从固定分区到可变分区，进而又发展到分页存储管理方式的主要动力是主存利用率的提高，那么，分段存储管理方式的引入，则主要是为了满足用户在编程和使用上的要求。本节主要介绍段式存储管理方式的基本原理、主存空间的分配与回收、地址的转换与存储保护以及管理特点。

3.6.1 基本原理

引入段式存储管理方式主要是因为：一是，一个作业是由若干自然段组成，用户希望能把自己的作业按照逻辑关系划分为若干段，可以通过每段的名字和长度来访问。二是，分段共享。程序和数据的共享是以信息的逻辑单位为基础的，若段的划分也与信息的逻辑单位相对应，则易实现共享。三是，分段保护。在多道程序环境下，对主存信息的保护同样也是以信息的逻辑单位为基础的。四是，动态链接也要求以段作为管理的单位。五是，动态增长。实际应用时某些数据段会不断地增长，而事先又无法确切地知道数据段会增长到多大。这种动态增长的情况是上述几种存储管理方式都难于应付的，而段式存储管理可以较好地解决这个问题。

在段式存储管理方式中，作业的地址空间被划分为若干段，每段定义了一组逻辑信息。例如，有主程序段 MAIN、子程序段 X、数据段 D 及栈段 S 等，每个段都有自己的名字。为了实现简单，通常可用一个段号来代替段名，每个段都从 0 开始编址，并采用一段连续的地址空间。段的长度由相应的逻辑信息组的长度决定，因而各段长度不等。整个作业的逻辑地址空间，由于分成多个段，因而是二维的，即其逻辑地址由段号和段内地址所组成。

在段式存储管理方式中，允许一个作业最多有 64K 个段，每个段的最大长度为 64KB。它以段为单位分配主存，每段分配一个连续的主存空间，但是，各段之间不要求连续。供用户使用的逻辑地址为段号+段内地址。在装入作业时，用一张段表记录每个分段在主存中的起始地址和长度。若作业的段找不到足够大的空闲分区，可以采用移动技术合并分散的空闲区。主存的分配与回收类似于可变分区管理方式，地址转换采用动态重定位。

3.6.2　主存空间的分配与回收

1. 采用的数据结构

为了记录主存中空闲分区的始址和大小，以及作业中每个段分配主存的情况，在段式存储管理方式下，设置了空闲分区表、段表和主存分配表。

（1）空闲分区表。用于记录主存中空闲分区的序号、始址和大小，整个系统设置一张。

（2）段表。系统为每个作业建立一张段表，用于记录每个作业的每个段在主存中所占分区的始址和大小，如表 3-8 所示。

表 3-8　段表

段号	段始址	大小
0	100K	56KB
1	400K	40KB
…	…	…

在分配第一个作业之前，主存的空闲区只有一个，即为整个用户区。但是，随着主存的分配与回收，空闲分区的个数也会增加或减少，其记录个数是不定的。所以，空闲分区表一般采用链表存储。而每个作业在分配主存之前，已经知道作业中段的个数和各段的大小，在分配主存空间时，只需要指明存储的起始地址即可。所以，段表一般用数组存储。

（3）主存分配表。整个系统设置一张主存分配表，用于记录主存中各作业的作业名、段表始址和段表长度，段表长度为作业的段数，如表 3-9 所示。

表 3-9　主存分配表

作业名	段表始址	段表长度
J1	4000	6
J2	4800	8
…	…	…

2. 主存空间的分配过程

在段式存储管理中是以段为单位分配主存的。每段分配一个连续的主存空间，但是各段之间不要求连续。供用户使用的逻辑地址为段号+段内地址。在装入作业时，用一张段表记录每个分段在主存中的始址和大小。

作业分配时，用作业的长度与空闲分区表中所有记录的长度之和进行比较。若大于则不能装入；否则，可以装入，并为该作业创建一张段表。根据作业段的大小，在空闲分区表中查找满足其大小的空闲块，把该段装入，该块剩余部分仍作为空闲分区登记在空闲分区表中，并在段表中填入该段的段长和段的始址，直至所有段分配完毕。若找不到足够大的空闲分区，可以采用移动技术，合并分散的空闲区后，再装入该作业段。最后，在主存分配表中，登记该作业段表的始址和段表的长度。在这种管理方式下，主存空间的分配流程如图 3-22 所示。

3. 主存空间的回收

当作业运行结束时，根据该作业段表的每一条记录去修改空闲分区表。修改的方式与可变分区回收主存空间相同，根据回收区是否与空闲区相邻，分四种情况处理。最后删除该作业的段表，并删除主存分配表中该作业的记录。

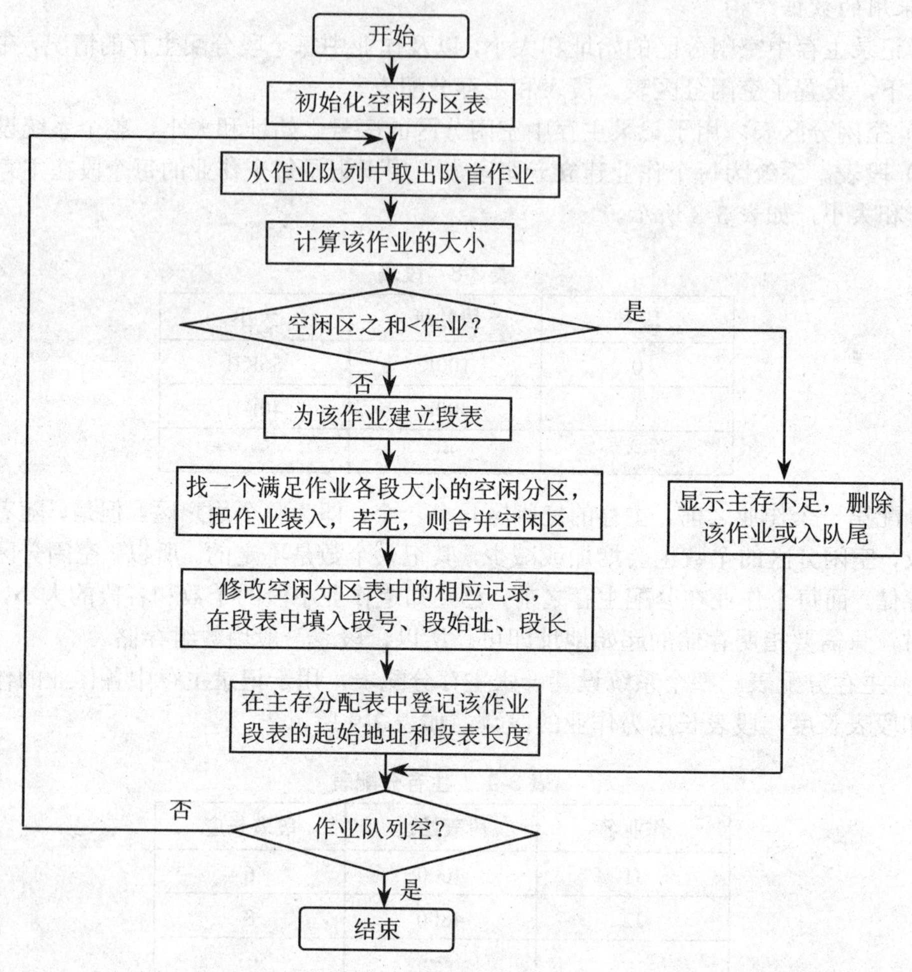

图 3-22 段式存储管理的主存分配流程图

3.6.3 地址转换与存储保护

1．地址转换

为了实现从作业的逻辑地址到物理地址的转换功能，在系统中设置了段表寄存器，用来存放段表的始址和段表长度。在装入作业时，段表寄存器从主存分配表中获取该作业段表的始址和段表长度，作业的逻辑地址包括两部分，即段号和段内地址。

在进行地址转换时，系统将逻辑地址中的段号与段表中的段表长度进行比较，若不小于段表长度则表示段号越界，产生“地址越界”中断信号。若未越界，则根据段表始址和段号得到该段在主存中的始址。然后，检查段内地址是否超过该段的段长，若超过，则发出“越界”中断信号。若未越界，则把段始址加上段内地址就得到欲访问主存的物理地址。地址转换过程如图 3-23 所示。

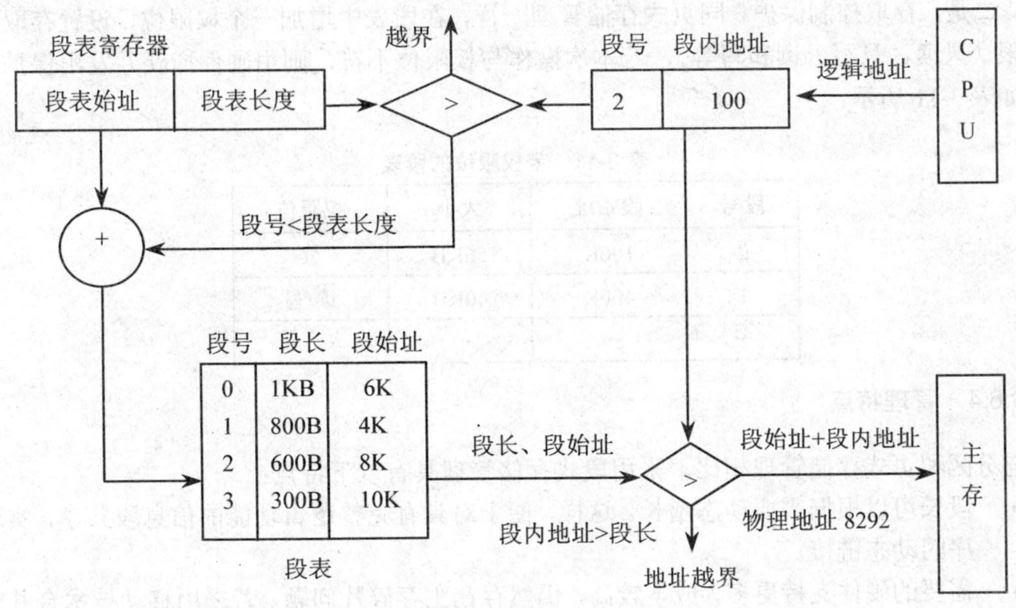

图 3-23　段式存储管理的地址转换

2. 段的共享

在段式管理系统中，段是信息的逻辑单位，而段式系统的一个突出优点是易于实现段的共享。分段共享是通过两个作业的段表中的相应表目都指向被共享的同一个物理副本来实现的。如表 3-10 中段表 1 的第 1 段和段表 2 的第 2 段是共享的。

表 3-10　段表 1（左）与段表 2（右）的共享

段号	段始址	大小
0	20K	10KB
1	100K	40KB
2	210K	30KB
3	80K	5KB
…	…	…

段号	段始址	大小
0	170K	10KB
1	300K	50KB
2	100K	40KB
3	400K	35KB
…	…	…

3. 段的保护

当一个作业从共享段中读取数据时，必须防止另一个作业修改此段中的数据。在大多数共享系统中，程序被分成过程区和数据区。允许任何作业对其进行访问而不能进行修改的代码叫做可重入代码。不能修改的过程称为纯过程或可重入过程，这样的过程和不能修改的数据是可以共享的，而可以修改的程序和数据则不能共享。

段式存储管理的保护主要有两种：一是，地址越界保护。它包括对段号的判断和对段内地址的判断。对段号的判断是利用段表寄存器中的段表长度与逻辑地址中的段号进行比较，若段号不小于段表长度，则产生越界中断。对段内地址的判断是利用段表项中的段长与逻辑地址中的段内地址进行比较。若段内地址大于段长，也产生越界中断。不过在允许段动态增长的系统中，段内地址大于段长是允许的。为此，段表中应设置相应的增补位以指示该段是否允许动态增长。二是，存取控制保护。同页式存储管理一样，在段表中增加一个权限位，设置存取信息的权限（只读、只写、读和写等），若本次操作与权限位不符，则由硬件捕获并发出保护性中断，如表 3-11 所示。

表 3-11 带权限位的段表

段号	段始址	大小	权限位
0	100K	56KB	读
1	400K	40KB	读/写
…	…	…	

3.6.4 管理特点

与分区和页式存储管理相比，采用段式存储管理具有以下特点：

- 段长可以根据需要动态增长。这样，便于对具有完整逻辑功能的信息段共享，实现程序的动态链接。
- 需要的硬件支持更多，成本较高，仍然存在主存碎片问题。若采用移动技术合并空闲区，会增加系统开销。另外，段的大小受主存可用空闲区大小的限制。

3.6.5 分段与分页的区别

由上所述，分段和分页系统有许多相似之处。两者都采用离散分配方式，且都要通过地址映射机构来实现地址转换。但是，在概念上两者完全不同，主要表现在：

（1）页是信息的物理单位，分页是为了实现离散的分配方式，以消减主存碎片，提高主存的利用率。或者说，分页仅仅是由于系统管理的需要，而不是用户的需要。段是信息的逻辑单位，它包含一组意义相对完整的信息。分段的目的是为了能更好地满足用户的需要。

（2）页的大小固定且由系统确定，把逻辑地址划分为页号和页内地址两部分是由机器硬件实现的，因而一个系统只能有一种大小的页面。段的长度却不固定，决定于用户所编写的程序，通常由编译程序在对源程序进行编译时，根据信息的性质来划分。

（3）分页的作业地址空间是一维的，即单一的线性地址空间，程序员只需要利用一个记忆符，即可以表示一个地址。分段的作业地址空间是二维的，程序员在标识一个地址时，既要给出段名，又要给出段内地址。

3.6.6 段式存储管理举例

【例 3-7】某个采用段式存储管理的系统为装入主存的一个作业建立了段表，如下所示：

段号	段始址	段长
0	2219	660B
1	3300	140B
2	90	100B
3	1237	580B
4	3959	960B

（1）给出段式地址转换过程。

（2）计算该作业访问逻辑地址（0，432）、（1，10）、（2，500）、（3，400）、（5，450）时的物理地址。

【解】（1）段式地址的转换过程如图 3-24 所示。

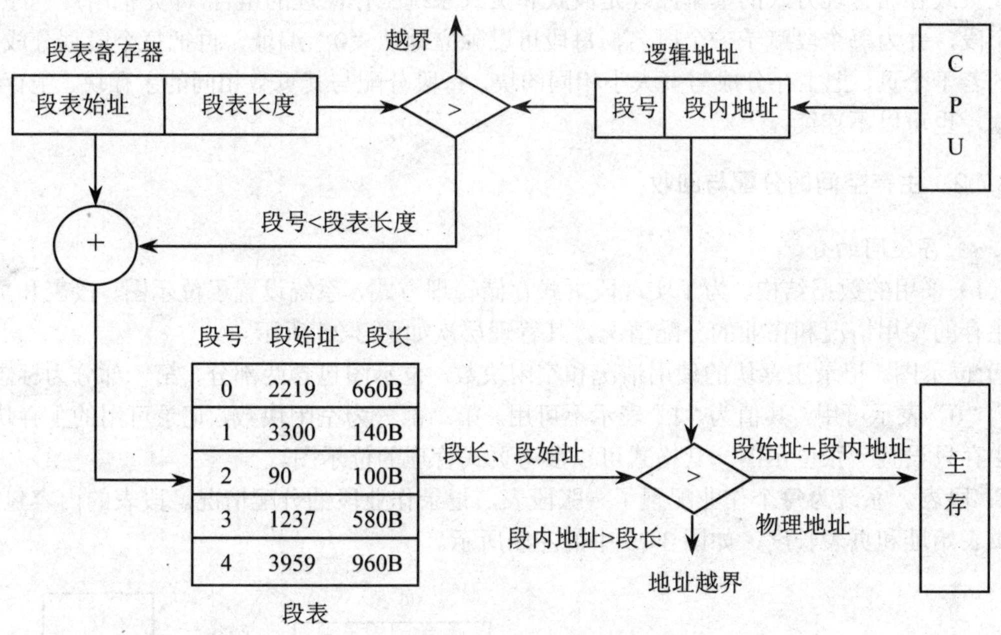

图 3-24　段地址转换过程示意图

（2）根据地址转换图 3-24 可知，该作业访问的逻辑地址（0，432）、（1，10）、（2，500）、（3，400）、（5，450）对应的物理地址如下表所示：

逻辑地址	物理地址
0，432	2651
1，10	3310
2，500	段内地址越界
3，400	1637
5，450	段号越界

3.7　段页式存储管理方式

页式和段式存储管理方式各有优缺点。页式系统能有效地提高主存的利用率，而段式系统能很好地满足用户需要。如果对两种存储管理方式“各取所长”，则可以将两者结合成一种新的存储管理系统。这种新系统既具有段式系统的便于实现、分段共享、易于保护、动态链接等一系列优点，又能像页式系统那样，很好地解决主存碎片问题，并为各个分段离散地分配主存。这种方式显然是一种比较有效的存储管理方式，这样结合起来所形成的新系统称为“段页式系统”。本节主要介绍段页式存储管理方式的基本原理、主存空间的分配与回收、地址转换与存储保护，以及管理特点。

3.7.1 基本原理

段页式存储管理方式的基本原理是段式和页式系统工作原理的组合，即先把用户程序分成若干个段，并为每个段赋予一个段名，每段可以独立地从“0”编址，再把每个段划分成大小相等的若干个页，把主存分成与页大小相同的块。每段分配与其页数相同的主存块，主存块可以连续，也可以不连续。

3.7.2 主存空间的分配与回收

1. 主存空间的分配

（1）采用的数据结构。为了实现段页式存储管理方式，系统设置了位示图、段表和页表，记录主存的使用情况和作业的分配情况。其管理层次如图 3-25 所示。

1）位示图。记录主存块的使用情况和空闲块数。位示图包含两部分，第一部分为标志位，其值为“0”表示可用，其值为“1”表示不可用。第二部分为空闲块数，记录可用的主存块数，整个主存只设置一张位示图。其格式可以参考页式管理的位示图。

2）段表。系统为每个作业配置了一张段表，记录作业段的分配情况。段表的内容包括段号、页表始址和页表长度，如图 3-25 中的左表所示。

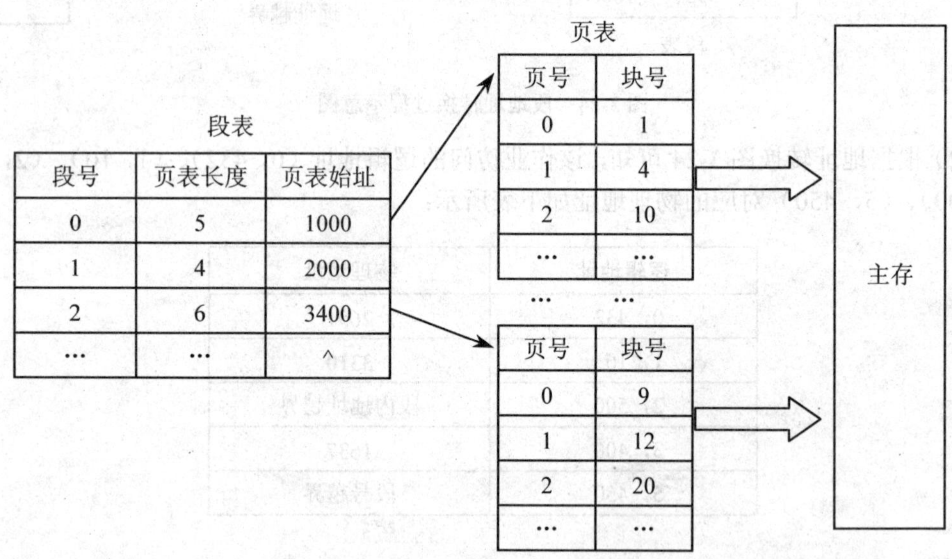

图 3-25 段页式存储管理的主存分配示意图

3）页表。记录每个段内页的分配情况。系统为作业的每个段建立了一张页表，页表的内容包括页号和块号。

4）主存分配表。整个系统设置一张主存分配表，用于记录主存中各作业的作业名、段表始址和段表长度。段表长度为作业中段的个数。主存分配表的格式与表 3-9 所示的相同。

（2）主存空间的分配过程。段页式存储管理是以段内页为单位分配主存的，但是，各段内的页之间不要求连续。供用户使用的逻辑地址为：段号、段内地址。由段内地址除以页长，得到的商为页号，余数为页内地址。在装入作业时，用一个段表和若干个页表记录作业在主存中的分配情况。

作业分配时，首先，根据程序模块把作业划分成段，对每个段再划分若干页，计算该作业的总页数。其次，用作业的总页数与位示图中的空闲块数进行比较。若大于空闲块数，则不能装入；否则，可以装入。

装入时，为该作业创建一张段表，再为每个段创建一张页表，在段表中填上每个段的段号、页表长度和页表始址；对每个作业段的页表，在位示图中查找标志位为“0”的空闲块，找到后，装入该页，并把位示图的标志位由“0”改为“1”，计算出对应的块号（计算方法同页式存储管理），填入到相应的页表中。直至所有段的所有页分配完毕后，把位示图中的空闲块数减去该作业的总页数。

最后，在主存分配表中，登记该作业的段表始址和段表长度。

在这种管理方式下，主存空间的分配流程如图 3-26 所示。

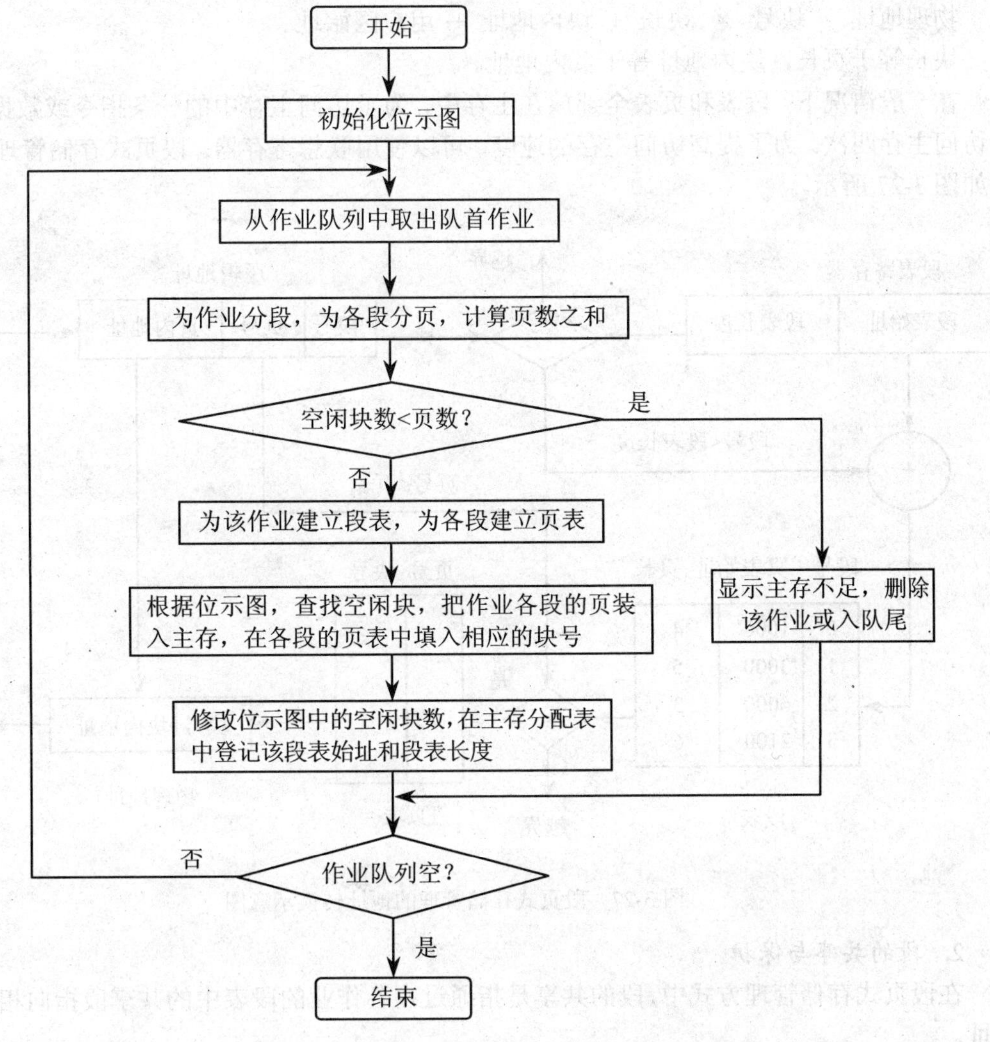

图 3-26　段页式存储管理的主存分配流程图

2．主存空间的回收

当作业运行结束时，根据该作业段表中每一条记录所对应的页表去修改位示图中的标志位和空闲块数，把标志位由“1”改为“0”，空闲块数增加页数大小。最后，删除每段对应的页表以及该作业的段表，并在主存分配表中删除该作业的记录。

3.7.3 地址转换与存储保护

1．地址转换

在段页式存储管理中，作业的逻辑地址由段号、段内页号和页内地址组成。系统设置了一张段表寄存器来记录段表始址和段表长度。在进行地址转换时，首先利用段号，将它与段表寄存器中的段表长度进行比较，若不小于段表长度则产生越界中断；否则，利用段表始址和段号在段表中找到相应页表的始址，再利用逻辑地址中的页号与段表中的页长比较，若页号不小于该页页表长度，则产生越界中断。否则，在页表中找出其对应的块号，再与逻辑地址中的页内地址一起组成物理地址。组成方法如下：

物理地址 = 块号 × 块长 + 块内地址 + 用户区始址

块长等于页长，块内地址等于页内地址。

在一般情况下，段表和页表全都放在主存中，为了访问主存中的一条指令或数据，至少需要访问主存四次。为了提高访问主存的速度，可以使用联想寄存器。段页式存储管理的地址转换如图 3-27 所示。

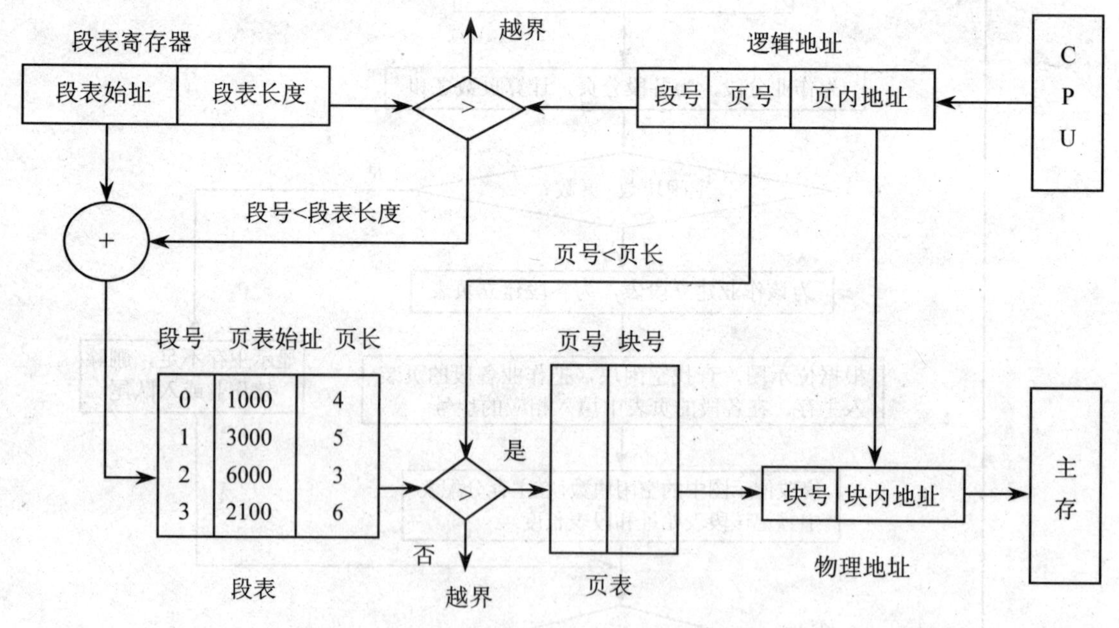

图 3-27 段页式存储管理的地址转换示意图

2．段的共享与保护

在段页式存储管理方式中，段的共享是指通过在各作业的段表中的共享段指向相同的页表始址。

段的保护主要有以下两种：

（1）地址越界保护。它利用段表寄存器的段表长度与逻辑地址中的段号进行比较，若段号越界，则产生越界中断。再利用段表中的页长与逻辑地址中的页号进行比较，若页号不小于页长也产生越界中断。

（2）存取控制保护。与段式存储管理一样，在段表中增加一个权限位，设置存取信息的权限（只读、只写、读和写等），若本次操作与权限位不符，则由硬件捕获并发出保护性中断，如表 3-12 所示。

表 3-12　带权限位的段表

段号	页表始址	页长	权限位
0	2000	100	读
1	4000	40	读/写
…	…	…	

3.7.4　管理特点

采用段页式存储管理方式具有以下特点：

- 根据作业模块把作业分成若干段，再根据页面大小把每一段分成若干页，主存仍然分成与页大小相等的块。分配主存时，把作业每一段的页分配到主存块中。
- 这种分配方式既照顾到了用户共享和使用方便的需求，又考虑到了主存的利用率，提高了系统性能。
- 这种分配方式造成的空间浪费要比页式管理的多。作业各段的最后一页都有可能浪费一部分空间。另外段表和页表占用的主存空间比页式或段式的多。这样就增加了系统开销。

3.8　虚拟存储管理方式

前面所介绍的各种存储器管理方式，有一个共同的特点，即它们都要求将一个作业全部装入主存才能运行。于是，出现了这样两种情况：一是，有的作业很大，所要求的主存空间超过了主存总容量，作业不能全部被装入主存，致使该作业无法运行；二是，有大量的作业要求运行，但是，由于主存容量不足以容纳所有这些作业，只能将少数作业装入主存让它们先运行，而将其他大量的作业留在外存上等待。显而易见的一种解决方法是，从物理上增加主存容量，但是，这往往会受到机器自身的限制，而且无疑要增加系统成本，因此这种方法是受到一定限制的；另一种方法是从逻辑上扩充主存容量，这正是虚拟存储技术所要解决的主要问题。本节主要介绍虚拟存储管理的基本原理、主存空间的分配与回收、地址转换与存储保护，以及分配特点。

3.8.1　基本概念

1．问题的提出

在程序运行过程中，程序的有些部分是彼此互斥的，即在程序的某次运行中，执行了这部分程序就不会执行另一部分程序，并非用到其全部程序，如：

If (条件) then 函数 1 else 函数 2

因此，那种将作业“一次性地”全部装入主存的方法，显然是一种对主存空间的浪费。

此外，程序的执行有局部性。某一时刻循环执行某些指令或多次访问某些数据。当把作业全部装入主存后，作业执行时实际上只使用部分信息，甚至有些部分在作业执行的整个过程中都不会被使用到（局部性原理）。暂时不用的程序（数据）占据了大量的主存空间，并且作业装入主存后，便一直驻留在主存中，直至作业运行结束。尽管运行中的作业会因 I/O 操作而长期等待，或有的程序运行一次后，就不再需要运行了，然而它们都将继续占据宝贵的主存资源，而使一些需要运行的作业无法装入运行。这样，就严重地降低了主存的利用率，从而显著地减少了系统的吞吐量。

因此，是否需要一次性地将作业全部装入？作业是否需要长期地驻留在主存？对这些问题，不少学者已进行了广泛的研究，这些研究成果为虚拟存储器的实现奠定了基础。

2. 虚拟存储器的定义

基于前面所分析的局部性原理，一个作业在运行之前，没有必要全部装入主存，而仅将那些当前需要运行的部分页面或段先装入主存便可以启动运行，其余部分暂时留在外存上。程序在运行时如果它所要访问的页（段）已调入主存，便可以继续执行下去；但是，如果程序所要访问的页（段）尚未调入主存（称为缺页或缺段），此时程序应利用操作系统所提供的请求调页（段）功能，将它们调入主存，以使作业能继续执行下去。如果此时主存已满，无法再装入新的页（段），则还需要再利用页（段）的置换功能，将主存中暂时不用的页（段）调出到外存上，腾出足够的主存空间后，再将所要访问的页（段）调入主存，使程序继续执行下去。这样，便可以使一个大的用户程序在较小的主存空间中运行；也可以使主存中同时装入更多的作业并发执行。从用户角度看，该系统所具有的主存容量将比实际主存容量大得多，人们把这样的存储器称为虚拟存储器。

虚拟存储器是指仅把作业的一部分装入主存便可以运行的存储器系统。具体地说，所谓虚拟存储器是指具有请求调入功能和置换功能，能从逻辑上对主存容量进行扩充的一种存储器系统。实际上，用户所看到的大容量只是一种感觉，是虚的，故而得名为虚拟存储器。

虚拟存储器的逻辑容量也称为最大容量，是由地址寄存器的位数决定的。虚拟存储器的物理容量也称为实际容量。当最大容量大于等于主存与硬盘容量之和时，虚拟存储器实际容量为主存与硬盘容量之和；当最大容量小于主存与硬盘容量之和时，虚拟存储器实际容量就是最大容量。如果计算机的地址寄存器是 64 位，地址按单字节编址，主存 512MB，硬盘 80GB，则虚拟存储器的最大（逻辑）容量是 2^{64}B，实际容量是 80512MB。

虚拟存储器的运行速度接近于主存速度，而其成本却又接近于外存。可见，虚拟存储技术是一种性能非常优越的存储器管理技术，故被广泛地应用于各类计算机中。

3. 虚拟存储器存储的特点

采用虚拟存储器具有以下特点：

（1）离散性。离散性是指在主存分配时采用离散分配方式，这是虚拟存储器的基础。没有离散性，也就不可能实现虚拟存储器。这是因为一个作业需要分多次调入主存，如果采用连续分配方式，需要将作业装入一个连续的主存区域中。为此，需要事先为它一次性地申请足够大的主存空间，以便将整个作业先后分多次装入主存。这一方面会使相当一部分主存空间都处于暂时或“永久”空闲状态，造成主存资源的严重浪费；另一方面，也不可能使一个大作业运行在一个小的主存空间中。这也就是无法实现虚拟存储器的功能。只有采用离散分配方式，且仅在需要调入某部分程序和数据时，才为它申请主存空间，以避免主存空间的浪费，也才有可能实现虚拟存储器的功能。

（2）多次性。多次性是指一个作业被分成多次调入主存运行，亦即在作业运行时没有必要将其全部调入，只需要将当前要运行的那部分程序和数据装入主存即可，以后运行到哪一部分时再把哪一部分调入。多次性是虚拟存储器最重要的特征，任何其他的存储管理方式都不具有这一特征。因此，也可以认为虚拟存储器是具有多次性特征的存储器系统。

（3）对换性。对换性是指允许在作业的运行过程中换进、换出，亦即在作业运行期间，允许将那些暂不使用的程序和数据，从主存调至外存的对换区（换出），待以后需要时再将它们从外存调至主存（换入）；甚至还允许将暂时不运行的作业调至外存，待它们重新又具备运行条件时再调入主存。换进、换出能有效地提高主存的利用率。可见，虚拟存储器具有对换性。

（4）虚拟性。虚拟性是指能够从逻辑上扩充主存容量，使用户所看到的主存容量远大于实际主存容量。这是虚拟存储器所表现出来的最重要的特征，也是实现虚拟存储器的最重要目标。

4. 虚拟存储器的实现方法

虚拟存储器的实现毫无例外地都是建立在离散分配存储管理方式的基础上的。目前，所有的虚拟存储器都是采用下述方式之一实现的。

（1）页式虚拟存储管理。它是在页式存储管理系统的基础上增加了请求调页功能和页面置换功能所形成的页式虚拟存储管理系统。它允许只装入用户程序和数据的若干页（而非全部程序）便可以启动运行。以后，再通过请求调页功能和页面置换功能，陆续地把将要运行的页面调入主存，同时把暂时不需要运行的页面换出到外存上，置换时以页面为单位。但是，为了能实现请求调页和置换功能，系统必须提供必要的硬件支持。

（2）段式虚拟存储管理。它是在段式存储管理系统的基础上增加了请求调段功能和段置换功能所形成的段式虚拟存储管理系统。它允许只装入用户程序和数据的若干段（而非所有的段），即可以启动运行。以后再通过请求调段功能和段的置换功能，将暂时不需要运行的段调出，同时调入将要运行的段，置换是以段为单位进行的。为了实现请求调段功能和段置换功能，系统同样需要提供必要的硬件支持。

（3）段页式虚拟存储管理。它是在段页式存储管理系统的基础上增加了请求调页功能和页面置换功能所形成的段页式虚拟存储管理系统。

三种虚拟存储管理方式的基础是分页，分段与分页的实现相似。所以，本章主要介绍页式虚拟存储管理方式，不再对段式虚拟存储管理和段页式虚拟存储管理进行介绍，其分配方法请参考有关资料。

3.8.2 页式虚拟存储管理

页式虚拟存储管理也称为请求分页式存储管理方式。下面从基本原理、采用的数据结构、主存分配与回收、地址转换等方面进行介绍。

1. 基本原理

页式虚拟存储管理是建立在纯分页基础上的，增加了请求调页功能和页面置换功能所形成的页式虚拟存储管理系统。它把作业分成大小相等的若干页，把主存分成与页大小相等的若干块；对每个作业限定分给它的主存块数，先把作业的部分页装入主存的这些块中，在作业运行时再装入所需要的页。

2. 采用的数据结构

虚拟存储器在实现上是有一定难度的，既需要一定的硬件支持，又需要较多的软件支持，但是，请求分页式存储管理方式相对容易，因为它换进、换出的基本单位是固定长度的页面。采用的数据结构如下：

（1）位示图。与页式存储管理相同，主存空间的使用情况仍然采用位示图表示。它包括标志位和空闲块数。标志位表示主存的分配情况，其值为“1”表示主存块已经使用，其值为“0”表示主存块可以使用；空闲块数为主存总的可用块数。

（2）页表。页表用来记录作业的分配情况，由于只将应用程序的一部分调入主存，还有一部分仍在磁盘上，故需要在页表中再增加若干项，供程序（数据）在换进、换出时参考。请求分页系统中的页表结构如表 3-13 所示，其中各字段含义如下：

表 3-13 请求分页式存储管理的页表结构

页号	块号	状态位	访问字段	修改位	外存地址

1）状态位（存在位）。用于指示该页是否已调入主存，供程序访问时参考。其值为“1”表示该页已经在主存中，在块号中填入所装入的块号；其值为“0”表示该页不在主存中，在块号中填入“-1”。

2）访问字段。用于记录本页在一段时间内被访问的次数，或最近已有多长时间未被访问，提供给置换算法选择换出页面时参考。

3）修改位。表示该页在调入主存后是否被修改过。由于主存中的每一页都在外存上保留一份副本，因此，若未被修改，在置换该页时就无须将该页写回到外存上，以减少系统的开销和启动磁盘的次数；若已被修改，则必须将该页重写到外存上，以保证外存中所保留的始终是最新副本。

4）外存地址。用于指出该页在外存上的地址，通常是物理块号，供调入该页时使用。

（3）主存分配表。主存分配表记录主存中每个作业的作业名、页表始址、页表长度和分配的主存块数，其格式如表 3-14 所示。

表 3-14 主存分配表

作业名	页表始址	页表长度	所占块数

（4）缺页中断机构。在请求分页系统中，每当所要访问的页面不在主存时，便要产生一次缺页中断，请求系统将缺页调入主存。缺页中断作为中断，它同样需要经历诸如保护 CPU

环境、分析中断原因、转入缺页中断处理程序进行处理、恢复 CPU 环境等几个步骤。

当作业访问某页（如第 i 页）时，到页表中去查找。若该页不在主存时，产生缺页中断。根据页表中指示的位置到磁盘的第 j 块上，把第 i 页调进主存的第 k 块中。然后，去修改页表，在该页对应的记录上填入块号 k，再重新执行访问 i 页的指令，如图 3-28 所示。

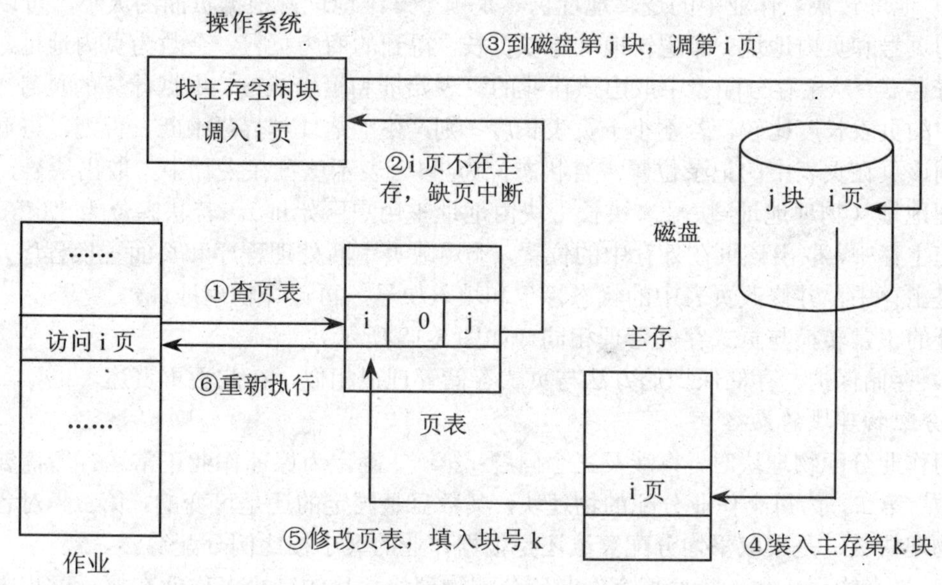

图 3-28　缺页中断的处理过程

缺页中断是一种特殊的中断，它与一般的中断相比，有着明显的区别，主要表现为：

1）产生中断的时间不一样。一般中断是在执行完一条指令后，检查中断请求，产生中断。若有，便去响应；否则，继续执行下一条指令。然而，缺页中断是在指令执行期间，发现所要访问的指令或数据不在主存时产生和处理的。即缺页中断是在指令执行过程中产生中断请求。

2）产生中断的次数不一样。一般中断在执行一条指令后只产生一次中断，而缺页中断在一条指令执行期间就可以产生多次中断。基于这些特征，系统中的硬件机构应能保存多次中断时的状态，并保证最后能返回到中断前产生缺页中断的指令处，继续执行。

3．主存空间的分配与回收

（1）主存空间的分配。根据一定的分配策略，确定每一个作业能够运行的最小物理块数（假如为 M），当给一个作业分配主存时，首先，计算该作业的页数，比较是否“M>位示图中空闲块数”，若大于则该作业暂时不能装入；否则，可以装入一部分，为其建立页表，初始化表中的数据。装入过程与页式存储管理方式的一样，只不过是要累计个数，到 M 个页时，停止装入，修改位示图中空闲块数（减去调入主存的该作业页数），并在主存分配表中增加一条记录，记录该作业的作业名、页表始址、页表长度和所分得的物理块数。

其余页等到程序运行时，访问到该页时再装入。其方法是：根据要访问的页号到该作业的页表中查找，若不在主存，把该页在外存的位置返回给缺页中断程序，由缺页中断程序根据该页在外存中的位置把该页调入主存；在调入主存时，根据一定的页面置换算法，淘汰该作业已在主存的某一页，然后装入要运行的页，修改页表中相应的值。

（2）主存空间的回收。主存空间的回收方法与页式存储管理的很相似。当作业运行结束时，根据页表去修改位示图，把归还块的占用标志位改为“0”。然后，修改空闲块数，增加M个。最后，删除该作业的页表和该作业在主存分配表中的记录。

4. 地址转换与存储保护

（1）地址转换。作业中的逻辑地址仍然是一个一维地址，根据页面的大小，可以计算出它所在的页号和页内地址。即逻辑地址除以页长，得到的商为页号，余数为页内地址。设置一个页表寄存器，从主存分配表中取出该作业的页表始址和页表长度。根据计算的页号，与页表寄存器中的页表长度比较，若不小于页表长度，则产生“地址越界”中断，否则，与页表始址相加得到该页在页表中的记录位置。若状态位为“1”表示该页在主存中，取出块号，即可计算出物理地址（物理地址=块号×块长＋块内地址＋用户区始址）。若状态位为“0”，则表示该页不在主存中，取出该页在外存中的位置，调用缺页中断处理程序和页面置换程序，把访问的页调进主存中，并修改页表中的状态标记和填入块号，再计算物理地址。

地址的正常转换与页式存储管理相同（如图3-18所示）。

（2）存储保护。存储保护的方法与页式存储管理很相似，在此不再赘述。

5. 分配物理块的策略

在为作业分配物理块时，将涉及三个问题：第一，确定为保证作业正常运行所需要的最少物理块数；第二，为每个作业分配的物理块，其数目是固定的还是可变的；第三，对各作业所分配的物理块数，是采取平均分配算法还是根据作业的大小按比例分配等。

（1）最小物理块数。随着每个作业所分配物理块数目的减少，作业在执行过程中的缺页率将提高，从而降低了作业的执行速度。为了使作业能有效地工作，应为它分配一定数目的物理块，但是，这并不是这里所说的最小物理块数。最小物理块数是指能保证作业正常运行所需要的最少物理块数。它与计算机的硬件结构有关，取决于指令的格式、功能和寻址方式。若系统为某个作业所分配的物理块数少于此值时，作业将无法运行。

（2）页面分配和置换策略。在页式虚拟存储管理系统中，可采取两种分配策略，即固定分配策略和可变分配策略。在进行置换时，也可采取两种策略，即全局置换和局部置换。于是可组合出以下三种适用的策略：

1）固定分配局部置换。基于作业的类型（交互型或批处理型等），或根据程序员、系统管理员的建议，为每个作业分配一个固定页数的主存空间，在整个运行期间都不再改变。采用该策略时，如果作业在运行中发现缺页，则只能从该作业在主存的n个页面中选出一页换出，然后再调入一页，以保证分配给该作业的主存空间不变。这种策略的困难在于：应为每个作业分配多少个页面难以确定。若太少，会频繁地出现缺页中断，降低了系统的吞吐量；若太多，又必然使主存中驻留的作业数目减少，进而可能造成CPU空闲或其他资源空闲的情况，而且在实现作业对换时，会花费更多的时间。

2）可变分配全局置换。这可能是最易于实现的一种页面分配和置换策略，已用于若干个操作系统中。在采用这种策略时，先为系统中的每个作业分配一定数目的物理块，而操作系统自身也保持一个空闲物理块队列。当某作业发现缺页时，由系统从空闲物理块队列中取出一个物理块分配给该作业，并将欲调入的缺页装入其中。这样，凡产生缺页的作业，都将获得新物理块。但是，当空闲物理块队列中的物理块用完时，操作系统才能从主存中选择一页调出，该页可能是系统中任一个页面。这样，又会使那个作业的物理块数减少，进而使其缺页率增加。

3）可变分配局部置换。同样基于作业的类型或根据程序员的要求，为每个作业分配一定数目的主存空间。但是，当某作业发生缺页时，只允许从该作业在主存的页面中选出一页换出，这样就不会影响其他作业的运行。如果作业在运行中频繁地发生缺页中断，则系统需要再为该作业分配若干个附加的物理块，直至该作业的缺页率减低到适当程度为止。反之，若一个作业在运行过程中的缺页率特别低，可以适当减少分配给该作业的物理块，但是，不应引起其缺页率的明显增加。

6. 作业在主存中块数的分配算法

在采用固定分配策略时，要将系统中可供分配的所有物理块分配给各个作业，可以采取下述几种方法。

（1）平均分配算法。这是将系统中所有可供分配的物理块平均分配给各个作业。例如，当系统中有 100 个物理块，有 5 个作业在运行时，每个作业可分得 20 个物理块。这种方式貌似公平，但实际上是不公平的。因为它并未考虑到各作业本身的大小，如果有一个作业其大小为 200 页，只分配给它 20 个块，这样它必将会有很高的缺页率；而另一个作业只有 10 页，却有 10 个块闲置未用。

（2）按比例分配算法。这是根据作业的大小按比例分配物理块。计算公式如下：

(作业页面数/作业总页面数)×物理总块数

（3）优先权分配算法。在实际应用中，为了照顾到重要的、紧迫的作业能尽快地完成，应为它分配较多的主存空间。通常采取的方法是把主存中可供分配的所有物理块分成两部分：一部分按比例分配给各作业；另一部分则根据各作业的优先权，适当地增加其相应份额后，分配给各作业。在有的系统中，如重要的实时控制系统，是按优先权来为各作业分配物理块的。

7. 页面置换算法

在作业运行过程中，若所要访问的页面不在主存而需要将它调入主存，但是，主存已无空闲空间时，为了保证该作业能正常运行，系统必须从主存中调出一页程序或数据送到外存的对换区中。但是，应将哪个页面调出，则需要根据一定的算法来确定。即页面置换算法是确定该淘汰哪一页的一种策略。置换算法的优劣将直接影响系统的效率。不适当的算法可能会导致作业发生“抖动”现象，即刚被换出的页很快又被访问，需重新调入，而刚被换入的页，很快又要被换出的现象。

一个好的页面置换算法，应具有较低的缺页中断率。从理论上讲，应将那些以后不再访问的页面换出，或把那些在较长时间内不再访问的页面调出。常用的页面置换算法有：

（1）最佳置换算法。从主存中移出永远不需要的页，若无这样的页，则移出最长时间不需要访问的页。该算法只具有理论意义，因为它要求必须预先知道每一个作业的访问串，因而不能实现，可用作性能评价的依据。如图 3-29 所示的置换实例，发生了 9 次缺页中断，缺页中断率：9/20=45%。

（2）先进先出置换算法（FIFO）。该算法淘汰最早进入主存的页面。因为最早进入的页面不再使用的可能性比最近调入的页面要大。先进先出置换算法实现简单，只要把各调入主存的页按其进入主存的先后顺序连成一个队列即可，总是淘汰队首的那一页。先进先出置换算法的不足是，它所依据的理由不是普遍成立的。那些在主存中驻留很久的页，往往是被经常访问的页。如主程序、常用子程序、循环等，结果这些常用的页都被淘汰调出，而可能又需要立即调回主存，发生“抖动”现象。

页面引用	7	0	1	2	0	3	0	4	2	3	0	3	2	1	2	0	1	7	0	1
物理块	7	7	7	2	2	2	2	2	2	2	2	2	2	2	2	2	2	7	7	7
		0	0	0	0	0	0	4	4	4	0	0	0	0	0	0	0	0	0	0
			1	1	1	3	3	3	3	3	3	3	3	1	1	1	1	1	1	1
缺页	1	2	3	4		5		6			7			8				9		

图 3-29 最佳置换算法

（3）最近最久未使用算法（LRU）。该算法选择在最近一段时间内最久没有使用过的页淘汰掉。它依据的是程序局部性原理，即如果某页被访问，它可能马上还要被访问；相反，如果某页长时间未被访问，它可能最近也不会被访问。

最近最久未使用算法是利用一个特殊的栈来保存当前使用的各个页的页号。每当访问某页时，考察栈内是否有与此相同的页号，若有则将该页的页号从栈中抽出，再将它压入栈顶。因此，栈顶始终是最新被访问页面的编号，而栈底则是最近最久未使用页面的编号。淘汰一页时，总是从栈底抽出一个页号。

最近最久未使用算法（LRU）的近似算法是指在页表中设置一个引用位，当某一页被访问时，由硬件把其引用位置成“1”，由操作系统选择一个周期 T，每隔一个周期 T，就把引用位清“0”。在时间 T 内，被访问页的引用位为“1”，没有被访问页的引用位为“0”。因此，产生缺页中断时，可以从引用位为“0”的页中选择一页调出，同时把所有引用位置“0”。这种算法的关键是周期 T 的选择。

选择主存中最久未使用的页面被置换，这是局部性原理的合理近似，性能接近最佳算法。但是，由于对每个页面都要设置相关的访问记录项，硬件开销太大。在实际系统中，经常采用 LRU 的近似算法：最近最不经常使用算法（LFU）和最近未使用算法（NUR）。

（4）最近最不经常使用算法（LFU）。该算法选择到当前时间为止被访问次数最少的页置换。其实现方法是为每页设置一个访问计数器，每当页面被访问时，该页面的访问计数器就加“1”；发生缺页时，淘汰计数器值最小的页，同时将所有计数器清“0”。

（5）最近未使用算法（NUR）。该算法将最近一段时间未引用过的页面换出。其实现方法是在主存中该作业的所有页内增设一个访问位（引用位），并按调入顺序排成一个循环队。当某一页被访问时，硬件把它置成“1”（否则，访问位为“0”），系统周期性地对所有引用位清“0”。当需要淘汰一页时，从循环队当前位置检查该页的访问位，若其值为“1”，则把它改为“0”；若访问位为“0”，则把该页淘汰出去，把置换页调入，访问位设为“1”。

采用该种置换算法，效率较高，但系统开销较大。当访问位为“0”的页有多个时，有可能会把修改过的页置换出去（要进行“回存”），而没有修改过的页留在主存中，这样增加了系统置换页的时间。

为此，对该算法进行了改进，在页内再增设了一个修改位，当该页在主存中修改过，该位置成“1”，没修改过置成“0”。这样，根据访问位和修改位的值，在主存中的页可能有以下 4 种情况：

- 访问位=“0”，修改位=“0”。该页既是最近未用的，又是没被修改过的，是最佳的淘汰页。

- 访问位="0"，修改位="1"。该页是最近未用的，但是被修改过的，是次于第一种情况的淘汰页。
- 访问位="1"，修改位="0"。该页不是最近未用的，但是没被修改过的，是次于第二种情况的淘汰页。
- 访问位="1"，修改位="1"。该页既是最近使用的，又是被修改过的，是最不适应的淘汰页。

对于某一个作业，按调入顺序把主存中的页设置成循环队。当发生缺页中断并进行置换时，按以下步骤进行：

1）进行第 1 轮扫描，寻找访问位="0"且修改位="0"的页进行置换。此时，当访问位的值为"1"时，不改变。若找不到，执行下一步。

2）进行第 2 轮扫描，寻找访问位="0"且修改位="1"的页进行置换。当访问位的值为"1"时，把"1"改为"0"。若找不到，执行下一步。

3）进行第 3 轮扫描，此时，所有页的访问位="0"，再重复第 1）步，找到上述第 3 种情况的页置换。若找不到，则重复第 2）步，此时一定能找到上述第 4 种情况的页置换。

这种改进的页面置换算法，减少了 I/O 操作的次数，提高了系统效率，但增加了系统开销，特别是增加了扫描次数。

8. 管理特点

采用页式虚拟存储管理方式具有以下特点：

- 作业可以不必全部装入主存就能运行。事先要把作业分成大小相等的"页"，把主存分成与页大小相等的块，先装入一些必需的页，运行时再装入所需要的页。
- 与全部装入主存的存储管理方式相比，可以节省主存空间，增加并发执行的作业个数，提高系统的利用率。
- 由于运行时没有把作业全部装入主存，其余页是在运行时，利用中断和页面置换算法装入的。这样，增加了程序运行的时间，加大了系统的硬件开销。

3.8.3　页式虚拟存储管理例题

【例 3-8】在一个页式虚拟存储管理系统中，一个程序的页面走向为 6、0、1、2、0、3、0、4、2、3，分别采用最佳置换算法、先进先出置换算法和最近最久未使用算法完成下列要求。设分配给该程序的存储块数 M=3，每调进一个新页就发生一次缺页中断。

（1）试完成下表：

时刻	1	2	3	4	5	6	7	8	9	10
访问顺序	6	0	1	2	0	3	0	4	2	3
M=3										
F										

（2）求缺页中断次数 F 和缺页率 f。

【解】（1）采用最佳置换算法。

时刻	1	2	3	4	5	6	7	8	9	10
访问顺序	6	0	1	2	0	3	0	4	2	3
M=3	6	6	6	2	2	2	2	2	2	2
		0	0	0	0	0	0	4	4	4
			1	1	1	3	3	3	3	3
F	1	2	3	4		5		6		

缺页中断次数 F=6，缺页率 f=6/10=60%。

（2）采用先进先出置换算法。

时刻	1	2	3	4	5	6	7	8	9	10
访问顺序	6	0	1	2	0	3	0	4	2	3
M=3（队）	6	6	6	0	0	1	2	3	0	4
		0	0	1	1	2	3	0	4	2
			1	2	2	3	0	4	2	3
F	1	2	3	4		5	6	7	8	9

缺页中断次数 F=9，缺页率 f=9/10=90%。

（3）采用最近最久未使用算法。

时刻	1	2	3	4	5	6	7	8	9	10
访问顺序	6	0	1	2	0	3	0	4	2	3
M=3（栈）			1	2	0	3	0	4	2	3
		0	0	1	2	0	3	0	4	2
	6	6	6	0	1	2	2	3	0	4
F	1	2	3	4		5		6	7	8

缺页中断次数 F=8，缺页率 f=8/10=80%。

【例 3-9】在一个页式虚拟存储管理系统中，假定作业的页面走向为 2、3、2、1、5、2、4、5、3、2、5、2。试用先进先出置换算法，分别计算出当系统分配给一个作业的物理块数为 2、3、4 时，程序访问过程中所发生的缺页次数，并说明是什么问题？

【解】（1）当物理块数为 2 时，按先进先出置换算法的缺页次数为 10 次，如下表所示：

时刻	1	2	3	4	5	6	7	8	9	10	11	12
访问顺序	2	3	2	1	5	2	4	5	3	2	5	2
M=2（队）	2	2	2	3	1	5	2	4	5	3	2	2
		3	3	1	5	2	4	5	3	2	5	5
F	1	2		3	4	5	6	7	8	9	10	

（2）物理块数为 3 时，按先进先出置换算法的缺页次数为 9 次，如下表所示：

时刻	1	2	3	4	5	6	7	8	9	10	11	12
访问顺序	2	3	2	1	5	2	4	5	3	2	5	2
M=3（队）	2	2	2	2	3	1	5	5	2	2	4	3
		3	3	3	1	5	2	2	4	4	3	5
				1	5	2	4	4	3	3	5	2
F	1	2		3	4	5	6		7		8	9

（3）物理块数为 4 时，按先进先出置换算法的缺页次数为 6 次，如下表所示：

时刻	1	2	3	4	5	6	7	8	9	10	11	12
访问顺序	2	3	2	1	5	2	4	5	3	2	5	2
M=4（队）	2	2	2	2	2	2	3	3	3	1	1	1
		3	3	3	3	3	1	1	1	5	5	5
				1	1	1	5	5	5	4	4	4
					5	5	4	4	4	2	2	2
F	1	2		3	4		5			6		

这说明了随着分配给作业的物理块数的增多，作业的缺页次数会减少。

【例 3-10】在一个页式虚拟存储管理系统中，主存容量为 1MB，被划分为 256 块，每块为 4KB。假设用户区的基址为 0，现有一作业，它的页表如下：

页号	块号	状态
0	24	1
1	26	1
2	32	1
3	-1	0
4	-1	0

（1）若给定一逻辑地址为 9016，其物理地址为多少？

（2）若给定一逻辑地址为 12300，给出其物理地址的计算过程。

【解】（1）逻辑地址为 9016 时，因为 9016/4096 商为 2，余数为 824，所以页号为 2，页内地址为 824。从页表中可知，该页被装入主存的第 32 块，所以，其物理地址为：

32*4*1024+824=131896

（2）根据（1）可知，12300/4096 商为 3，余数为 12，即页号为 3，页内地址为 12。由页表可知，该页在辅存中，产生缺页中断，中断处理程序将该页从外存装入主存相应的块中，把块号填入页表中再进行地址转换。

本章小结

存储器管理的主要任务是分配主存储器，主要目的是提高主存储器的使用效率。它的主要功能有：主存的分配与回收、地址转换与主存保护、主存的扩充。

通过本章的学习，读者应熟悉和掌握以下基本概念：

逻辑地址、物理地址、地址转换、静态重定位、动态重定位、“碎片”、移动技术、对换技术。

通过本章的学习，读者应熟悉和掌握以下基本知识：

（1）连续存储管理方式：用户作业运行前必须全部装入主存，并且存放在一个连续的主存空间里。具体有单用户连续存储管理、固定分区存储管理和可变分区存储管理三种方式。

（2）非连续存储管理方式：用户作业运行前必须全部装入主存，但是，可以不放在一个连续的主存空间里。具体有页式存储管理、段式存储管理和段页式存储管理三种方式。

（3）虚拟存储管理方式：用户作业运行前不必全部装入主存，也不必放在一个连续的主存空间里，使小主存可以运行大作业。

（4）存储管理的学习要点：首先，明确主存空间的使用情况和作业的分配情况，即采用的数据结构；其次，根据该数据结构，完成主存空间的分配与回收、地址转换与存储保护，以及该管理方式的优点与不足。

习题

一、单项选择题

1．把程序地址空间中使用的逻辑地址变成主存中使用的物理地址的过程称为（ ）。

A）加载　　B）重定位

C）物理化　　D）逻辑化

2．在可变分区管理方式中，最优适应算法是将空闲分区在空闲分区表中按（ ）次序排列。

A）地址递增　　B）地址递减

C）容量递增　　D）容量递减

3．在可变分区存储管理方式中的移动技术可以（ ）。

A）集中空闲区　　B）增加主存容量

C）缩短访问时间　　D）加速地址转换

4．在固定分区存储管理方式中，每个分区的大小（ ）。

A）相同　　B）随作业长度变化

C）可以不同但预先固定　　D）可以不同但根据作业长度固定

5．采用固定分区存储管理方式分配主存的最大缺点是（ ）。

A）不利于存储保护　　B）分配算法复杂

C）主存利用率不高　　D）零头太多

6．在下列存储管理方案中，可用上下限地址寄存器实现存储保护的是（ ）。

A）固定分区存储管理　　B）段页式存储管理

C）段式存储管理　　D）页式存储管理

7. 在以下存储管理方案中，不适用于多道程序设计系统的是（　）。

A）单用户连续存储管理　　B）固定分区存储管理

C）可变分区存储管理　　D）页式存储管理

8. 在可变分区存储管理方式中，某一程序完成后，系统收回其主存空间，并与相邻空闲区合并，为此需修改空闲分区表，造成空闲区数减 1 的情况是（　）。

A）无上邻空闲区，也无下邻空闲区

B）有上邻空闲区，但无下邻空闲区

C）无上邻空闲区，但有下邻空闲区

D）有上邻空闲区，也有下邻空闲区

9. 最坏适应分配算法的空闲分区是（　）。

A）按空间递减顺序排列的　　B）按空间递增顺序排列的

C）按地址由小到大排列的　　D）按地址由大到小排列的

10. 在页式存储管理方式下，程序员编制的程序其地址空间是连续的，分页是由（　）完成的。

A）程序员　　B）编译地址

C）用户　　D）系统

11. 在存储管理方式中，采用交换技术的目的是（　）。

A）节省主存空间　　B）物理上扩充主存容量

C）提高 CPU 的利用率　　D）实现主存共享

12. 动态重定位技术依赖于（　）。

A）重定位装入程序　　B）重定位寄存器

C）地址机构　　D）目标程序

13. 联想寄存器在计算机系统中是用于（　）的。

A）存储文件信息　　B）与主存交换信息

C）主存地址变换　　D）主存管理信息

14. 在采用段式存储管理的系统中，若地址用 24 位表示，其中 8 位表示段号，则允许每段的最大长度是（　）。

A）2^{24}　　B）2^{16}

C）2^{8}　　D）2^{32}

15. 很好地解决了“碎片”问题的存储管理方式是（　）。

A）页式存储管理　　B）段式存储管理

C）固定分区存储管理　　D）可变分区存储管理

16. 虚拟存储器的最大容量是（　）。

A）内外存容量之和　　B）由计算机的地址结构决定的

C）任意的　　D）由作业的地址空间决定的

17. 在页式虚拟存储器系统中，若作业在主存中占 3 块（开始时为空），采用先进先出置换算法，当执行访问页号序列为 1、2、3、4、1、2、5、1、2、3、4、5、6 时，将产生（　）次缺页中断。

A）7　　B）8　　C）9　　D）10

18．系统“抖动”现象的发生是由（　）引起的。

A）置换算法选择不当　　B）交换的信息量过大

C）主存容量不足　　D）分页式虚拟存储管理

19．虚拟存储管理系统的基础是程序的（　）理论。

A）局部性　　B）全局性　　C）动态性　　D）虚拟性

20．设主存的容量为 8MB，辅存的容量为 50MB，计算机地址寄存器是 24 位，则虚拟存储器的实际容量为（　）。

A）8MB　　B）58MB　　C）50MB　　D）2^{24}B

二、填空题

1．把作业装入主存中随即进行地址变换的方式称为________。在作业执行期间，当访问到指令或数据时才进行地址转换的方式称为________。

2．主存中一系列物理存储单元的集合称为________。

3．多道程序设计的引入给存储管理提出了新的课题，应考虑的 3 个问题是________、________、________。

4．分区存储管理不能实现虚拟的原因是________。

5．采用交换技术获得的好处是以牺牲________为代价的。

6．在页式存储管理系统中，利用页表、________和________实现主存的管理。

7．设有 8 页的逻辑空间，每页有 1KB，它们被映射到 32 块的物理存储区中。那么，逻辑地址的有效位是________位，物理地址至少是________位。

8．页表表目的主要内容包括________。

9．在页式和段式存储管理中，指令的地址部分的结构形式分别为________和________。

10．段表表目的主要内容包括________。

11．设一段表如下所示，逻辑地址（2，88）对应的物理地址是________。逻辑地址（4，100）对应的物理地址是________。

段号	段始址	段长
0	219	600B
1	2300	14B
2	90	100B
3	1327	580B
4	2952	96B

12．在段页式存储管理系统中，每道程序都有一个________表和一组________表。

13．在页式虚拟存储管理系统中，反复进行入页和出页的现象称为________。

14．在页式虚拟存储管理系统中，常用的页面置换算法是________和________。

15．在虚拟存储管理中，虚拟地址空间是指逻辑地址空间，实地址空间是指________；前者的大小只受________的限制，而后者的大小受________的限制。

三、判断题

（　）1．在可变分区管理方式中，会出现许多碎片，这些碎片很小时将无法使用，尤其是采用最优适应算法就更为严重。

（　）2．每个作业都有自己的地址空间，地址空间中的地址都是相对于起始地址“0”单元的，因此逻辑地址就是相对地址。

（　）3．按最先适应算法分配的分区，一定与作业要求的容量大小最接近。

（　）4．页表的作用是实现逻辑地址到物理地址的映射。

（　）5．在页式存储管理中，减少页面大小可以减少主存的浪费，所以页面越小越好。

（　）6．页式存储管理方式易于实现用户使用主存空间的动态扩充。

（　）7．一个虚拟存储器，其地址空间的大小等于辅存的容量加上主存的容量。

（　）8．对于页式虚拟存储管理系统，若把页面的大小增加一倍，则缺页中断次数会减少一半。

（　）9．虚拟存储思想是把作业地址空间和主存空间视为两个不同的地址空间，前者称为虚存，后者称为实存。

（　）10．在页式虚拟存储管理系统中，页面的大小与可能产生的缺页中断次数无关。

四、名词解释题

1．地址重定位
2．作业空间与存储空间
3．静态重定位与动态重定位
4．绝对地址与相对地址（物理地址与逻辑地址）
5．移动
6．对换
7．碎片
8．快表
9．抖动
10．虚拟存储器

五、简答题

1．请列举日常生活中下列存储管理的实例。

（1）单用户连续存储管理方式。
（2）固定分区存储管理方式。
（3）可变分区存储管理方式。
（4）页式存储管理方式。
（5）段式存储管理方式。
（6）段页式存储管理方式。
（7）虚拟存储管理方式。

2．常用的主存保护方法有哪些？其特点是什么？

3．段式存储管理和页式存储管理的区别是什么？

4．页式虚拟存储管理的缺页中断率是什么？影响缺页中断率的因素有哪些？

5．简述常用的页面调度算法。

6．为实现页式虚拟存储管理，页表中至少应包括哪些内容？

六、应用题

1．主存大小为512KB，前100KB为系统区，其余的空间为用户区。采用固定分区管理，划分为四个分区，分区分配表如下所示。各分区的初始状态为“0”，表示可用。

序号	始址	大小	状态
0	100K	70KB	0
1	170K	130KB	0
2	300K	80KB	0
3	380K	132KB	0

现有一个作业申请队列J1、J2、J3、J4、J5，大小为80KB、60KB、30KB、120KB、80KB，按固定分区分配主存空间后，试修改分区分配表，并画出主存空间作业的分配示意图，说明主存空间浪费有多大。

2．设作业A（30KB）、B（70KB）和C（50KB）依次请求主存分配，主存现有F1（100KB）、F2（50KB）两个空闲区，如下图所示。分别采用最先适应算法、最优适应算法和最坏适应算法，画出主存分配情况图。

F1（100KB）
F2（50KB）

3．假设主存用户区大小为200MB，作业的大小为100KB，页面大小为4KB，采用页式存储管理方式管理主存，请计算位示图和页表的大小。

4．在页式存储管理方式下，若用户区的起始地址为2000，页面大小为4KB，已装入主存的作业的页表如下所示：

页号	块号
0	3
1	9
2	10
3	15
4	23

请计算下列逻辑地址所对应的物理地址：376、2872、18702、4769、20837。

5．在页式存储管理系统中，某作业的逻辑地址空间为 4 页，每页 2KB。用户区的基址为 1000，且已知该作业的页表如下所示：

页号	块号
0	2
1	7
2	9
3	12

试借助地址转换图（即要求画出地址转换图）求出有效逻辑地址 4972 所对应的物理地址。

6．在一个段式存储管理系统中，其段表如下所示：

段号	段始址	段长
0	210	500B
1	2350	20B
2	100	90B
3	1350	500B
4	1938	95B

试求下述逻辑地址对应的物理地址。

段号	段内地址
0	430
1	10
2	500
3	400
4	112
5	32

7．某个采用段式存储管理的系统为装入主存的一个作业建立了如下段表：

段号	段始址	段长
0	2110	630B
1	3500	140B
2	190	100B
3	1200	520B
4	3900	970B

（1）给出该段式地址的转换过程。

（2）计算该作业访问主存地址为（0，337）、（1，100）、（2，200）、（3，550）、（4，850）时的物理地址。

8．一个矩阵 a[100][100]按行存储。有一个虚存系统，物理主存共有三页，其中一页用来存放程序，其余两页用来存放数据。假设程序已在主存中占有一页，其余两页为空。

```
程序 A：for(i=0;i<100;i++)
          for(j=0;j<100;j++)
             a[i][j]=0;
程序 B：for(i=0;i<100;i++)
          for(j=0;j<100;j++)
             a[j][i]=0;
```

若每页可放 200 个数据，程序 A 和程序 B 的执行过程各会发生多少次缺页中断？若每页只能存放 100 个数据呢？以上说明了什么问题？

9．在一个页式虚拟存储管理系统中，一个程序的页面走向为 4、3、2、1、4、3、5、4、3、2、1、5。利用最近最久未使用算法：

（1）当分配给程序 4 个存储块时，求出该程序的页面中断次数。

（2）当分配给程序 3 个存储块时，求出该程序的页面中断次数。

（3）以上结果说明了什么问题？

10．在一个页式虚拟存储管理系统中，一个程序的页面走向为 2、4、1、2、5、0、6、3、0、4、2、3，设分配给该程序的存储块数 M=3，每调进一个新页就发生一次缺页中断。当分别采用最佳置换算法、先进先出置换算法和最近最久未使用置换算法时，求缺页的次数和缺页中断率。

11．在一个页式虚拟管理系统中，主存容量为 1MB，被划分为 256 块，每块为 4KB。现有一作业，它的页面变换表如下所示：

页号	块号	状态
0	24	0
1	26	0
2	32	0
3	-	1
4	-	1

（1）若给定一逻辑地址为 9016，其物理地址为多少？

（2）若给定一逻辑地址为 12300，试给出其物理地址的计算过程。

12．设作业的虚拟地址为 24 位，其中高 8 位为段号，低 16 位为段内相对地址。试问：

（1）一个作业最多可以有多少段？

（2）每段的最大长度为多少字节？

（3）某段式存储管理采用如下段表，试计算（0，430）、（1，50）、（2，30）、（3，70）的主存地址。

段号	段长	段始址	是否在主存
0	600B	2100	1
1	40B	2800	1
2	100B		0
3	80B	4000	1

第 4 章　设备管理

本章主要内容

- 设备管理概述
- 输入输出系统
- 设备分配与回收
- 设备处理
- 设备管理采用的技术

本章教学目标

- 熟悉设备管理的主要功能
- 掌握输入输出控制的三种方式
- 掌握缓冲技术和 SPOOLing 技术
- 掌握设备的分配
- 熟悉设备的处理

4.1　设备管理概述

设备是指计算机系统中的外部设备，它包括外存、输入设备和输出设备（I/O 设备）。外存的管理和使用，请参考第 5 章文件管理。本章主要介绍输入设备和输出设备的管理。设备管理是操作系统的主要功能之一，它是在多道程序设计环境下，研究如何让多个用户作业同时使用输入输出设备充分发挥设备作用的问题。本节主要介绍设备管理的任务、设备管理的主要功能和设备的分类。

4.1.1　设备管理的主要任务

设备管理的主要任务是完成用户提出的输入输出请求，为用户分配输入输出设备，提高 CPU 与输入输出设备的利用率，提高输入输出设备的速度，方便用户使用输入输出设备。

4.1.2　设备管理的主要功能

设备管理的主要功能有缓冲管理、设备分配与回收、设备处理和虚拟设备等。缓冲管理的任务是管理好各种类型的缓冲区，协调各类设备的工作速度，提高系统的使用效率。它通过单缓冲区、双缓冲区或缓冲池等机制来实现。设备分配与回收的任务是根据用户提出的输入输出请求为其分配所需要的设备，用户使用完后，回收分配的设备。它通过设备控制表、控制器控制表、通道控制表和系统设备表记录设备的使用情况，实现设备的分配与回收。设备处理的任务是实现 CPU 和设备控制器之间的通信。它通过相应的设备处理程序来实现。虚拟设备的功能是把每次只允许一个进程使用的物理设备改造为能同时供多个进程共享的设备。

4.1.3 设备的分类

计算机系统配有各种各样的设备，常见的有显示器、键盘、磁盘、光驱、打印机、绘图仪、鼠标、音箱、话筒等。可以从设备的从属关系、操作特性、设备共享属性或信息交换单位对外部设备进行分类。

1. 按设备的从属关系分类

按设备的从属关系可以把设备分为系统设备和用户设备。系统设备是指操作系统生成时已经登记在操作系统中的标准设备，如键盘、显示器、打印机等。用户设备是指操作系统生成时未登记在操作系统中的非标准设备，如绘图仪、扫描仪等。

2. 按操作特性分类

按操作特性可以把设备分为存储设备和输入输出设备。存储设备是指用来存放信息的设备，如磁盘、磁带等。输入输出设备是指向 CPU 传输信息和输出加工处理信息的设备，如键盘、显示器、打印机等。

3. 按设备共享属性分类

按设备共享属性可以把设备分为独享设备、共享设备和虚拟设备。独享设备是指在一段时间内只允许一个进程访问的设备。系统一旦把这种设备分配给一个进程后，便由该进程独占，直到用完释放后其他进程才能使用。多数低速设备都属于此类设备，如打印机。共享设备是指在一段时间内允许多个进程访问的设备，如磁盘。虚拟设备是指通过虚拟技术将一台独占设备变换为若干台逻辑设备，供若干个进程同时使用的设备，如虚拟打印机。

4. 按信息交换单位分类

按信息交换单位可以把设备分为块设备和字符设备。块设备指处理信息的基本单位是字符块。一般块的大小为 512B～4KB，如磁盘、磁带等。字符设备指处理信息的基本单位是字符，如键盘、显示器、打印机等。

4.2 输入输出系统

输入输出系统是设备管理的主要对象，要想熟悉设备管理，就必须首先了解输入输出系统。本节主要介绍输入输出系统的结构、输入输出设备控制器、输入输出通道和输入输出系统的控制方式。

4.2.1 输入输出系统的结构

对于不同规模的计算机系统，其输入输出系统的结构也有差异。通常把输入输出系统的结构分成两大类：微机输入输出系统和主机输入输出系统。

1. 微机输入输出系统

微机输入输出系统一般采用总线输入输出系统结构，如图 4-1 所示。

从图中可以看出，CPU 和主存是直接连接到总线上的。输入输出设备是通过设备控制器连接到总线上。CPU 并不直接与输入输出设备进行通信，而是与设备控制器进行通信，并通过它去控制相应的设备。因此，设备控制器是处理器和设备之间的接口。应根据设备的类型，给设备配置与之相应的控制器，如磁盘控制器、打印机控制器等。

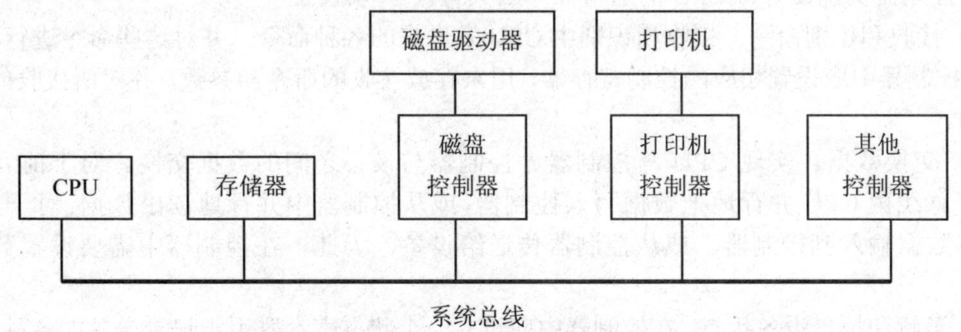

图 4-1　总线型输入输出系统结构

2. 主机输入输出系统

当主机所配置的输入输出设备较多时，特别是配有较多的高速外设时，采用总线型输入输出系统结构会加重 CPU 与总线的负担。因此，在这样的输入输出系统中不宜采用单总线结构，而是增加一级输入输出通道，用来代替 CPU 与各设备控制器进行通信，实现对控制器的控制。具有通道的输入输出系统结构如图 4-2 所示。

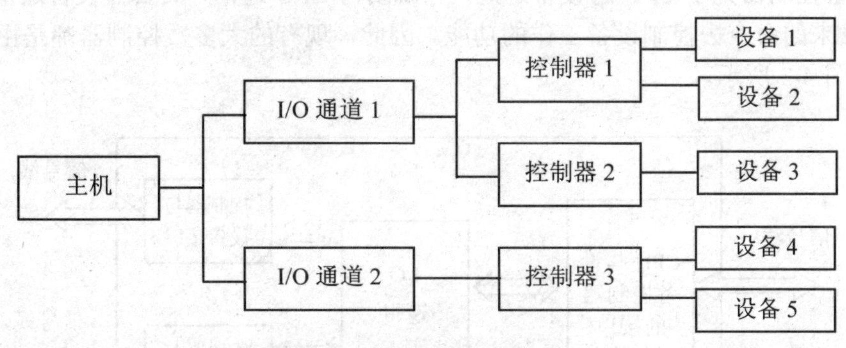

图 4-2　通道输入输出系统结构

其中，输入输出系统共分为 4 级：最低级为输入输出设备，次低级为设备控制器，次高级为输入输出通道，最高级为主机。一个通道可以控制一个设备控制器或多个设备控制器，而一个设备控制器也可以控制一个设备或多个设备。

4.2.2　设备控制器

1. 设备控制器的概念

设备控制器是 CPU 与外围设备之间的接口，是一个可编址设备，每一个地址对应一个设备。它接收从 CPU 发来的命令，并去控制输入输出设备的工作，使 CPU 从繁杂的设备控制事务中解脱出来，提高 CPU 的使用效率。

设备控制器一般分成两大类：一类是用于控制字符设备的控制器；另一类是用于控制块设备的控制器。微型机和小型机的控制器，常做成印制电路卡形式，也称为接口卡，可以将它插入计算机中，如微机中的显示卡、网卡。有些控制器可以处理两个、四个或八个同类设备。

2. 设备控制器的功能

设备控制器实现设备与 CPU 的通信，一般具有以下功能：

（1）接收和识别命令。接收和识别由 CPU 发送来的各种命令，并对这些命令进行译码。为此，在控制器中应设置相应的控制寄存器，用来存放接收的命令和参数，并对所接收的命令进行译码。

（2）交换数据。实现 CPU 与控制器、控制器与设备之间的数据交换。对于前者，是通过数据总线由 CPU 并行地把数据写入控制器，或从控制器中并行地读出数据；对于后者，是设备将数据输入到控制器，或从控制器传送给设备。为此，在控制器中需要设置数据寄存器。

（3）了解和报告设备状态。在控制器中应设立一个状态寄存器用于记录设备的各种状态，以供 CPU 使用。例如，仅当该设备处于发送就绪状态时，CPU 才能启动控制器从设备中读出数据。为此，在控制器中应设置一个状态寄存器，用其中的每一位来反映设备的某一种状态。当 CPU 将该寄存器的内容读入后，便可以了解该设备的状态。

（4）识别地址。系统为每个设备配置一个地址，设备控制器要能识别这些地址。此外，为使 CPU 能向寄存器中写入数据，或从寄存器中读取数据，这些寄存器应具有惟一的地址。

3. 设备控制器的组成

由于设备控制器处于 CPU 与设备之间，它既要与 CPU 通信，又要与设备通信，还应具有按照 CPU 发来的命令去控制设备工作的功能。因此，现有的大多数控制器都是由以下三部分组成的，如图 4-3 所示。

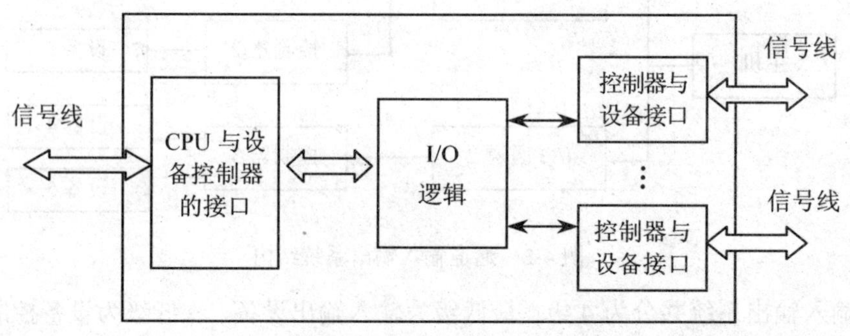

图 4-3 设备控制器的组成

（1）CPU 与设备控制器的接口。该接口用于实现 CPU 与设备控制器之间的通信。共有三类信号线：数据线、地址线和控制线。

（2）设备控制器与设备的接口。控制器中的输入输出逻辑根据处理器发送来的地址信号，去选择一个设备接口。一个设备接口连接一台设备。

（3）输入输出逻辑。输入输出逻辑用于实现对输入输出设备的控制。它通过一组控制线与处理器交互，处理器利用该逻辑向控制器发送输入输出命令；输入输出逻辑对收到的命令进行译码。每当 CPU 要启动一个设备时，一方面将启动命令发送给控制器，另一方面又同时通过地址线把地址发送给控制器，由控制器的输入输出逻辑对收到的地址进行译码，再根据所译出的命令对所选择的设备进行控制。

4.2.3　输入输出通道

1. 输入输出通道的概念

输入输出通道是指专门负责输入输出工作的处理器。它有自己的指令系统（包含数据传送指令和设备控制指令），能按照指定的要求独立地完成输入输出操作。中央处理器可以做相应的计算操作，从而使系统获得 CPU 与外设的并行处理能力。

2. 输入输出通道的分类

输入输出通道是用于控制外围设备的。由于外围设备的类型较多，且其传输速率相差较大，因而也使通道具有多种类型。根据信息交换方式的不同，把通道分成三种类型：字节多路通道、数据选择通道和数组多路通道。

（1）字节多路通道。字节多路通道通常都含有许多非分配型子通道，其数量可以从几十到数百个，每一个子通道连接一台输入输出设备，这些子通道按时间片轮转方式共享主通道，如图 4-4 所示。

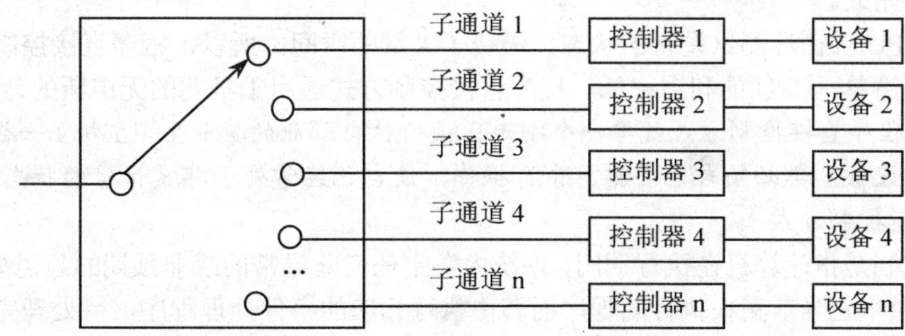

图 4-4　字节多路通道示意图

当第一个子通道控制其输入输出设备完成一个字节的交换后，便立即腾出字节多路通道（主通道），让给第二个子通道使用；当第二个子通道也交换完一个字节后，又同样把主通道让给第三个子通道，依此类推。当所有子通道轮转一周后，又返回来由第一个子通道去使用字节多路通道。这样，只要字节多路通道扫描每个子通道的速率足够快，而连接到子通道上的设备的速率不是太高时，也就是，通过字节多路通道来连接低速或中速设备时，便不会丢失信息。

（2）数据选择通道。数据选择通道可以连接多台高速设备，但是，由于它只含有一个分配型子通道，在一段时间内只能执行一个通道程序，控制一台设备进行数据传送，致使当某台设备占用了该通道后，便一直由它独占，即使无数据传送，通道被闲置也不允许其他设备利用，直至该设备传送完毕后释放该通道。虽然数据选择通道有很高的传输速率，但是，它每次只允许一个设备传输数据。所以，这种通道利用率很低。

（3）数组多路通道。数组多路通道是将数据选择通道传输速率高和字节多路通道能使各子通道（设备）分时并行操作的优点相结合而形成的一种新通道。它含有多个非分配型子通道，因而这种通道既具有很高的数据传输速率，又能获得令人满意的通道利用率。所以，该通道被广泛地用于连接多台高、中速的外围设备，其数据传送是按数组方式进行的。

4.2.4 输入输出系统的控制方式

输入输出系统的控制方式有四种：程序直接控制方式、中断控制方式、直接存储器存取控制方式和通道控制方式。

1. 程序直接控制方式

程序直接控制方式也称为“忙—等待”方式，即在一个设备的操作没有完成时，控制程序一直检测设备的状态，直到该操作完成，才能进行下一个操作。程序直接控制方式的步骤如下：

（1）当用户需要输入数据时，由处理器向设备控制器发出一条输入输出指令，启动设备进行输入。在设备输入数据期间，处理器通过循环执行测试指令不间断地检测设备状态寄存器的值，当状态寄存器的值显示设备输入完成时，处理器将数据寄存器中的数据取出，送入主存指定的存储单元，然后再启动设备去读取下一个数据。

（2）当用户进程需要向设备输出数据时，也必须同样发出启动命令启动设备输出，并等待输出操作完成。

因为 CPU 要循环测试设备的状态，浪费了大量的时间，所以，程序直接控制方式的特点是工作过程简单，CPU 的利用率低。程序直接控制方式适用于早期的无中断的计算机系统。

说明：程序直接控制方式就像一个刚走出校门独自创业的毕业生（主机）一样，所有工作（输入输出设备）都必须自己安排、亲自操作，使自己经常处于非常忙碌的状态。

2. 中断控制方式

中断控制是指计算机在执行期间，系统内发生任何非寻常的或非预期的急需处理事件，使得 CPU 暂时中止当前正在执行的程序而转去执行相应的事件处理程序，待处理完毕后又返回原来被中止处继续执行或调度新的进程执行的过程。对输入输出设备的控制由相应的中断处理程序完成。在中断控制方式下，数据的输入步骤如下：

（1）需要输入数据的进程，通过 CPU 发出启动指令，启动外设输入数据。该指令同时还将状态寄存器中的中断允许位打开。

（2）在进程发出指令启动设备之后，该进程放弃处理器，等待输入完成。从而，进程调度程序调度其他就绪进程占据处理器。

（3）当输入完成时，输入输出控制器通过中断请求线向 CPU 发出中断信号。CPU 在接收到中断信号后，转向设备中断处理程序。设备中断处理程序将输入数据寄存器中的数据传输到某一特定主存单元中，给要求输入的进程使用。同时，还把等待输入完成的那个进程唤醒，再返回到被中断的进程继续执行。

（4）在以后的某个时刻，进程调度程序选中提出请求输入的进程，该进程从约定的主存单元中取出数据作进一步处理。

中断控制方式比程序直接控制方式提高了 CPU 的利用率。每输入输出一个数据都会发生中断，传输一组数据需要多次中断，浪费了 CPU 的处理时间。中断控制方式应用于现代计算机系统中。

说明：中断控制方式就像一个有几年创业经验的且开始雇佣几个人为其工作的人（主机）一样，所有工作（输入输出设备）都必须自己安排，但是，当自己忙于某一事情（数据计算）时，可以把手头的工作（设备控制）交给手下人（中断处理程序）处理，以提高工作效率。

3. 直接存储器存取控制方式（DMA）

采用中断控制方式，数据的输入和输出是以字节为单位进行的。每传送一个字节的数据，控制器就向 CPU 请求中断一次，使 CPU 在数据传送时仍然处于忙碌状态。这样就产生了直接存储器存取方式。直接存储器存取方式是指对输入输出设备的控制由 DMA 控制器完成，在 DMA 控制器的作用下，设备和主存之间可以成批地进行数据交换，而不用 CPU 的干涉。在直接存储器存取控制方式下，数据的输入步骤如下：

（1）当进程要求设备输入一批数据时，CPU 将设备存放输入数据的主存始址以及要传送的字节数分别送入 DMA 控制器中的地址寄存器和传送字节计数器中；另外，将中断位和启动位置为 1，以启动设备开始进行数据输入并允许中断。

（2）发出数据要求的进程进入等待状态，进程调度程序调度其他进程占据 CPU。

（3）输入设备不断地挪用 CPU 工作周期，将数据寄存器中的数据源源不断地写入主存，直到所要求的字节全部传送完毕。

（4）DMA 控制器在传送字节数完成时，通过中断请求线发出中断信号，CPU 收到中断信号后转去执行中断处理程序，唤醒等待输入完成的进程，并返回被中断的程序。

（5）在以后的某个时刻，进程调度程序选中提出请求输入的进程，该进程从指定的主存始址取出数据作进一步处理。

采用直接存储器存取控制方式，数据的传送方向、存放数据的主存始址及传送数据的长度等都由 CPU 控制，具体的数据传送由 DMA 控制器负责，每台设备需要配一个 DMA 控制器，这样输入输出数据的传输速度快，CPU 负担少。直接存储器存取控制方式适用于块设备的数据传输。

说明：直接存储器存取控制方式就像一个具有一定创业经验和一定企业规模的人（主机）一样，自己不再从事具体的事务管理，而把自己的工作人员（输入输出设备）分成若干部门，并任命了经理（设备控制器）负责各个部门的工作，自己作为总经理，只需要发布一些宏观的控制命令即可，从而提高自己的工作效率。

4. 通道控制方式

采用 DMA 控制方式，数据的输入和输出是以数据块为单位进行的。每传送一个数据块的数据，DMA 控制器就向 CPU 请求中断一次。虽然这样比中断方式减少了对 CPU 的中断次数，但是，当数据量较大时，仍需要 CPU 发出多次输入/输出指令来完成数据的传递。能否让 CPU 发出一次输入/输出指令，就可以完成一组数据块的传递呢？由此产生了通道控制方式。通道控制方式是一种以主存为中心，是设备与主存直接交换数据的控制方式。CPU 只需要发出启动指令，指出通道相应的操作和输入输出设备，该指令就可以启动通道并使该通道从主存中调出相应的通道指令执行，完成一组数据块的输入/输出。

在通道控制方式下，数据输入步骤如下：

（1）当进程要求输入数据时，CPU 发出启动指令指明输入输出操作、设备号和对应的通道。

（2）对应通道接收到 CPU 发来的启动指令后，把存放在主存中的通道指令程序读出，并执行通道程序，控制设备将数据传送到主存中指定的区域。

（3）若数据传输结束，则向 CPU 发出中断请求。CPU 收到中断信号后转去执行中断处理程序，唤醒等待输入完成的进程，并返回被中断的程序。

（4）在以后的某个时刻，进程调度程序选中提出请求输入的进程，该进程从指定的主存始址取出数据作进一步处理。

采用通道控制方式，通道所需要的 CPU 干预更少，并可以实现 CPU、通道和输入输出设备三者之间的并行操作，从而更有效地提高整个系统资源的利用率。通道控制方式适用于现代计算机系统中的大量数据交换。

说明：通道控制方式就像一个取得巨大成就的企业家一样，企业的规模越来越大，成立了董事会，自己任董事长（主机），然后聘请若干个总经理（通道）来负责不同类型的企业，总经理所负责的企业又分成若干部门，由经理（设备控制器）负责各个部门的工作（输入输出设备）。董事长只需发布一些更宏观的控制命令就可以管理整个企业了，从而提高了工作效率。

4.3 设备分配与回收

当进程向系统提出输入输出请求之后，设备分配程序将按照一定的分配策略为其分配所需要的设备。同时还要分配相应的控制器和通道，以保证 CPU 与设备之间的通信。本节主要介绍设备分配中采用的数据结构、设备分配应考虑的因素、设备的分配、设备的回收及对设备分配程序的改进。

4.3.1 设备分配中的数据结构

为了实现对设备的管理和控制，需要对每台设备、通道、控制器的情况进行登记。设备分配主要采用的数据结构有设备控制表、控制器控制表、通道控制表和系统设备表，如图 4-5 所示。

设备控制表
设备类型
设备标识符
设备状态：忙/闲
指向控制器表的指针
重复执行次数或时间
设备队列的队首指针

控制器控制表
控制器标识符
控制器状态：忙/闲
与控制器连接的通道表指针
控制器队列的队首指针
控制器队列的队尾指针

通道控制表
通道标识符
通道状态：忙/闲
与通道连接的控制器表首址
通道队列的队首指针
通道队列的队尾指针

系统设备表
设备类型
设备标识符
指向设备控制表指针
驱动程序入口

图 4-5 设备控制表、控制器控制表、通道控制表和系统设备表

1. 设备控制表

系统为每台设备配置一张设备控制表，用于记录设备的特性及与输入输出控制器连接的情况。设备控制表中包括设备类型、设备标识符、设备状态、设备等待队列指针、输入输出控制器指针、设备相对号、占用作业名等。其中，设备状态用来表示设备是忙还是闲，设备等待队列指针指向等待使用该设备的进程组成的等待队列，输入输出控制器指针指向与该设备相连接

的输入输出控制器。

设备标识符也称为设备绝对号。它是指计算机系统对每台设备的编号。用户对每类设备的编号称为设备相对号，也称为设备类号。用户总是用设备的相对号提出使用设备的请求，系统为用户分配具体设备时就建立了“绝对号”与“相对号”的对应关系。这样，系统根据用户的使用要求，就知道应该启动哪台设备。

2. 控制器控制表

系统为每个控制器配置了一张控制器控制表，以反映控制器的使用状态，以及与通道的连接状况等。其内容包括控制器标识符、控制器状态、与控制器连接的通道表指针、控制器队列的队首指针、控制器队列的队尾指针等。其中与控制器连接的通道表指针指向该控制器的通道控制表。

3. 通道控制表

系统为每个通道配置一张通道控制表，以反映通道的使用状态。其内容包括通道标识符、通道状态、等待获得该通道的进程等待队列指针等。

4. 系统设备表

系统设备表也称为设备类表，整个系统配置一张。它记录已被连接到系统中的所有物理设备的情况，每个物理设备占一个表目，包括设备类型、拥有设备台数、现存设备台数、设备控制表指针等。其中设备控制表指针指向该设备对应的设备控制表。

这几张表的关系是，在系统设备表中有指向设备控制表的指针，在设备控制表中有指向该设备控制器控制表的指针，在控制器控制表中有指向与该控制器连接的通道控制表的指针。系统就是通过这种关系进行设备的分配与回收的。

4.3.2 设备分配应考虑的因素

在多道程序设计的系统环境中，多个进程会产生对某类设备的竞争问题，系统在进行设备分配时应考虑设备的使用性质、设备的分配算法、设备分配的安全性和设备的独立性。

1. 设备的使用性质

按照设备自身的使用性质，可以采用以下三种不同的分配方式：独享分配、共享分配、虚拟分配。独享分配适用于大多数低速设备，如打印机。共享分配适应于高速设备，如磁盘。虚拟分配适应于虚拟设备。根据设备的使用性质来决定一台设备可以分给几个进程。

2. 设备的分配算法

设备的分配算法主要是确定把设备先分给哪个进程。设备的分配算法有先来先服务和优先权两种。先来先服务算法是根据进程发出请求的先后顺序，把这些进程排成一个设备请求队列，设备分配程序总是把设备分配给队首进程。优先权算法是按照进程的优先权的高低进行设备分配，谁的优先权高就先把设备分给谁，对优先权相同的按照先来先服务的算法排队。

3. 设备分配的安全性

设备分配的安全性是指在设备分配中应防止发生进程的死锁。设备分配的安全性采用的方法有静态分配策略和动态分配策略，它们可以防止进程死锁。

（1）静态分配策略。静态分配策略是在作业级进行的，用户作业开始执行前，由系统一次分配给该作业所要求的全部设备、控制器和通道，直到该作业撤消为止。静态分配不会出现死锁，但设备利用率低。

（2）动态分配策略。动态分配策略是在进程执行过程中，根据执行的需要所进行的设备分配。当进程需要设备时，通过系统调用命令向系统提出设备请求，由系统按照事先规定的算法给进程分配所需要的设备、控制器和通道，用完以后立即释放。动态分配提高了设备的利用率，但是分配不当，会造成进程的死锁。

采用动态分配策略时，又分两种情况：一是，每当进程发出输入输出请求后便立即进入阻塞状态，直到所提出的输入输出请求完成才被唤醒。这种情况，设备分配是安全的，但进程推进缓慢。二是，允许进程发出输入输出请求后仍继续执行，且在需要时又可以发出第二个输入输出请求，第三个输入输出请求，……，仅当进程所请求的设备已被另一个进程占用时才进入阻塞状态。这样一个进程可以同时操作多个设备，从而使进程推进迅速，但有可能产生死锁。

4. 设备的独立性

设备的独立性是指用户在编制程序时所使用的设备与实际使用的设备无关。为此，要求用户程序对输入输出设备的请求采用逻辑设备名，而在程序实际执行时使用物理设备名，它们之间的关系类似存储管理中的逻辑地址和物理地址的关系。

4.3.3 设备分配

在并发进程环境中，设备分配是由系统完成的，以防止并发进程对设备的无序竞争。当进程提出设备请求时，系统启动设备分配程序，按照一定的算法为进程分配设备、设备控制器和通道。在这三种资源中，通道是最紧缺的资源，设备是最充足的资源，所以，设备分配的步骤是：先分配设备，再分配设备控制器，最后分配通道。

1. 分配设备

分配设备的过程如图 4-6 所示。

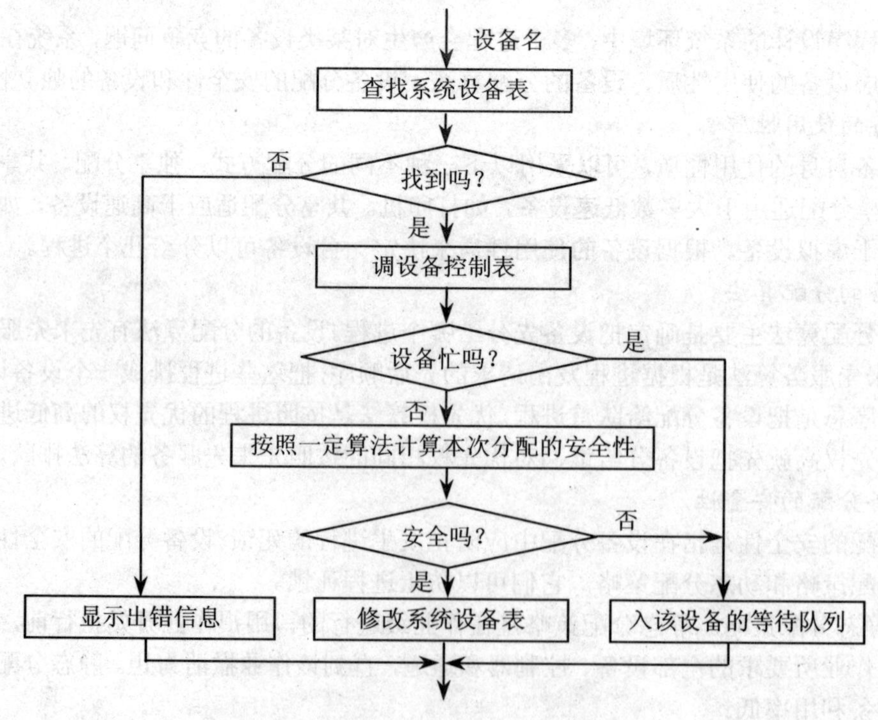

图 4-6 设备分配过程

根据进程提出的设备名查找系统设备表，若没有找到，则显示出错信息，并结束分配；否则，从中找到该设备的设备控制表，查看设备控制表中的设备状态字段。若该设备处于忙状态，则将进程插入到该设备的等待队列；若设备空闲，便按照一定的算法来计算本次设备分配的安全性。若分配不会引起死锁则进行设备分配，修改设备控制表，把状态字段的值由“0”改为进程名，并修改系统设备表；否则，将该进程插入到该设备的等待队列。

2. 分配设备控制器

分配设备控制器的过程如图 4-7 所示。在系统把设备分配给请求输入输出的进程后，再到设备控制表中找到与该设备相连的控制器控制表，从该表的状态字段中可知该控制器是否忙碌。若控制器忙，则将进程插入到等待该控制器的队列；否则，将该控制器分配给进程，即修改控制器控制表，把状态字段的值由“0”改为进程名。

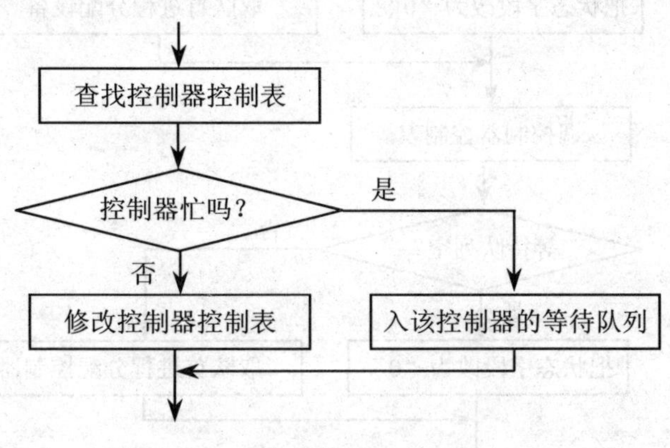

图 4-7　设备控制器分配过程

3. 分配通道

分配通道的过程如图 4-8 所示。

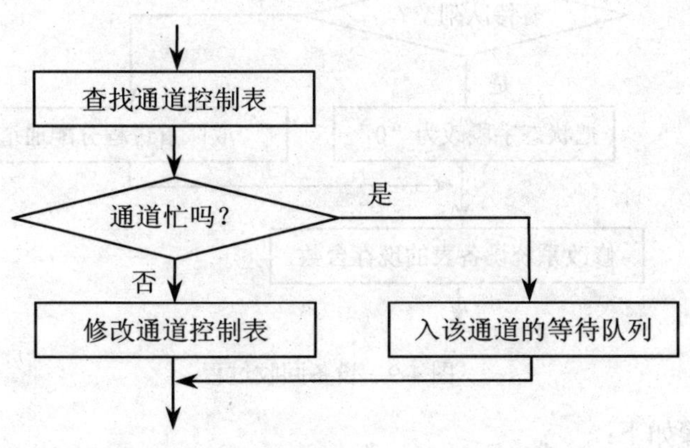

图 4-8　通道分配过程

在分配完设备控制器后，从控制器控制表中找到与该控制器相连的通道控制表，从该表的状态字段中可知该通道是否忙碌。若通道处于忙碌状态，则将该进程插入到等待该通道的队列；否则，将该通道分配给进程，即修改通道控制表，把状态字段的值由“0”改为进程名。

4.3.4 设备回收

当进程撤消或设备使用完毕后，要进行设备的回收，设备回收的过程如图 4-9 所示。

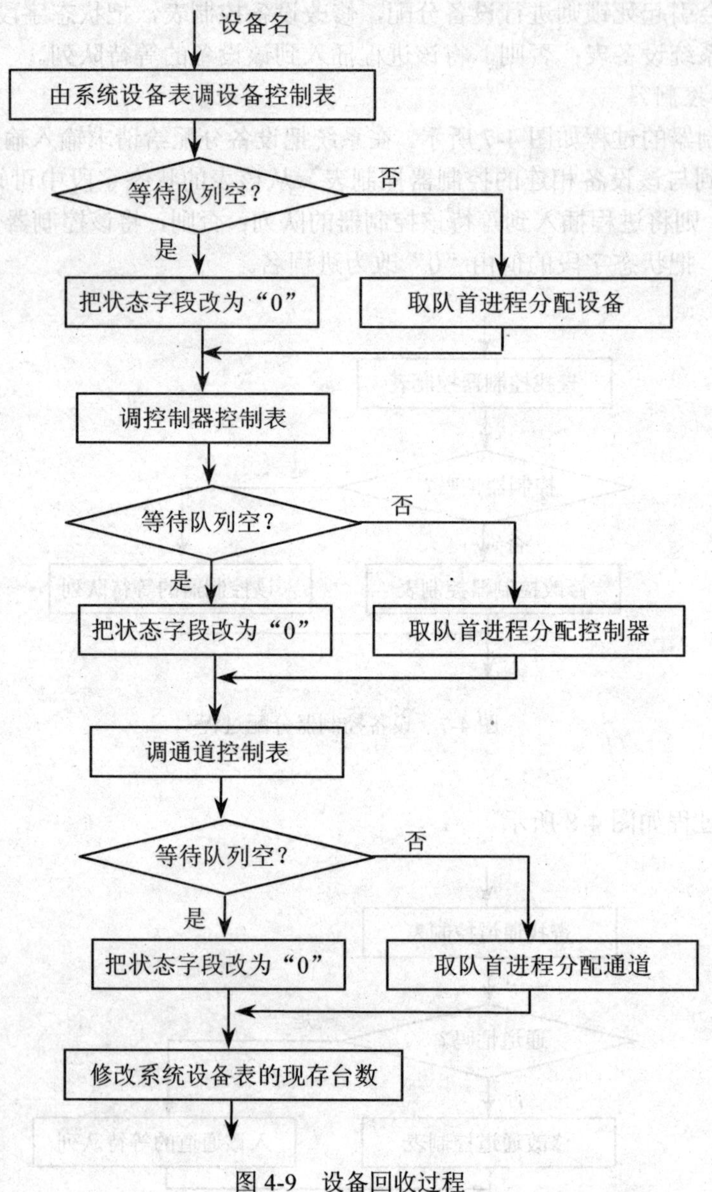

图 4-9 设备回收过程

设备回收的步骤如下：

（1）系统根据进程名在设备分配表中找到相应的记录，把设备状态修改为“0”表示未分配，若该设备的等待队列不空，则唤醒队首进程进行设备分配。

（2）到该设备的控制器控制表中，把其状态由进程名改为“0”，若该控制器的等待队列不空，则唤醒队首进程，进行控制器分配。

（3）到该控制器的通道控制表中，把其状态由进程名改为“0”，若该通道的等待队列不空，则唤醒队首进程进行通道分配。

（4）在系统设备表中把回收的设备台数添加到“现存设备台数”中。

4.3.5　对设备分配程序的改进

以上设备分配程序有两个特点，一是，进程是以物理设备名来提出输入输出请求的。二是，系统采用的是单通路的输入输出系统结构。这样的系统容易产生“瓶颈”现象。为此，对设备分配程序做以下改进：

（1）增加设备的独立性。进程应以逻辑设备名请求输入输出。系统首先根据系统设备表找到第一个该类设备的设备分配表，若该设备忙，则查找第二个该类设备的设备分配表，仅当所有该类设备都忙时，才把进程挂在该类设备的等待队列上。这样通过增加设备的独立性，提高了设备分配的安全性。

（2）考虑多通路情况。系统采用多通路的输入输出系统结构，如图 4-10 所示。即一个设备可以由多个控制器控制，一个控制器可以由多个通道控制（即增加图 4-10 中的虚线部分）。这样，可以防止系统出现“瓶颈”现象。也就是对控制器和通道的分配，同样经过几次反复，只要有一个控制器或通道可用，系统就可以把它分配给进程。这样，就增加了分配控制器和通道的可能性，提高了设备分配的效率。

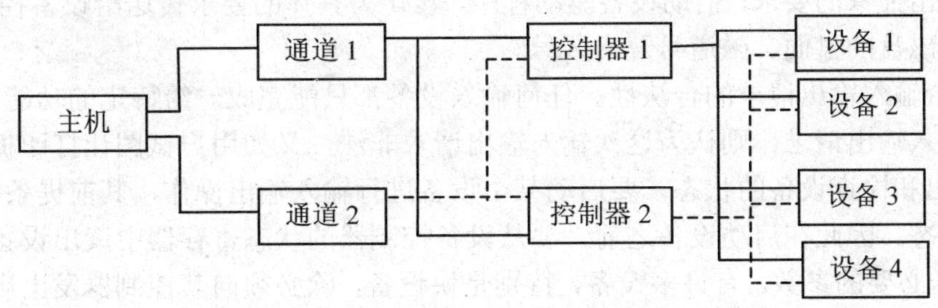

图 4-10　多通路输入输出系统

4.4　设备处理

设备处理的任务是把上层软件的抽象要求变为具体要求发送给设备控制器，启动设备。另外，将设备控制器发来的信号传送给上层软件。设备处理主要由设备处理程序完成。设备处理程序也称为设备驱动程序，它是输入输出进程与设备控制器之间的通信程序。本节主要介绍设备驱动程序的功能和特点，以及设备驱动程序的处理过程。

4.4.1　设备驱动程序的功能和特点

1．设备驱动程序的功能

设备驱动程序的主要功能有以下几个方面：一是把抽象要求转化为具体要求；二是检查用户输入输出请求的合法性，了解输入输出设备的状态，传递有关参数，设置设备的工作方式；三是发出输入输出命令，启动分配到的输入输出设备，完成指定的输入输出操作；四是及时响应由控制器或通道发来的中断请求，并根据其中断类型调用相应的中断处理程序进行处理；五是对设置有通道的计算机系统，驱动程序还应根据用户的输入输出请求，自动地构成通道程序。

2. 设备处理的方式

设备处理方式有三类：一是为每一类设备设置一个进程，专门执行这类设备的输入输出操作；二是在整个系统中设置一个输入输出进程，专门负责对系统中所有各类设备的输入输出操作；三是不设置专门的设备处理进程，只为各类设备设置相应的设备处理程序，供用户进程或系统进程调用。

3. 设备驱动程序的特点

设备驱动程序具有以下特点：

- 驱动程序主要是在请求输入输出的进程与设备控制器之间的一个通信程序。
- 驱动程序与输入输出设备的特性密切相关。
- 驱动程序与输入输出控制方式紧密相关。
- 驱动程序与硬件紧密相关，其部分被固化在 ROM 中。

4.4.2 设备驱动程序的处理过程

设备驱动程序的主要任务是启动指定设备，其处理过程如下：

（1）将抽象要求转化为具体要求。用户及上层软件对设备控制器的具体情况毫无了解，只能向它们发出抽象的要求，借助设备驱动程序，转化为具体的要求传送给设备控制器。如将盘块号转换为磁盘的盘面、磁道号及扇区号。

（2）检查输入输出请求的合法性。任何输入设备都只能完成一组特定的功能，如该设备不支持这次输入输出请求，则认为这次输入输出请求非法，又如用户试图让打印机输入数据。

（3）读出和检查设备的状态。要启动某个设备进行输入输出操作，其前提条件是该设备正处于空闲状态。因此在启动设备之前，要从设备控制器的状态寄存器中读出设备的状态。

（4）传送必要的参数。有许多设备，特别是块设备，除必须向其控制器发出启动命令外，还需要传送必要的参数。例如，在启动磁盘进行读/写之前，应先将本次要传送的字节数、数据应到达的主存始址送入控制器的相应寄存器中。

（5）设置工作方式。有些设备有多种工作方式，在启动时应选定某种方式，给出必要的数据。在启动该接口之前，应先按通信规程设定下述参数：波特率、奇偶校验方式、停止位数目及数据字节长度等。

（6）启动输入输出设备。在完成上述五个工作后，驱动程序可以向控制器的命令寄存器传送相应的控制命令，启动输入输出设备。基本的输入输出操作是在控制器的控制下进行的。

4.5 设备管理采用的技术

设备管理采用的技术有缓冲技术、中断技术、假脱机技术（SPOOLing）。缓冲技术是为了提高输入输出设备的速度和利用率，中断技术是为了响应优先权高的设备处理请求，假脱机技术是为了把独享设备变为共享设备，提高设备的利用率。

4.5.1 缓冲技术

为了提高输入输出设备的速度和利用率，在输入输出设备与处理器交换数据时引入了缓冲技术。缓冲技术是输入输出设备在与主存交换数据时使用缓冲区的技术。缓冲管理的主要功能是组织好缓冲区，并提供获得和释放缓冲区的手段。

1. 缓冲的引入

在操作系统中引入缓冲的主要原因包括以下几点：

（1）缓和 CPU 与输入输出设备间速度不匹配的矛盾。一般情况下，CPU 的工作速度快，输入输出设备的工作速度慢，二者在进行数据传送时，很可能造成数据大量积压在输入输出设备处，从而影响 CPU 的工作。在二者之间设置缓冲区后，CPU 处理的数据可以传送到缓冲区（或从缓冲区读取数据），输入输出设备从缓冲区读取数据（或向缓冲区写入数据），从而使 CPU 与输入输出设备的工作速度得以提高。

（2）减少对 CPU 的中断频率，放宽对中断响应时间的限制。没有缓冲区时，每次 CPU 读取或写入数据都需要中断 CPU；若设置了缓冲区，CPU 可以从缓冲区读取数据或向缓冲区写入数据，只有缓冲区没有数据或缓冲区已满时，才中断 CPU。

（3）提高 CPU 与输入输出设备间的并行性。CPU 与输入输出设备间引入缓冲区后，可以显著地提高 CPU 和输入输出设备的并行操作程度，提高系统的吞吐量和设备的利用率。例如，在 CPU 和打印机之间设置了缓冲区后，可以使 CPU 与打印机并行工作。

对缓冲区，可以从以下几个方面理解：缓冲是提高 CPU 与外设并行程度的一种技术。凡是数据来到速度和离去速度不同的地方都可以使用缓冲区。如 CPU 与主存之间有高速缓存（Cache Memory），主存与显示器之间有显示缓存，主存与打印机之间有打印缓存等。缓冲的实现方式有两种：一是，采用硬件缓冲器实现；二是，在主存划出一块区域，专门用来存放临时输入输出的数据，这个区域称为缓冲区。系统设置缓冲区的个数，将缓冲技术分为单缓冲、双缓冲、循环缓冲和缓冲池。

2. 单缓冲

单缓冲是指在设备和处理器之间设置一个缓冲区，用于数据的传输。

单缓冲的工作原理如图 4-11 所示。在设备和处理器交换数据时，先把被交换的数据写入缓冲区，然后，需要数据的设备或处理器再从缓冲区读取数据。当缓冲区中的数据没有处理完毕时，处理第二个数据的进程必须等待。

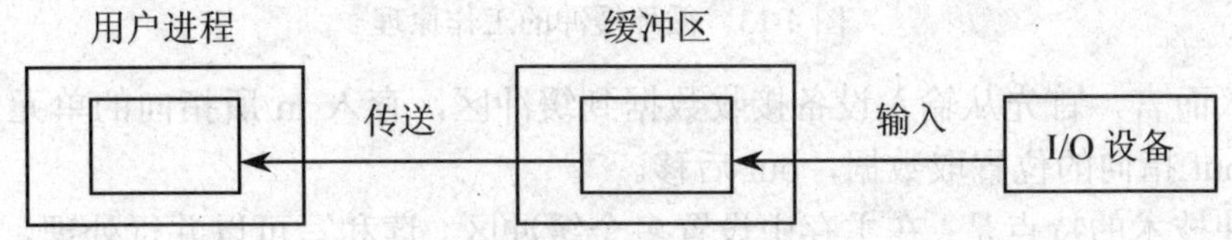

图 4-11　单缓冲的工作原理

单缓冲技术的特点是：在主存中只有一个缓冲区。对于块设备，该缓冲区可以存放一块数据，对于字符设备，该缓冲区可以存放一行数据。设备和处理器对缓冲区的操作是串行的，传输速度慢。在任一时刻，只能进行单向的数据传输，并且传输数据量较少。

3. 双缓冲

双缓冲是指在设备和处理器之间设置两个缓冲区。

双缓冲的工作原理如图 4-12 所示。在设备输入时，输入设备先将第一个缓冲区装满数据，在输入设备装填第二个缓冲区时，处理器可以从第一个缓冲区取出数据供用户进程处理；当第一个缓冲区中的数据取走后，若第二个缓冲区已填满，则处理器可以从第二个缓冲区取出数据进行处理，而此时输入设备又可以装填第一个缓冲区。如此循环进行，可以加快输入和输出速度，提高设备的利用率。

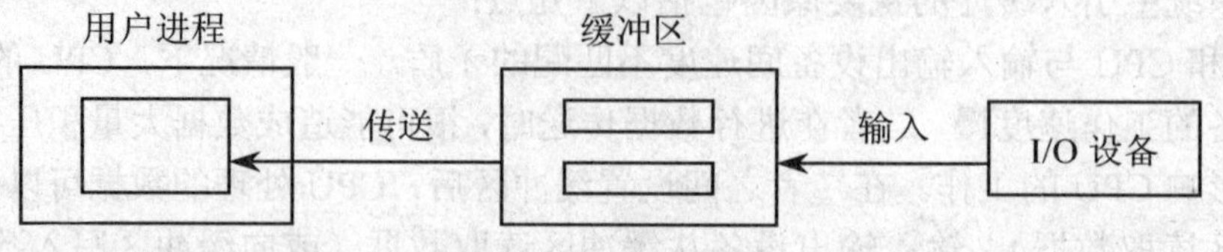

图 4-12　双缓冲的工作原理

双缓冲技术的特点是：在主存中设置两个缓冲区，完成数据的传输。两个缓冲区可以交替使用，提高了处理器和输入设备的并行操作能力。在任一时刻，可以进行双向的数据传输。一个缓冲区用于输入，另一个缓冲区用于输出，适用于输入/输出、生产者/消费者速度基本相匹配的情况。当传输数据量较大，或者两者的速度相差较远时，双缓冲区效率较低。

4. 循环缓冲

在设备和处理器之间设置多个大小相等的缓冲区。每个缓冲区中有一个链接指针指向下一个缓冲区，最后一个缓冲区指针指向第一个缓冲区，这样构成一个环形缓冲区。环形缓冲区用于传输较多的数据，如输入进程和计算进程的数据传输。输入进程不断向空缓冲区输入数据，计算进程从缓冲区提取数据进行计算。

循环缓冲的工作原理如图 4-13 所示。环形缓冲区用于输入输出时，需要设两个指针：in 和 out。in 用于指向可以输入数据的第一个空缓冲区，out 用于指向可以提取数据的第一个满缓冲区。in 与 out 的初值均为 0。

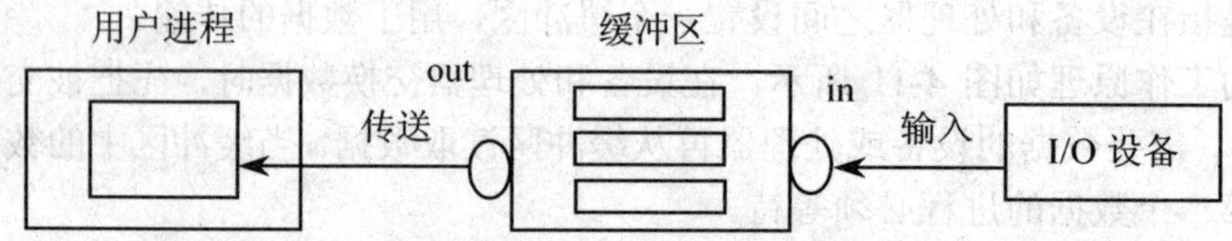

图 4-13　循环缓冲的工作原理

对于输入而言，首先从输入设备接收数据到缓冲区，存入 in 所指向的单元，in 后移；取数据时，从 out 指向的位置取数据，out 后移。

循环缓冲技术的特点是：在主存中设置多个缓冲区。读和写可以并行处理，适用于某种特定的输入输出进程和计算进程，如输入/输出、生产者/消费者速度不相匹配的情况。循环缓冲区属于专用缓冲区。当系统较大时，使用多个这样的缓冲区要消耗大量的主存空间，降低缓冲区的使用效率。

5. 缓冲池

当系统较大时，可以利用供多个进程共享的缓冲池来提高缓冲区的利用率。缓冲池的工作原理如图 4-14 所示。

缓冲池的组成包括空（闲）缓冲区、装满输入数据的缓冲区、装满输出数据的缓冲区，同类缓冲区以链队的形式存在。另外，还应有四种工作缓冲区：用于收容输入数据的工作缓冲区、用于提取输入数据的工作缓冲区、用于收容输出数据的工作缓冲区、用于提取输出数据的工作缓冲区。

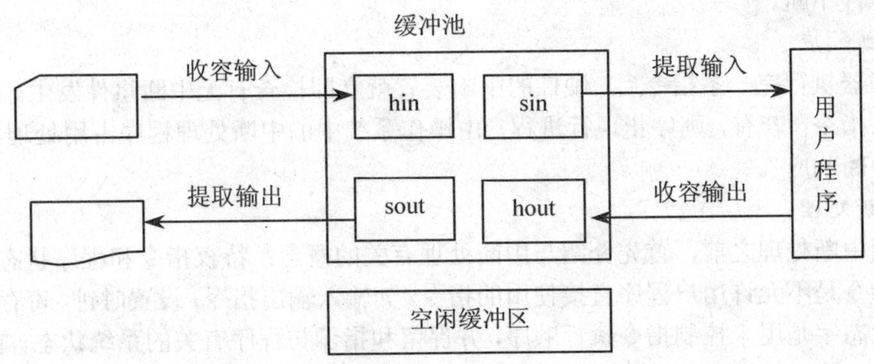

图4-14　缓冲池的工作原理

当输入进程需要输入数据时，便从空缓冲区队列的队首取出一个空缓冲区，把它作为收容工作缓冲区，然后把数据输入其中，装满后再把它挂到输入队列队尾。当计算进程需要输入数据时，便从输入队列取得一个缓冲区作为提取输入工作缓冲区，计算进程从中提取数据，数据用完后再将它关到空缓冲区队尾。当计算进程需要输出数据时，便从空缓冲区队列的队首取出一个空缓冲区，作为收容输出工作缓冲区，当其中装满输出数据后，再将它挂到输出队列尾。当要输出时，由输出进程从输出队列取得一个装满输出数据的缓冲区，作为提取输出工作缓冲区，当数据提取完后，再将它挂到空缓冲区队列的队尾。

缓冲池的特点是：缓冲池结构复杂，在主存中设置公用缓冲池，在池中设置多个可以供多个进程共享的缓冲区。缓冲区既可以用于输入，又可以用于输出（即共享）。缓冲池的设置，减少了主存空间的消耗，提高了主存的利用率，适用于现代操作系统。

针对缓冲区的工作原理，大家可以分析一下我们身边使用这些缓冲区的例子。

4.5.2　中断技术

1. 中断的概念

中断是由于某些事件的出现，中止现行进程的执行，而转去处理出现的事件，中断事件处理完后，再继续运行被中止进程的过程。在这里引起中断的事件称为中断源。中断事件通常由硬件发现。对出现的事件进行处理的程序称为中断处理程序。中断处理程序是由操作系统处理的，属于操作系统的组成部分。

2. 中断类型

一般把中断分为硬件故障中断、程序中断、外部中断、输入输出中断和访管中断。

- 硬件故障中断：由机器故障造成的中断。如电源故障、主存出错。
- 程序中断：由程序执行到某条机器指令时可能出现的各种问题而引起的中断。如发现定点操作数溢出、除数为0、地址越界等。
- 外部中断：由各种外部事件引起的中断。如按压了中断键、定时时钟时间到等。
- 输入输出中断：由输入输出控制系统发现外围设备完成了输入输出操作或在执行输入输出时通道或外围设备产生错误而引起的中断。

● 访管中断。正在运行的进程执行访管指令时引起的中断。如分配一台外设。

前四类中断不是运行进程所希望的，故称为强迫性中断，而第五种中断是进程所希望的，故称为自愿性中断。

3. 中断响应

在处理器执行完一条指令后，硬件的中断装置就立即检查有无中断事件发生。若无，继续执行下一条指令；若有，则停止现行进程，由操作系统中的中断处理程序占用处理器，这一过程称为“中断响应”。

4. 中断处理

在介绍中断处理之前，首先介绍与中断处理有关的概念：特权指令和程序状态字。

特权指令是不允许用户程序直接使用的指令。如输入输出指令，设置时钟、寄存器的指令。

程序状态字是用来控制指令执行顺序，并保留和指示与程序有关的系统状态。它一般由三个部分组成：

（1）程序基本状态。

指令地址：指出下一条指令的存放地址。

条件码：指出指令执行结果的特征。如结果大于 0。

管态/目态：CPU 执行操作系统指令的状态称为管态。在管态时，可以使用特权指令；CPU 执行用户程序指令的状态称为目态。在目态时，不能使用特权指令。

计算/等待：计算时，处理器按指令地址顺序执行指令。等待时，处理器不执行任何指令。

（2）中断码：保存程序执行时当前发生的中断事件。

（3）中断屏蔽位：指出程序在执行时，发生中断事件，是否响应出现的中断事件。

程序状态字有三种：一是当前 PSW，当前正在占用处理器的进程的 PSW；二是新 PSW，中断处理程序的 PSW；三是旧 PSW，保存的被中断进程的 PSW。

中断处理过程如图 4-15 所示。处理步骤如下：

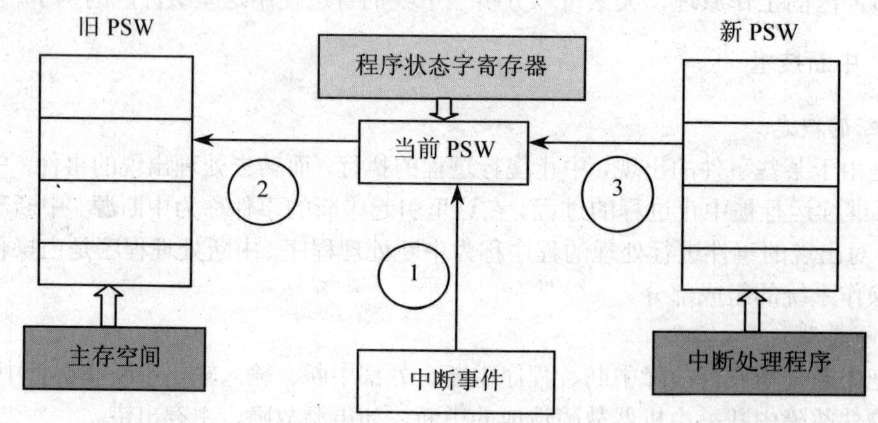

图 4-15 中断处理过程

（1）当中断装置发现中断事件后，先把中断事件存放到程序状态字寄存器中的中断码位置。

（2）把程序状态字寄存器中的“当前 PSW”作为“旧 PSW”保存到预先约定的主存的固定单元中。

（3）根据中断码，把该类事件处理程序的“新 PSW”送入程序状态字寄存器。

（4）处理器按新 PSW 控制处理该事件的中断处理程序执行。

当中断程序处理完后，再恢复现场，继续执行原先被中断的进程。

4.5.3　假脱机技术（SPOOLing）

SPOOLing 技术就是用于将一台独占设备改造成共享设备的一种行之有效的技术。当系统中出现了多道程序后，可以利用其中的一道程序来模拟脱机输入时的外围控制机的功能，把低速输入输出设备上的数据传送到高速磁盘上；再用另一道程序来模拟脱机输出时外围控制机的功能，把数据从磁盘传送到低速输出设备上。这样，便可以在主机的直接控制下，实现脱机输入、输出功能。

1. 假脱机的概念

假脱机技术（SPOOLing）是指在联机情况下实现的同时外围操作，也称假脱机输入输出操作，它是操作系统中的一项将独占设备改为共享设备的技术。

2. 假脱机技术的组成

假脱机技术由输入井和输出井、输入缓冲区和输出缓冲区、输入进程和输出进程、请求打印队列组成。SPOOLing 系统的组成如图 4-16 所示。

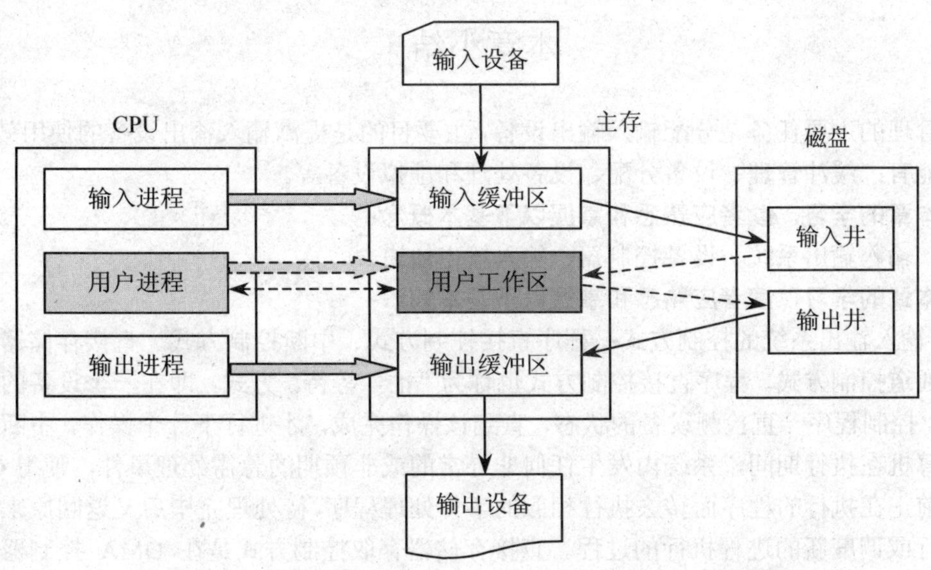

注：图中虚线为用户进程的处理，实线为输入进程和输出进程的处理

图 4-16　SPOOLing 系统的组成

（1）输入井和输出井。这是在磁盘上开辟的两个大的存储区。输入井是模拟脱机输入时的磁盘，用于收容输入设备输入的数据。输出井是模拟脱机输出时的磁盘，用于收容用户程序的输出数据。

（2）输入缓冲区和输出缓冲区。它们是在主存中开辟的两个缓冲区。输入缓冲区用于暂存由输入设备送来的数据，以后再传送到输入井，输出缓冲区用于暂存从输出井送来的数据，以后再传送给输出设备。

（3）输入进程和输出进程。输入进程模拟脱机输入时的外围控制机，将用户要求的数据从输入设备通过输入缓冲区送到输入井。当 CPU 需要数据时，直接从输入井读入主存。输出进程模拟脱机输出时的外围控制机，把用户要求输出的数据，先从主存送到输出井，待输出设备空闲时，再将输出井中的数据经过输出缓冲区送到输出设备上。

（4）请求打印队列。由若干张请求打印表所形成的队列，系统为每个请求打印的进程建立一张请求打印表。

3. 假脱机技术的特点

SPOOLing 技术是对脱机输入/输出工作的模拟，它必须有高速、大量且随机存取的外存的支持。其特点如下：

- 提高了输入输出速度。SPOOLing 技术引入了输入井和输出井，可以使输入进程、用户进程和输出进程同时工作，从而提高了输入输出速度。
- 将独占设备改造为共享设备。由于 SPOOLing 技术把所有用户进程的输出都送入输出井，然后再由输出进程完成打印工作，而输出井在磁盘上，为共享设备。这样 SPOOLing 技术就把打印机等独占设备改造成了共享设备。
- 实现了虚拟设备功能。由于 SPOOLing 技术实现了多个用户进程共同使用打印机这种独占设备的情况，从而实现了把一个设备当成多个设备来使用，即虚拟设备的功能。

本章小结

设备管理的主要任务是分配输入输出设备，主要目的是提高输入输出设备的使用效率。它的主要功能有：缓冲管理、设备分配、设备处理和虚拟设备等。

通过本章的学习，读者应熟悉和掌握以下基本概念：

设备、输入输出系统、设备控制器、输入输出通道。

通过本章的学习，读者应熟悉和掌握以下基本知识：

（1）输入输出系统的控制方式：程序直接控制方式、中断控制方式、直接存储器存取控制方式和通道控制方式。程序直接控制方式也称为“忙—等待”方式，即在一个设备的操作没有完成时，控制程序一直检测设备的状态，直到该操作完成，才进行下一个操作。中断控制方式是指计算机在执行期间，系统内发生任何非寻常的或非预期的急需处理事件，使得 CPU 暂时中断当前正在执行的程序而转去执行相应的事件处理程序，待处理完毕后又返回原来被中断处继续执行或调度新的进程执行的过程。直接存储器存取控制方式是在 DMA 控制器的作用下，设备和主存之间可以成批地进行数据交换，而不用 CPU 的干涉。通道控制方式以主存为中心，是设备与主存直接交换数据的控制方式。

（2）设备分配采用的数据结构：有设备控制表、控制器控制表、通道控制表和系统设备表。系统在进行设备分配时应考虑设备的使用性质、设备的分配算法、设备分配的安全性和设备的独立性。设备分配一般分为 3 个步骤：分配设备、分配控制器、分配通道。对设备分配程序的改进方法有增加设备的独立性和考虑多通路情况两种。

（3）设备处理：主要由设备处理程序完成，设备处理程序也称为设备驱动程序，它是输入输出进程与设备控制器之间的通信程序。

（4）设备管理采用的技术：有缓冲技术、中断技术、假脱机技术（SPOOLing）。缓冲技术是为了提高输入输出的速度和利用率，中断技术是为了响应优先权高的设备处理请求，假脱机技术也称为“预输入，缓输出”技术，是为了把独享设备变为共享设备，提高设备的利用率，实现虚拟设备的功能。

习题

一、单项选择题

1．按（　）分类可以将设备分为块设备和字符设备。

A）从属关系　　B）操作特性

C）共享关系　　D）信息交换单位

2．设备管理程序对设备的分配和控制是借助一些表格进行的，（　）不是设备管理程序中使用的表格。

A）作业控制表　　B）设备控制表

C）控制器控制表　　D）系统设备表

3．利用虚拟设备达到输入输出要求的技术是指（　）。

A）利用外存作缓冲，将作业与外存交换信息和外存与物理设备交换信息两者独立起来，并使它们并行工作的过程

B）把输入输出要求交给多个物理设备分散完成的过程

C）把输入输出信息先存放在外存上，然后由一台物理设备分批完成输入输出要求的过程

D）把共享设备改为某个作业的独享设备，集中完成输入输出要求的过程

4．将系统中的每一台设备按某种原则进行统一编号，这些编号作为区分硬件和识别设备的代号，该编号称为设备的（　）。

A）绝对号　　B）相对号

C）类型号　　D）符号名

5．通道是一种（　）。

A）输入输出端口　　B）数据通道

C）输入输出专用处理器　　D）软件工具

6．在采用 SPOOLing 技术的系统中，用户的打印数据首先被送到（　）。

A）磁盘固定区域　　B）主存固定区域

C）终端　　D）打印机

7．如果输入输出系统所花费的时间比 CPU 的处理时间短得多，则缓冲区（　）。

A）最有效　　B）几乎无效

C）均衡　　D）以上都不是

8．在采用 SPOOLing 技术的系统中，使得系统的资源利用率（　）。

A）提高了　　B）降低了

C）有时提高有时降低　　D）出错的机会增加了

9．缓冲技术中的缓冲池在（　）中。

A）主存 B）外存
C）ROM D）寄存器

10．引入缓冲的主要目的是（ ）。

A）改善 CPU 和输入输出设备之间速度不匹配的情况
B）节省主存
C）提高 CPU 的利用率
D）提高输入输出设备的效率

11．CPU 输出数据的速度远远高于打印机的打印速度，为了解决这一矛盾，可以采用（ ）技术。

A）并行 B）通道
C）缓冲 D）虚存

12．为了使多个进程能有效地同时处理输入和输出，最好使用（ ）结构的缓冲技术。

A）缓冲池 B）循环缓冲区
C）单缓冲区 D）双缓冲区

13．通过硬件和软件的功能扩充，把原来的独立设备改造成能为多个用户服务的共享设备，这种设备称为（ ）。

A）存储设备 B）系统设备
C）用户设备 D）虚拟设备

14．如果输入输出设备与存储设备进行数据交换不经过 CPU 来完成，这种数据交换方式是（ ）。

A）程序查询 B）中断方式
C）DMA 方式 D）无条件存取方式

15．大多数低速设备都属于（ ）设备。

A）独享 B）共享
C）虚拟 D）SPOOLing

16．（ ）是用户程序可以访问的硬件。

A）输入输出通道 B）总线
C）设备控制器 D）设备

17．以下叙述中正确的是（ ）。

A）在现代计算机中，只有输入输出设备才是有效的中断源
B）在中断处理过程中必须屏蔽中断
C）同一用户所使用的输入输出设备也可能并行工作
D）SPOOLing 是脱机输入输出系统

18．（ ）是操作系统中以空间换取时间的技术。

A）SPOOLing 技术 B）虚拟存储技术
C）覆盖与交换技术 D）通道技术

19．在操作系统中，（ ）指的是一种硬件机制。

A）通道技术 B）缓冲技术
C）SPOOLing 技术 D）主存覆盖技术

20．在操作系统中，用户在使用输入输出设备时，通常采用（ ）。

A）物理设备名　　B）逻辑设备名

C）虚拟设备名　　D）设备牌号

二、填空题

1．通道是一个独立于 CPU 的专门的输入输出处理器，它控制________与________之间的信息交换。

2．虚拟设备是通过________技术把________设备变成能为若干个用户________的设备。

3．设备分配应保证设备有________和避免________。

4．能影响中断响应次序的技术是________和________。

5．设备管理中采用的数据结构有________、________、________和________四种。

6．SPOOLing 系统中，作业执行时从磁盘上的________中读取信息，并把作业的执行结果暂时存放在磁盘上的________中。

7．从资源管理的角度出发，输入输出 设备可以分为________、________、________三种类型。

8．按所属关系可以把输入输出设备分为系统设备和________两类。

9．常用的输入输出控制方式有程序直接控制方式、中断方式、________和________。

10．通道指专门用于负责输入输出工作的处理器。通道所执行的程序称为________。

三、判断题

（ ）1．输入输出设备管理程序的主要功能是管理主存、控制器和通道。

（ ）2．缓冲技术是借用外存的一部分区域作为缓冲池。

（ ）3．虚拟设备技术是在一类物理设备上模拟另一类物理设备的技术，它可以将独占的设备改造成为共享的设备。

（ ）4．一个 DMA 控制器只能控制一台设备，一个通道可以控制多个设备。

（ ）5．设备的独立性是指应用程序独立于物理设备，以使用户编制的程序与实际使用的物理设备无关。

（ ）6．虚拟设备是指用户想象的一种设备。

（ ）7．中断控制方式是指每输入输出一个数据都发生中断。

（ ）8．设备的绝对号是指系统对每台设备的编号，设备的相对号是指用户对每类设备的编号。

（ ）9．独享分配适用于大多数低速设备，共享分配适应于高速设备。

（ ）10．驱动程序主要是在请求输入输出的进程与设备控制器之间的一个通信程序。

四、名词解释

1．设备的独立性

2．设备的静态分配策略

3．设备驱动程序

4．通道

5．虚拟技术

6．设备的安全性

7．设备的动态分配策略

8．输入井

9．输出井

10．系统设备表

五、简答题

1．什么是虚拟设备？请说明 SPOOLing 系统如何实现虚拟设备？

2. 设备分配时为什么要考虑安全性以及与设备的无关性？试给出一个系统安全性的算法。

3．关于设备管理，试给出两种输入输出调度算法，并说明为什么输入输出调度中不使用时间片轮转法？

4．什么是逻辑设备？什么是物理设备？如何实现从逻辑设备到物理设备的转换？

5．什么是缓冲？为什么引入缓冲？请找出现实生活中使用缓冲区的实例。

6．简述设备的分配过程。

7．输入输出控制方式有几种？各有什么特点？

8．DMA 方式与中断方式有什么不同？

9．请叙述中断的处理过程。

10．请用现实生活中的事例解释下列概念：

设备控制器、输入输出通道、缓冲、中断、逻辑设备、物理设备

第 5 章　文件管理

本章主要内容

- 文件管理概述
- 文件结构
- 文件的存储设备
- 文件目录管理
- 文件共享与安全
- 文件使用

本章教学目标

- 熟悉文件的概念、分类及文件的组织
- 掌握磁盘的调度算法
- 熟悉文件目录的管理、文件的保密与保护方法
- 熟悉文件的使用

5.1 文件管理概述

文件是指存储在外存上的信息集合。在大多数计算机应用中，文件是主要的处理对象。无论应用的目的是什么，都一定会涉及信息的产生和使用。通常信息的输入是通过文件实现的，而信息处理的结果也通常保存为文件。使用文件的好处是信息可以长期保存并且便于日后使用。为了减轻用户的负担并保证系统的安全，在操作系统中设计了对存储在外存中的信息进行管理的功能，这部分功能称为文件管理或文件系统。

5.1.1 文件管理的主要任务

对大多数用户而言，文件系统是操作系统中最直接的可见部分。文件管理负责管理文件信息，并把对文件的存取、共享和保护等手段提供给操作系统和用户。文件管理的主要目标是提高外存储空间的利用率，其主要任务是对用户文件和系统文件进行管理，方便用户的使用，并保证文件的安全性。

5.1.2 文件管理的主要功能

文件管理的主要功能包括文件存储空间管理、文件目录管理、逻辑文件与物理文件的转换、文件读写管理、文件共享和安全管理。

1. 文件存储空间管理

通常文件都是存储在磁盘上的，所以磁盘空间的管理是文件管理需要考虑的一个主要问

题。要把文件保存到存储介质上，必须知道哪些存储空间已经使用，哪些存储空间还没有使用，文件只能保存到没有使用的空闲的存储空间，否则会破坏已保存的信息。

文件存储空间管理的任务是为每个文件分配必要的存储空间，提高存储空间的利用率，并能有助于提高文件系统的工作速度。由于文件存储设备是以存储块为单位进行管理的，因此，文件存储空间的管理实质上是对一个存储块的组织和管理问题，它包括存储块的组织、存储块的分配与存储块的回收。

2. 文件目录管理

目录管理的任务是为每个文件建立目录项，并对众多的目录加以组织，以实现文件的按名存取，实现文件的共享，提供快速的目录查询手段，提高文件的检索速度。

为实现文件的按名存取，每个文件应该具有一个文件名与之对应。一般来讲，用户文件名由用户指定，系统文件和特殊文件名在系统设计时指定。为了有效地利用存储空间并迅速准确地完成由文件名到文件物理位置的转换，必须把与文件相关的文件名等信息按一定的组织结构进行排列，这主要是依赖于文件目录来实现。

3. 逻辑文件与物理文件的转换

用户的大量信息都存放在磁盘或磁带上，必须记住各种信息的分布情况及信息存放的物理位置，并启动磁盘或磁带机来保存或读取信息。为了方便用户，规定用户直接使用的是逻辑文件，用户使用文件时只要给出文件的名字和一些适当的说明信息，文件系统就能按照用户的要求把逻辑文件组织成物理文件存放到存储介质上或者把存储介质上的物理文件转换成逻辑文件供用户使用。文件系统还可以根据需要更换文件存放的位置而对用户没有任何影响。

4. 文件读写管理

文件的读写控制是和文件的共享、保护和保密问题紧密相关的。这三个问题实际上是一个用户对文件的使用权限，即读、写、执行的许可权问题。文件系统读写控制的主要任务：一是，对拥有读写和执行权限的用户，允许他们对文件进行相应的操作；二是，对没有相应权限的用户，禁止他们对文件进行相应的操作；三是，防止一个用户冒充其他用户对文件进行读写操作；四是，防止拥有存取权限的用户误用文件。

5. 文件共享和安全的管理

文件共享是指不同的用户共同使用同一个文件。在现代计算机系统中，有些文件是可以供多个用户共享的，如编辑程序和函数等。在文件共享的系统中，只需要保存该共享文件的一个副本，就可以减少文件复制操作花费的时间，节省大量的存储空间。

在文件的使用过程中，一些人为因素、系统因素和自然因素都会导致文件被破坏或丢失。文件的安全管理即文件的保护，是解决对文件非法操作的关键。

5.1.3 文件系统的基本概念

1. 文件

文件是指存放在外存上的已命名的一组相关信息的集合，通常将程序和数据组织成文件。文件中的基本访问单位是位、字节或记录。文件的属性包括文件类型、文件长度、文件的物理位置、文件的存取控制、文件的建立时间。

在有些操作系统中，从字符流文件的角度出发，设备也被看作是具有名称的特殊文件，这样可以简化设备管理程序和文件系统的接口设计。

2. 记录

记录是一组相关数据项的集合，用于描述数据对象某方面的属性。它是文件中数据处理的基本单位，是组成文件的基本元素。

在一个由大量记录组成的文件中，为了能惟一地标识一条记录，可以在记录的各个数据项中，确定出一个或几个数据项，把它（或它们）称为关键字（key）。如在描述学生的数据项中，学号可以作为关键字。

3. 数据项

数据项是指描述一个对象的某种属性的字符集，它是数据处理的最小单位。它可以分为基本数据项和组合数据项。

（1）基本数据项。基本数据项是用于描述一个对象的某种属性的字符集，是数据组织中可以命名的最小逻辑数据单位，即原子数据，又称为数据元素或字段。它的命名往往与其属性一致。例如，用于描述一个学生的基本数据项有学号、姓名、年龄、性别等。

（2）组合数据项。组合数据项由若干个基本数据项组成，简称组项。例如，工资就是一个组项，它由基本工资、工龄工资和奖励工资等基本项组成。

数据项除了名称外，还应有数据类型。例如，描述学生的姓名，应使用字符串（含汉字）；描述性别时，可以用逻辑变量或字符。可见，由数据项的名字和类型两者，共同定义了一个数据项的“型”，而代表一个实体在数据项上的具体数据称为值。例如，学号/20030201、姓名/刘力、性别/男等。

4. 文件类型

为了便于管理和控制文件而将文件分为若干种类型。不同的系统对文件的分类方法也有很大差异。为了方便系统和用户了解文件的类型，在许多操作系统中都通过文件的扩展名来反映文件的类型。常用的几种文件的分类方法如下：

（1）按性质和用途分类。

- 系统文件。该类文件只允许用户通过系统调用来执行它们，不允许用户对其进行读写和修改操作。这些文件主要由操作系统的核心和各种系统应用程序和数据组成。
- 用户文件。由用户的源代码、可执行文件或数据等构成的文件，用户将这些文件委托给系统保管。这类文件只有文件的所有者或所有者授权的用户才能使用。
- 库文件。这是由标准子程序及常用的例程等构成的文件。这类文件允许用户调用和查看，但是不允许修改，如 C 语言的函数库。

（2）按文件中的数据形式分类。文件中的数据形式是指组成文件的数据格式，按文件中的数据形式可以把文件分为：

- 源文件。由源程序和数据构成的文件，通常由 ASCII 码或汉字组成。
- 目标文件。把源程序经过相应的计算机语言的编译程序编译之后，但是，尚未经过链接程序链接的目标代码所形成的文件。它属于二进制文件，通常使用的扩展名是.obj。
- 可执行文件。经编译后所产生的目标代码，再由链接程序链接后所形成的文件，通常使用的扩展名是.exe。

（3）按文件的存取控制属性分类。文件的存取控制是指对文件的操作权限，有只读、读写等权限，按文件的存取控制属性可以把文件分为：

- 只执行文件。只允许被核准的用户调用执行，既不允许读，更不允许写。

- 只读文件。只允许文件主及被核准的用户读取，但不允许写。
- 读写文件。允许文件主及被核准的用户读文件和写文件。

（4）按文件的逻辑结构分类。文件的逻辑结构是指用户组织和使用文件时的结构，即用户所观察到的文件组织形式。按文件的逻辑结构可以把文件分为：

- 有结构文件。这类文件是由若干条记录构成的，又称为记录式文件。根据记录的长度是定长的还是可变的，又可以分为定长记录文件和变长记录文件。其基本信息单位是记录，主要用于信息管理。
- 无结构文件。这是直接由字符序列所构成的文件，故又称为流式文件。可以把流式文件看成是记录式文件的特例，即文件中每条记录只有一个字符。这种形式适用于存放源程序和目标代码等文件，UNIX 操作系统和 MS-DOS 均采用无结构文件形式。

（5）按文件的物理结构分类。文件的物理结构是指文件在外存上存储时的组织结构，按文件的物理结构可以把文件分为：

- 顺序文件。也称为连续文件，即把逻辑文件中的记录顺序地存储到连续的物理块中。在顺序文件中记录的次序与它们的物理存放次序是一致的。
- 链接文件。文件中的记录可以存放在不相邻的各个物理块中，通过物理块中的链接指针，将它们链接成一个链表。
- 索引文件。文件中的记录可以存储在不相邻的物理块中，然后为每个文件建立一张索引表，存放记录和物理块之间的映射关系。在索引表中每条记录设置有一个表项，用以存放该记录的记录号及其所在的物理块号。

（6）按照文件的内容分类。

- 普通文件。存放要处理的数据文件，或处理数据的程序文件，统称为普通文件。这一类文件在信息处理中占据着主流，是进行处理的大部分文件。
- 目录文件。在管理文件时，要建立每一个文件的目录项。当文件很多时，操作系统经常把这些目录项聚集在一起，构成一个文件进行管理，而这种包含文件目录项的文件就称为目录文件。
- 特殊文件。为了统一管理和方便使用，在操作系统中常以文件的观点来看待设备。如在 MS-DOS 中，文件 CON 就代表键盘或显示器设备。

5. 文件系统

文件系统是指含有大量文件及其属性说明、对文件进行操作和管理的，向用户提供使用接口的软件集合。图 5-1 表示了文件系统的组成。它分为三个层次，最低层是对象及其属性说明；中间层是对对象进行操作和管理的软件集合；最高层是文件系统提供给用户的接口。

文件的用户接口
文件操作和管理软件
文件及其属性说明

图 5-1 文件系统的组成

（1）最低层：文件及其属性说明。文件及其属性说明包括文件、文件目录和磁盘的存储空间。

- 文件。在文件系统中有不同类型的文件，它们是文件管理的直接对象。
- 文件目录。为了方便用户对文件的检索和存取而在文件系统中设置了文件目录。对文件目录的组织和管理是提高用户存取文件速度的关键。
- 磁盘的存储空间。文件和文件目录必定占据存储空间，对这部分空间进行管理，可以提高外存的利用率，加速对文件的处理。

（2）中间层：文件操作和管理软件。文件系统的大部分功能都是在这一层实现的。因此，这一层是文件系统的核心部分。其功能包括对文件存储空间的管理、对文件目录的管理、逻辑记录与物理记录的转换、文件的读写管理、文件的共享与保护等。具体包括输入输出控制层、基本文件系统、基本输入输出管理程序和逻辑文件系统。

- 输入输出控制层。它主要由磁盘驱动程序和磁带驱动程序组成，又称为设备驱动程序层，其主要任务是启动输入输出操作和对设备发来的输入输出信号进行处理。
- 基本文件系统。又称为物理输入输出层，该层主要用于处理主存与磁盘之间数据块的交换。实际处理时，基本文件系统只需要向相应的驱动程序发出一条通用命令，去读写若干个盘块。在命令中，应给出欲读写的盘块在磁盘上的位置，以及在主存中所使用的缓冲区等参数。基本文件系统无须了解所传送数据块的内容或文件的结构。
- 基本输入输出管理程序。又称文件组织模块，这一层负责完成与磁盘输入输出有关的大量事务，包括要选择文件所在的设备、进行文件逻辑块号到物理块号的转换、空闲盘块的管理、输入输出缓冲的指定。
- 逻辑文件系统。基本文件系统处理的是数据块的交换，而逻辑文件系统处理的则是文件和记录的相关操作。如允许用户按文件名访问文件，实现对文件的保护，在目录中建立新的目录或修改目录。

（3）最高层：文件的用户接口。为了方便用户使用文件系统，通常要向用户提供两种类型的接口：命令接口和程序接口。命令接口实现用户与文件系统之间的交互。如在 Windows 环境下，通过命令接口可以直接对文件进行建立、复制、移动、改名和删除等操作。程序接口是用户程序与文件系统的接口，用户可以通过系统调用取得文件系统的服务。如在 TC 环境下，通过程序接口，即系统调用函数 fopen()、fclose()、fwrite()、fread()等，完成文件的打开、关闭、写、读等操作。详细内容请参见第 6 章。

5.2　文件结构

文件结构是指文件的构造方式，也称为文件组织。通常文件是由一系列的记录组成的。文件系统设计的一个关键是如何将大量的记录构造成一个文件，以及如何将一个文件存储到外存上。对任何一个文件，都存在着两种形式的结构：逻辑结构和物理结构。

5.2.1　文件的逻辑结构

1．文件逻辑结构的概念

文件的逻辑结构是用户组织文件时可见的结构，即用户所观察到的文件组织形式。文件的逻辑结构是用户可以直接处理的数据及其结构，它独立于物理特性，又称为文件组织。

在文件系统设计时，选择何种逻辑结构才能更有利于用户对文件的操作呢？选择文件的逻辑结构主要有以下原则：

- 提高检索效率。根据给定的逻辑结构，应使文件系统在尽可能短的时间内找到所需要的记录或基本信息单位。
- 便于修改。便于在文件中增加、删除和修改一条或多条记录。
- 降低文件存储费用，使文件占用最小的存储空间。
- 便于用户操作。

2. 文件逻辑结构的形式

文件的逻辑结构从形式上分为两类：有结构的记录式文件和无结构的流式文件，如图 5-2 所示。

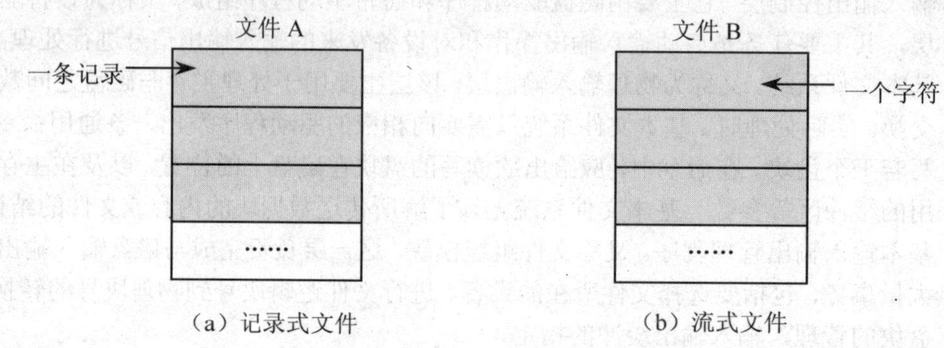

图 5-2　文件的两种逻辑结构

（1）有结构的记录式文件。图 5-2（a）中文件 A 为记录式文件，它由若干条记录构成，记录可以按顺序编号，对文件的访问按记录号进行；也可以为每条记录指定一个或一组数据项作为关键字，然后按关键字进行访问。记录是用户程序与文件系统交换信息的基本单位。

在记录式文件中，所有的记录通常都是属于一个实体集的，有着相同或不同数目的数据项。按照记录长度是否相同，把记录分为定长和不定长两类。

1）定长记录。即文件中所有记录的长度都是相同的。所有记录中各数据项都处在记录中相同的位置，具有相同的顺序及相同的长度，文件的长度用记录的数目表示。定长记录的文件处理方便、开销小，被广泛地运用于数据处理中，是较常用的一种记录格式。当一条记录中的某些数据项没有值时，也必须占用一定的空间，这样就浪费了存储空间。

2）不定长记录。也称为变长记录，即文件中各记录的长度是不相同的，每条记录中包含的数据项目也可能不同，数据项本身的长度不定。其特点是记录组成灵活、存储空间浪费小。如存放学生数据的文件中，每条记录的简历数据项存放的数据长度不定。但不足的是，记录处理不方便，大多数只能采取顺序处理方式，不能采取随机处理方式。

不论哪一种记录形式，处理前每条记录的长度是可知的。根据用户和系统管理上的需要，可采用多种形式来组织记录。这些形式有以下几种：

1）顺序文件。即一系列记录按照某种顺序排列而成的文件，其中的记录通常是定长记录，具有较快的查找速度。

2）索引文件。它为每一个文件建立一个索引表，并在索引表中为每条记录建立一个表项。索引表通常是按关键字的大小顺序排序的，索引表本身是一个定长记录文件，可以实现直接存取。它通常用于不定长记录的文件，以加快文件的查找速度。

3）索引顺序文件。它是上述两种文件方式的组合。它要为文件建立一张索引表，在索引表中，为每一组记录中的首记录设置一表项，其中含有记录的键值和指向该记录的指针。索引顺序文件是一种最常见的逻辑文件形式，它有效地克服了变长记录不便于直接存取的缺点，而且所付出的代价也不大。

（2）无结构的流式文件。流式文件是指由字符流构成的文件。它内部的数据不再组成记录，只是一串字符，如图 5-2（b）所示。对流式文件的存取需要指定起始字符和字符数。

大量的源程序、可执行程序、库函数等采用的都是无结构的流式文件形式，其长度以字节为单位。在 UNIX 系统中，所有的文件都被看作是流式文件，即使是有结构的文件，也被视为流式文件，系统不对文件进行格式处理。对流式文件的访问是利用读写指针来指出下一个要访问的字符。

流式文件对操作系统而言管理比较方便，对用户而言，则适用于进行字符流的处理，也可以不受约束地、灵活地组织其文件内部的逻辑结构。

5.2.2 文件的物理结构

文件系统的功能之一就是在文件的逻辑结构和相应的物理结构之间建立起一种映射关系，并实现两者之间的转换。文件系统要根据存储设备的特性、文件的存取方式来决定如何把用户文件存放在存储介质上。文件在存储介质上的构造方式对于用户来讲不必了解，但是对文件系统却至关重要，它直接影响到存储空间的使用和文件信息的检索速度。

1. 文件物理结构的概念

文件的物理结构，又称为文件的存储结构，它是指文件在外存上存储时的组织结构。文件的物理结构与存储介质的物理特性及用户对文件的访问方式有关。

文件的物理结构通常划分为大小相等的物理块。这些物理块也称为物理记录，它是文件分配及传输信息的基本单位。物理记录的大小与物理设备有关，与逻辑记录的大小无关。一条物理记录的大小与磁盘空间存储块的大小是相等的。因此，一条物理记录占用一个物理存储设备的存储块。为了有效地利用外存设备，便于系统管理，一般把文件信息划分成与物理块大小相等的逻辑块。

说明：这里可以用主存的页式存储管理来理解。把外存划分成大小相等的若干区域，每一个区域称为一个物理块（相当于对主存分块）；把一个文件分成与物理块大小相等的逻辑块（相当于对作业分页）。一个逻辑块存储到一个物理块上。每一个文件的逻辑块号都是从“0”开始编号，而物理块号是整个外存空间从“0”开始编号。与主存的页式存储管理不同的是根据存储空间“块”（物理块）的大小来确定文件“页”（逻辑块）的大小。

2. 文件物理结构的形式

根据文件存储设备的特性以及用户对文件的访问方式，可以在文件存储器中使用以下三种文件物理结构组织文件：顺序结构、链接结构和索引结构。

（1）顺序结构。顺序结构是最简单的一种物理结构。顺序结构将一个在逻辑上连续的文件信息依次存放在外存连续的物理块中，即所谓的逻辑上连续，物理上也连续。如图 5-3 所示，一个逻辑块号为 0、1、2、3 的文件依次存放在物理块 10～13 中。

顺序结构的优点是管理简单，存取速度快，适合于顺序访问。只要知道文件在存储设备上的始址和文件长度，就能很快地进行存取。文件的逻辑块号到物理块号的变换也非常容易。顺序结构的缺点是在建立文件时必须在文件说明信息中确定文件的长度，以后不能动态增长，文件修改难度大。例如在一个文件中想要增加一些信息，而该文件尾的相邻块已分给别的文件时，增加信息就难以实现了。当删除某一块时，有可能使该块成为类似主存中的碎片。所以，顺序结构不适合存放用户文件、数据库文件等经常被修改的文件。

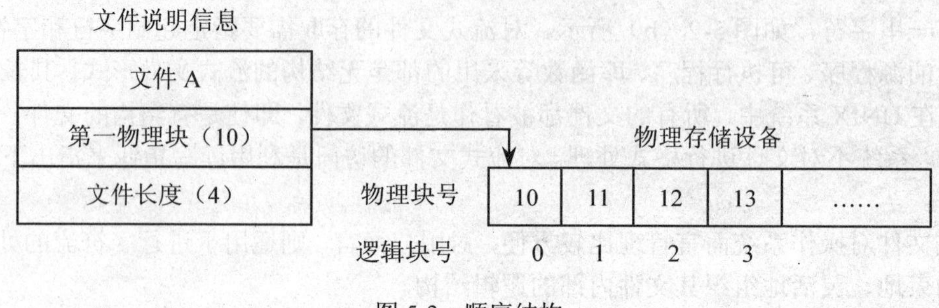

图 5-3　顺序结构

解决以上问题的方法是定期对外存空间进行调整，即先把磁盘信息整盘转存到另一存储设备上，然后重新装入存储的信息，以便重新获得大片连续的空闲块区。

（2）链接结构。克服顺序文件缺点的办法之一是采用链接结构。链接结构将文件存放在外存的若干个物理块中，这些物理块不必连续，并且在每一个物理块中设一个指针，指向下一个物理块的位置，从而使得存放在同一个文件的物理块链接起来。如图 5-4 所示为一个文件采用的链接结构，它分别存放在 4 个不连续的物理块中。

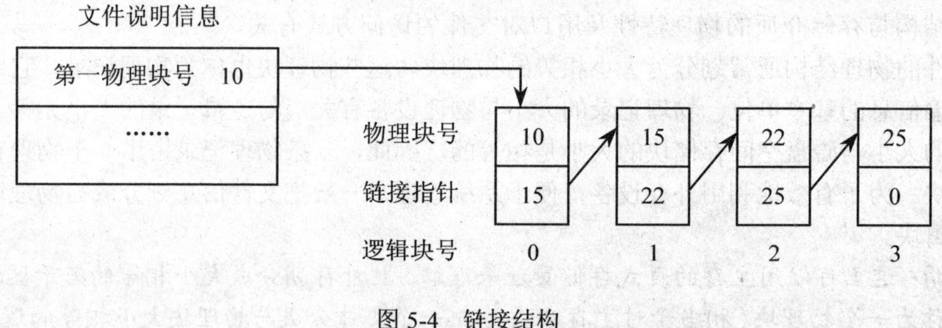

图 5-4　链接结构

显然，使用链接结构时，不必在文件说明信息中说明文件的长度，只要指明该文件存放的第一个物理块号即可。链接文件的优点是文件的长度可以动态增长，增加和删除记录比较容易，只需要调整链表中的指针即可，外存的利用率高。其缺点是随机访问效率低。因此，链接文件的访问方式应该是顺序访问。

（3）索引结构。索引文件克服了顺序文件和链接文件的缺点。索引结构将文件存放在外存的若干个物理块中，并为每一个文件建立一张索引表，索引表中的每个表目存放文件信息的逻辑块号和与之对应的物理块号。索引表的物理地址由文件说明信息给出。索引结构如图 5-5 所示。逻辑块号为记录成组后的物理记录的编号，从“0”开始编号；物理块号为磁盘存储块的实际编号。

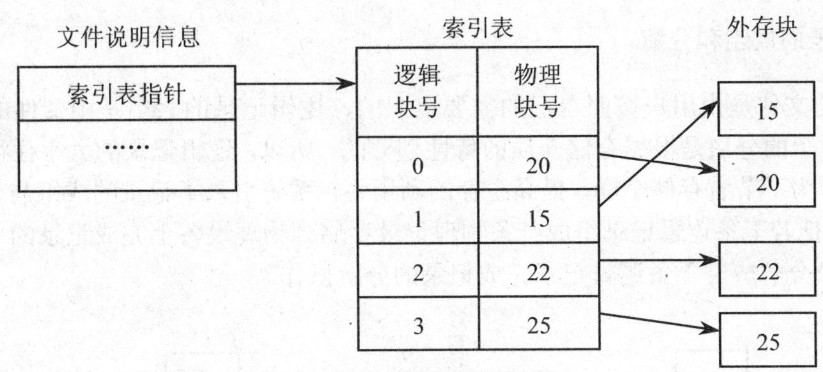

图 5-5　索引文件结构

索引文件结构既可以满足文件动态增长的需要，又可以较为方便地实现随机存取。因为有关逻辑块号和物理块号的信息全部放在一张索引表中，而不是像链接文件那样分散在各个物理块中。采用索引结构便于增加与删除文件记录。当给文件增加一条记录时，只要找出一个空闲的物理块，把记录存入该块，同时在索引表中登记该记录的存放地址即可。当删除一条记录时，只要把该记录在索引表中的登记项清“0”，并收回该记录原来占用的物理块，把它作为空闲块即可。

索引文件既适合顺序访问，又适合随机访问，应用范围广泛。但是，当文件的记录数很多时，索引表就会很庞大从而降低检索的速度。一个较好的解决办法是采用多级索引，如图 5-6 所示，为索引表再建立索引（二级索引结构）。

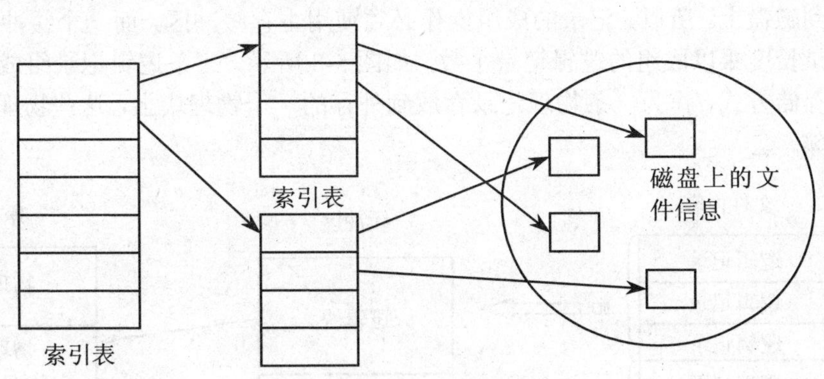

图 5-6　二级索引结构

3. 文件的访问方式

根据用户对文件内数据的处理方法不同，文件的访问方式可以分为：

（1）顺序访问。它是指用户从文件初始数据开始依次访问文件中的信息。对记录式文件意味着按记录的编号从小到大进行存取，对流式文件则意味着对文件从头至尾进行存取。顺序访问的特点是访问速度快，不需要计算访问信息的位置，适用于数据的统计和汇总等。

（2）直接访问。也称为随机访问，是指用户随机地访问文件中的某段信息。用户在采用直接访问方式访问文件时，文件必须存放在可以支持快速定位的随机存储设备中。

5.2.3 记录的成组和分解

每个用户的文件是由用户按照自己的需要组织的，逻辑记录的大小是由文件的性质决定的，而存储介质上的分块是根据存储介质的特性划分的。所以，逻辑记录的大小往往与存储块的大小不一致。为了节省存储空间，提高主存的利用率，系统引入了记录的成组与分解，如图5-7所示。系统把若干条逻辑记录组成一条物理记录存储到物理设备上完成记录的成组操作，把一条物理记录分解成若干条逻辑记录完成记录的分解操作。

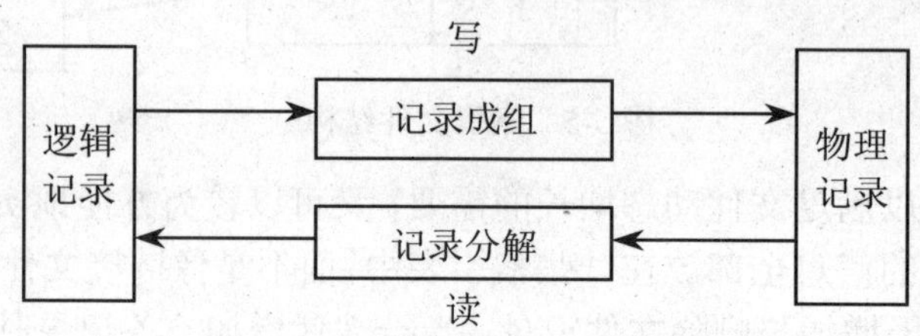

图 5-7 记录的成组与分解

1. 记录成组

记录成组是指把若干条逻辑记录合并成一组存入一个物理块的过程。如用户要把某文件中的长度分别为 11、12、13 的三条逻辑记录 R1、R2 和 R3 依次写到磁盘上，当磁盘上的分块长度大于这三条逻辑记录的总长时，可以采用成组操作。

用户每要求写一条逻辑记录时，操作系统就把这些记录信息存放到主存的缓冲区内，然后再一次写到磁盘上。所以，记录的成组操作必须使用主存缓冲区，而一个缓冲区的长度等于最大逻辑记录长度乘以成组的逻辑记录个数。如图 5-8 所示，三条逻辑记录组成一个逻辑块，按照一定的存储方式，作为一条物理记录存放到外存的一个物理块上，这些物理块可能相邻，也可能不相邻。

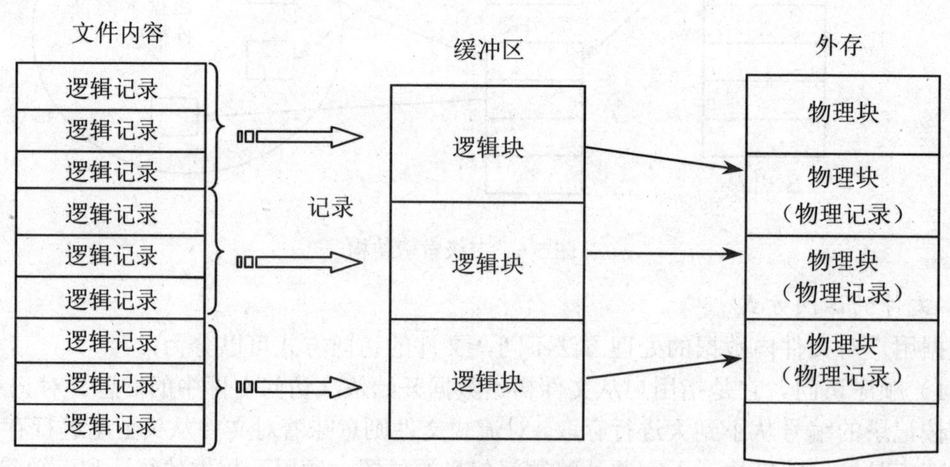

图 5-8 记录成组过程

根据是否允许将一条逻辑记录存储于两个物理块上，可以把记录成组分为跨块方式和不跨块方式。跨块方式允许一条逻辑记录存储于两个物理块上，而不跨块方式则不允许一条逻辑记录存储于两个物理块上。如一条物理记录大小为 4KB，一条逻辑记录大小为 1.2KB。若按不跨块方式，一条物理记录可以由 3 条逻辑记录组成。如图 5-8 所示，若按跨块方式，一条物理记录可以由 3 条多逻辑记录组成。也就是有一条逻辑记录，一部分在一条物理记录上，另一部分在下一条物理记录上。

采用不跨块方式进行记录成组，操作简单、易于实现，但会浪费一定的存储空间；而采用跨块方式进行记录成组，提高了存储空间的利用率，但操作复杂、不易实现。

2. 记录分解

记录分解是指从一条物理记录中把逻辑记录分离出来的过程。

记录成组存放后，当用户需要某一条记录时，必须把含有该条记录的整块信息读出，再从这一组逻辑记录中找出用户所需要的记录进行处理。记录分解也需要使用主存缓冲区，如图 5-9 所示。

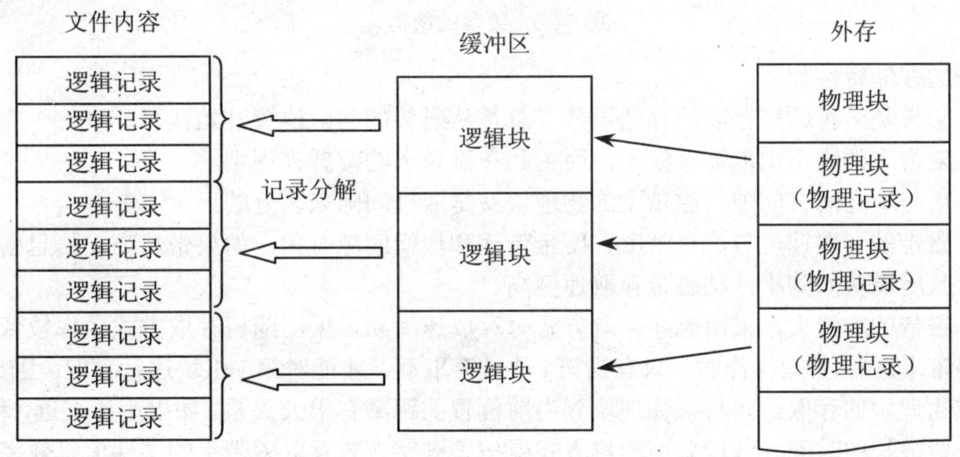

图 5-9　记录的分解过程

采用记录成组与分解操作可以提高存储空间的利用率，有效地减少存储设备的启动次数。但是，记录的成组与分解操作需要设立主存缓冲区，增加了系统开销。

说明：记录的成组与分解就像工厂生产的产品经过装箱运输到商店，再拆箱取出商品进行销售的过程一样。产品装箱的过程好比记录的成组，拆箱的过程好比记录的分解。

5.3　文件的存储设备

文件的存储设备是实现文件管理的基础，本节主要介绍文件存储设备的类型、磁盘驱动调度算法、存储空间的分配与回收。

5.3.1　文件存储设备的类型

文件存储设备的主要类型有磁带、磁盘、光盘等。存储介质的物理单位称为卷。如一盘磁带、一张软盘、一个磁盘组等都可以称为一卷。存储介质上连续信息所组成的一个区域称为块，也称为物理记录。块是主存储器与物理设备进行信息交换的物理单位，每次总是交换一块或若干块信息。划分块的大小应根据存储设备的类型、信息传输效率等多种因素来考虑。下面主要介绍以磁带为代表的顺序存储设备和以磁盘为代表的直接存储设备。

1. 顺序存储设备

顺序存储设备是按信息的物理位置进行定位和读/写操作的存储设备。在顺序存储设备中，只有前面的物理块被存取之后，才能存取其后的物理块。

例如磁带就是一种典型的顺序存储设备，它总是从磁带的当前位置开始读/写。磁带机上的块不是用地址来标识的，而是用它在磁带上的位置来标识的。为了在存取一个物理块时让磁带机提前加速和不停止在下一个物理块的位置上，磁带的两个相邻的物理块之间设计有一个间隙将它们隔开。磁带的结构如图 5-10 所示。

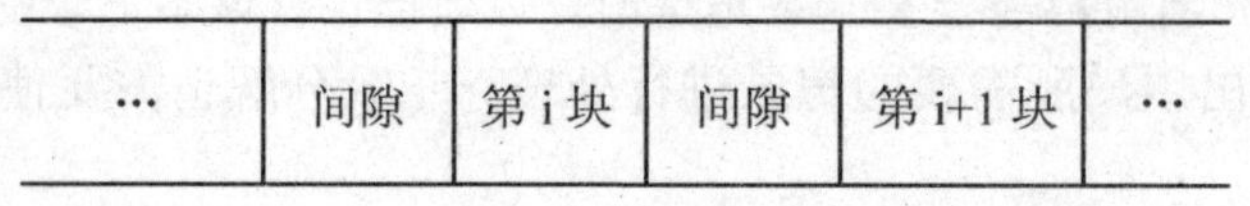

图 5-10 磁带的结构

磁带的存储特性如下：

- 磁带是一种顺序存取的存储设备，总是从磁头的当前位置开始读写。
- 磁带上的块不由地址来标识，而由其在磁带上的位置来识别。
- 块与块之间有间隙，磁带上的物理块就是通过间隙来区分的。
- 磁带的存取速度与信息密度、磁带带速和块间间隙有关。如果带速高，信息密度大，且所需块间间隙小，则磁带存取速度高。
- 磁带的容量大，采用顺序存取方式时存取速度高，采用随机存取方式效率较低。

在磁带上进行读/写操作时，只有当第 i 块被存取后，才能对第 i+1 块进行存取。因此，某条记录或物理块的存取访问与该物理块到当前位置的距离有很大关系。如果距离很远，移动磁头就要花费很长的时间。所以，采用随机方式或按关键字方式存取磁带上的文件信息效率不高。

下面通过一个实例来了解一下磁带的存储特点。

【例 5-1】假定磁带记录密度为每英寸 800 字符，每一条逻辑记录为 160 字符，块间隙为 0.6 英寸。现有 1500 条逻辑记录需要存储，试计算磁带的利用率？若要使磁带空间利用率不少于 50%，至少应以多少条逻辑记录为一组？这说明了什么问题？

【解】因磁带记录密度为每英寸 800 字符，则一条逻辑记录占据的磁带长度为：160/800=0.2 英寸，1500 条逻辑记录要占据的磁带长度为：(0.2+0.6)×1500=1200 英寸。

磁带的利用率为：0.2/(0.2+0.6)= 25%。

要使磁带的利用率不少于 50%，即磁带利用率大于或等于 50%，则一组逻辑记录所占的磁带长度应与间隙长度相等，所以一组中的逻辑记录数至少为：0.6/0.2=3 条。

这说明记录的成组可以提高外存空间的利用率。

2. 直接存储设备

直接存储设备是允许文件系统直接存取对应存储介质上的任意物理块的存储设备。如磁盘就是典型的直接存储设备。磁盘设备允许文件系统直接存取磁盘上的任意物理块。磁盘机一般由若干张磁盘片组成，这些盘片可以同时沿着一个固定方向高速旋转。每个盘面对应一个磁头，所有的读写磁头被固定在惟一的磁臂上，这样磁头可以沿半径方向同时移动，读写磁盘上不同位置上的信息。

为了理解磁盘的存储特点，首先介绍几个与磁盘有关的概念。

（1）磁道。磁盘盘片上的一系列同心圆称为磁道；为了描述磁道，对磁道由外向内进行编号，称为磁道号（编号均从 0 开始）。系统通过磁道号完成对磁道的操作。

（2）柱面。与盘片中心有相同距离的所有磁道组成一个柱面；当磁臂移动到某一位置时，所有的读写磁头都在同一个柱面上，盘面上的磁道号即为柱面号；对于软盘，一个柱面仅包含两个磁道。

（3）扇区。磁道沿径向又分成大小相等的若干个区域，每个区域称为一个扇区，每个扇区可以存放相等字节数（一般为 512 字节）的信息，按照与磁盘旋转相反的方向依次给扇区编号，称为扇区号。

（4）磁头号。所有的读写磁头由上至下进行编号，称为磁头号。

磁盘上的每个物理块可以通过柱面号、磁头号和扇区号确定。在磁盘上存放信息时，为了减少移动磁头所花费的时间，不是按盘面上的磁道顺序存放满信息后再存放到下一个盘面上，而是按柱面存放。一个柱面上的所有磁道存满后，再向下个柱面上继续存放。

磁盘的存储特性如下：

- 磁盘是一种直接存取（按地址）的存储设备。
- 磁盘空间的位置由三个因素决定：柱面号、磁头号、扇区号。
- 在磁盘上，信息是按柱面存放的，空间分配的基本单位是簇。
- 访问磁盘的时间由三部分组成，即寻道时间、延迟时间和传输时间。其中寻道时间是指将磁头从当前位置移动到指定磁道所经历的时间，也称为移臂时间；延迟时间是通过磁盘的旋转将指定扇区移动到磁头下面的时间，也称为旋转时间；传输时间是指将扇区上的数据从磁盘读出或向磁盘写入数据所经历的时间。
- 磁盘的容量大、访问速度快，可以快速定位物理扇区，直接访问，它是计算机系统的主要存储介质。

在使用外存储器前，应选择好物理块（物理记录）的划分长度，对其进行物理块划分。在外存储器中，文件的存储、读写操作均是以物理记录为单位进行的。

说明：光盘也是一种常见的直接存储设备，它的特点是定位速度快，可以直接访问，但是，存放在光盘中的文件往往是一次性写入，不能删除和修改，通常用于文件的备份和恢复。

由于磁带是一种顺序存储设备，用它存储文件时应采用顺序结构存放，顺序存取时效率较高。磁盘是直接存储设备，三种物理结构都可以使用，实际存储时可以根据文件的使用情况来确定。如果文件是顺序存取的，采用顺序结构和链式结构都可以；若采用直接存取方式且文件大小不固定，应采用索引方式；若文件大小固定，也可以采用顺序结构。

下面通过一个实例来体会磁盘的存储特点。

【例 5-2】某软盘有 40 个磁道，磁头从一个磁道移到另一个磁道需要 6ms。文件在磁盘上非连续存放，逻辑上相邻数据块的平均距离为 13 磁道，每块的旋转延迟时间及传输时间分别为 100ms、25ms，问读取一个 100 块的文件需要多少时间？如果系统对磁盘进行了整理，让同一个磁盘块尽可能靠拢，从而使逻辑上相邻的数据块的平均距离降为 2 磁道，这时读取一个 100 块的文件需要多少时间？

【解】磁盘访问时间=寻道时间+旋转延迟时间+传输时间。

（1）磁盘整理前，逻辑上相邻的数据块的平均距离为 13 磁道，读取一个数据块的时间为：

13×6+100+25=203ms。

因此，读取 100 块的文件需要的时间为：203×100=20300ms。

（2）磁盘整理后，逻辑上相邻的数据块的平均距离为 2 磁道，读取一个数据块的时间为：2×6+100+25=137ms。

因此，读取 100 块的文件需要的时间为：137×100=13700ms。

5.3.2 磁盘的驱动调度算法

磁盘是一种共享设备，在多道程序设计系统中，可以允许多个进程访问磁盘，但是在某一时刻仍只允许一个进程访问它，其余进程要等待。磁盘的驱动调度就是要决定等待者的访问次序，采用的调度策略称为驱动调度算法。驱动调度是先进行移臂调度，以尽可能减少寻道时间；再进行旋转调度，以减少延迟时间。

1. 移臂调度

移臂调度采用的算法有先来先服务（FCFS）、最短寻道时间优先（SSTF）、扫描算法（SCAN）或电梯调度算法和循环扫描（CSCAN）调度算法。

（1）先来先服务（FCFS）调度算法。先来先服务调度算法是按请求访问者的先后次序启动磁盘驱动器，而不考虑它们要访问的物理位置。

采用这种调度算法，只需要对访问磁盘的作业排队。新来的访问者排在队尾，始终从队首取出访问者访问磁盘，直到该队列为空。

采用这种调度算法，实现起来比较简单，但是在某些情况下会增加磁臂的移动次数，甚至大幅度地移动。

（2）最短寻道时间优先（SSTF）调度算法。最短寻道时间优先调度算法总是让离当前磁道最近的请求访问者启动磁盘驱动器，即让查找时间最短的那个作业先执行，而不考虑请求访问者到来的先后次序，这样就克服了先来先服务调度算法中磁臂移动过大的问题。

采用这种调度算法，需要为请求访问磁盘的作业设置一个队列，随着当前磁道的改变，不断计算后续访问者与当前磁道的距离，让距离最短的访问者访问磁盘。当前磁道为最新访问的磁道。

采用这种调度算法，虽然减少了磁臂的移动距离，但是，会经常改变磁臂的移动方向，花费时间多又影响机械部件，还会导致“饥饿”现象，即较远距离的孤立的访问者可能很长时间不能获得访问磁盘的机会。

（3）扫描算法（SCAN）或电梯调度算法。扫描调度算法总是从磁臂当前位置开始，沿磁臂的移动方向去选择离当前磁臂最近的那个柱面的访问者。如果沿磁臂的方向无请求访问时，就改变磁臂的移动方向。在这种调度方法下磁臂的移动类似于电梯的调度，所以也称它为电梯调度算法。

采用这种调度算法，需要为访问者设置两个队列，根据磁头的移动方向，能访问到的访问者由近及远排队，背离磁头移动方向的访问者也由近及远排为另一队。先按磁头移动方向队列调度访问者访问磁盘，当该方向没有访问者时，再改变方向，选择另一个访问者队列访问磁盘。

采用这种调度算法，较好地解决了寻道性能，又防止了“饥饿”现象。但是，会出现刚访问过的柱面再次提出请求时等待较长的时间的情况。

（4）循环扫描（CSCAN）调度算法。循环扫描调度算法是在扫描算法的基础上改进的。

磁臂改为单向移动，由外向里。从当前位置开始沿磁臂的移动方向去选择离当前磁臂最近的那个柱面的访问者。如果沿磁臂的方向无请求访问时，再回到最外，访问柱面号最小的作业请求。

采用这种调度算法，需要为访问者设置一个队列，该队列按磁道序号的升序排列，磁头按磁道序号由小到大扫描一遍，被扫描到的访问者可以访问磁盘。被访问过的磁道从该队列中删除，在扫描过程中，又有新的访问者到来时，仍按访问磁道序号的升序排列。前一遍扫描结束后，再从磁道序号最小的开始扫描。

采用这种调度算法，较好地解决了寻道性能，又防止了"饥饿"现象。不会让刚访问过的磁道再次提请访问时等待较长的时间。但是，会出现磁臂的"黏着"现象，即在某一段时间内，始终访问相邻的几个磁道或某一个磁道时，磁臂不移动的情况。

2. 旋转调度

旋转调度采用的是延迟时间最短者优先算法。当磁臂定位后，等待访问该柱面的若干个访问者可能要求访问同一磁道上的不同扇区，也可能要求访问不同磁道上的扇区。旋转调度总是对先到达磁头位置上的扇区进行信息传送操作，若访问的扇区号相同，则应分多次进行旋转调度。

下面通过两个实例来理解磁盘调度算法。

【例 5-3】若磁头的当前位置在 100 磁道上，磁头正向磁道号增加的方向移动。现有一磁盘读写请求队列：23、376、205、132、19、61、190、398、29、4、18、40。若采用先来先服务、最短寻道时间优先和扫描（电梯）调度算法，试计算平均寻道长度各为多少？

【解】（1）先来先服务算法。访问磁道的顺序和移动的磁道数如下表所示：

下一磁道	23	376	205	132	19	61
移动道数	77	353	171	73	113	42
下一磁道	190	398	29	4	18	40
移动道数	129	208	369	25	14	22

磁头移动磁道总数为：77+353+171+73+113+42+129+208+369+25+14+22=1596。

平均移动道数为：1596/12=133。

（2）最短寻道时间优先算法。访问磁道的顺序和移动的磁道数如下表所示：

下一磁道	132	190	205	61	40	29
移动道数	32	58	15	144	21	11
下一磁道	23	19	18	4	376	398
移动道数	6	4	1	14	372	22

磁头移动磁道总数为：32+58+15+144+21+11+6+4+1+14+372+22=700。

平均移动道数为：700/12=58.3。

（3）扫描（电梯）算法。访问磁道的顺序和移动的磁道数如下表所示：

下一磁道	132	190	205	376	398	61
移动道数	32	58	15	171	22	337
下一磁道	40	29	23	19	18	4
移动道数	21	11	6	4	1	14

磁头移动磁道总数为：32+58+15+171+22+337+21+11+6+4+1+14=692。

平均移动道数为：692/12=57.7。

【例 5-4】磁盘请求以 10、22、20、2、40、6、38 柱面的次序到达磁盘驱动器。寻道时每个柱面移动需要 6ms，计算以下算法的寻道次序和寻道时间。

（1）先来先服务调度算法。

（2）电梯调度算法（起始向磁道号大的方向移动）。

在所有情况下磁头臂起始都位于柱面 20 号上。

【解】（1）先来先服务调度算法。

寻道次序：10、22、20、2、40、6、38 柱面。

寻道时间：((20−10)+(22−10)+(22−20)+(20−2)+(40−2)+(40−6)+(38−6))*6 =146*6=876ms。

（2）电梯调度算法（起始移动向上）。

寻道次序：22、38、40、20、10、6、2 柱面。

寻道时间：((22−20)+(38−22)+(40−38)+(40−20)+(20−10)+(10−6)+(6−2))*6 =58*6=348ms。

5.3.3 存储空间的分配与回收

用户作业在执行期间，经常要求建立一个新文件或撤消一个旧文件，因此系统必须为它们分配空间和回收空间。在实际的使用中，文件存储空间的变化是频繁的，要提高系统效率，就必须考虑对外存空间的管理尽量在主存中进行，以减少访问外存的时间开销。但是，又不能过多地占用主存空间。这就要通过紧凑的数据结构和高效的分配与回收算法来实现。在文件系统中，存储管理的主要任务是对存储空间的分配与回收。存储空间的分配方法有连续分配、链接分配和索引分配。

1．顺序结构与连续分配

（1）基本原理。顺序结构将一个在逻辑上连续的文件信息依次存放在外存连续的物理块中。连续分配要求为每一个文件分配一组相邻接的盘块。一组盘块的地址定义了磁盘上的一段线性地址。因为其采用空闲文件目录登记磁盘的空闲区，所以该分配方法也称为空闲文件目录法。

（2）采用的数据结构。顺序结构采用的数据结构有文件目录、空闲文件目录。

1）文件目录。文件目录用于记录文件在外存空间的存储情况，包括文件名、始址、末址或长度，如图 5-11 所示。

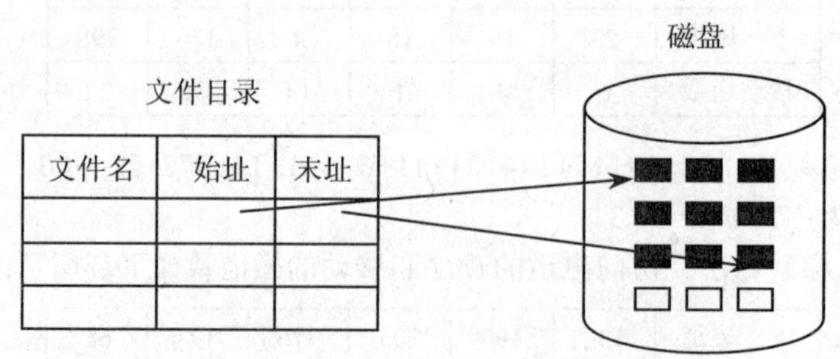

图 5-11 顺序结构

2）空闲文件目录。空闲文件目录用于记录外存空闲块的基本情况，它将文件存储设备上的每个连续空闲区看作一个空闲文件（又称自由文件）。系统为所有空闲文件单独建立一个目录，每个空闲文件在这个目录中占一个表目。表目的内容包括起始空闲块号、连续空闲块个数和所包含的物理块号，如表 5-1 所示。

表 5-1　空闲文件目录

序号	起始空闲块号	连续空闲块个数	物理块号
1	2	5	2，3，4，5，6
2	16	6	16，17，18，…
3	50	18	50，51，…
4	80	6	80，81，…
…	…	…	…

（3）外存空间的分配与回收。当请求分配外存空间时，系统依次扫描空闲文件目录的记录，直到找到一个合适的空闲文件为止，在文件目录中填入该文件的文件名和所分配的始址、末址，并修改空闲文件目录中相应的表目。否则，系统提示空间不足。

在表 5-1 中，假如有一个文件需要 8 个物理块的存储空间，查找空闲文件目录后，从第 3 个空闲区中分配出 8 个空闲块，然后把第 3 个空闲区的信息进行相应的修改，其中的起始空闲块号变为 58，连续空闲块个数变为 10。

当用户撤消一个文件时，系统会根据文件目录找到该文件在外存中的始址和末址，对空闲文件目录进行调整。调整有四种情况，与可变分区管理的空闲区整理相同。最后，删除该文件在文件目录中的记录。

说明：外存顺序结构的存储分配类似于主存的分区存储管理方式，也是分配到一个连续的存储空间。其中文件目录相当于已分分区表，空闲文件目录相当于空闲分区表。

（4）特点。采用这种连续分配法具有以下特点：

- 它要求文件存储在一个连续的磁盘空间中，这种以顺序结构存放的文件称为顺序文件或连续文件。
- 文件顺序访问容易，存取速度快；对于记录定长的顺序文件，还可以随机地访问；当文件存储空间只有少量空闲区时，效果较好。
- 这种存储管理会产生碎片，不利于文件的动态扩充，而且必须事先知道文件的长度。

2．链接结构与链接分配

（1）基本原理。链接结构是将文件存放在外存的若干个物理块中，这些物理块不必连续，并且在每一个物理块中设有一个指针，指向下一个物理块的位置，从而将存放同一个文件的物理块链接起来。因为磁盘空闲块的管理是用空闲块链的方法，所以这种存储分配也称为空闲块链法，如图 5-12 所示。

（2）采用的数据结构。链接结构采用的数据结构有文件目录、空闲块链和链接指针。

1）文件目录。它用来记录文件在外存空间的分配情况，包括文件名和首块地址。

2）空闲块链。在文件存储设备上的每个空闲块中设立一个链接指针，指向下一个空闲块，从而将所有的空闲块链接在一起，并设立一个头指针指向空闲块链的第一个物理块。

3）链接指针。在每一个物理块中设置一个指针，用于指向下一个物理块。

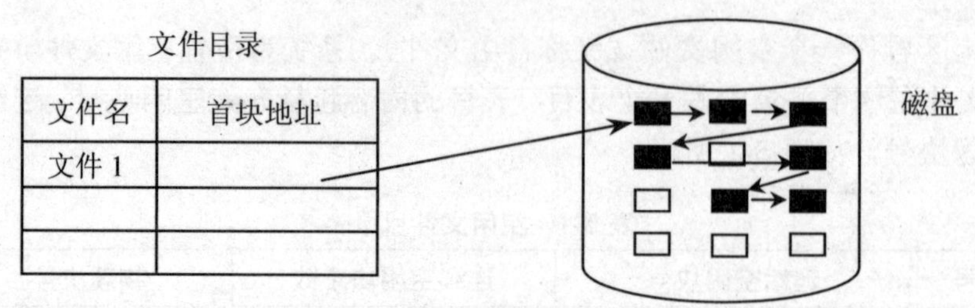

图 5-12 链接结构

（3）外存空间的分配与回收。当请求分配外存空间时，系统依次从空闲块链中，取出几块分配给该文件，把最后一个物理块的指针设为空值，并调整空闲块链的头指针。在文件目录中增加一条记录，填入该文件的文件名和首块地址。若空间不足，则给出提示。

当撤消一个文件时，系统根据文件目录，收回其存储空间，并将收回的空闲块依次插入空闲块链首，同时删除该文件在文件目录中的记录。

（4）特点。采用这种链接分配法具有以下特点：

- 文件可以存放在一个不连续的外存空间中，这种以链接结构存放的文件称为链接文件或串联文件。
- 这种空间分配方法较好地解决了外存“碎片”的问题，提高了外存的利用率，文件可以实现动态增长，适用于顺序存取的文件。
- 文件只能按照文件指针链顺序访问，查找效率低。

（5）空闲块链的链接方法。空闲块链的链接方法因系统不同而不同，常用的链接方法有：按空闲区大小顺序链接、按释放先后顺序链接、按成组链接。前两种方法比较直观，容易理解。这里主要介绍成组链接法。

成组链接法是将空闲块分成若干组，其中每组空闲块数可以相同也可以不同，再用指针将组与组链接起来，在这种链接法中，系统根据磁盘块数，开辟若干块来专门登记系统当前拥有的空闲块的块号。

如图 5-13 所示，假设磁盘块的大小为 1KB，磁盘块号用 16 位二进制数表示，即占用 2B 的空间。那么每一块中最多登记 511 个空闲块的块号，余下的 2B 存放下一块的块号。对于磁盘容量为 20MB 且初始时全部块都是空闲的，最多只要开辟 40 个磁盘块就可以登记所有的空闲块了。

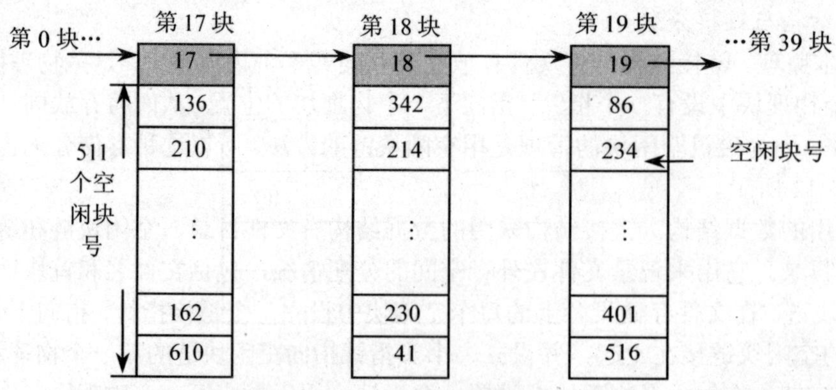

图 5-13 成组链接法

按空闲区大小顺序链接和按释放先后顺序链接的空闲块管理在增加或移动空闲块时需要对空闲块链做较大的调整，会耗去一定的系统开销。成组链接法在空闲块的分配和回收上要优于上述两种方法。

3. 索引结构与索引分配

（1）基本原理。索引结构将文件存放在外存的若干个物理块中，并为每个文件建立一张索引表，索引表中的每条记录存放文件信息的逻辑块号和与之对应的物理块号。系统通过文件索引表来完成对文件的操作。在这种方法中，因为磁盘存储空间的管理采用的是位示图，所以，这种存储管理也称为位示图法，如图 5-14 所示。

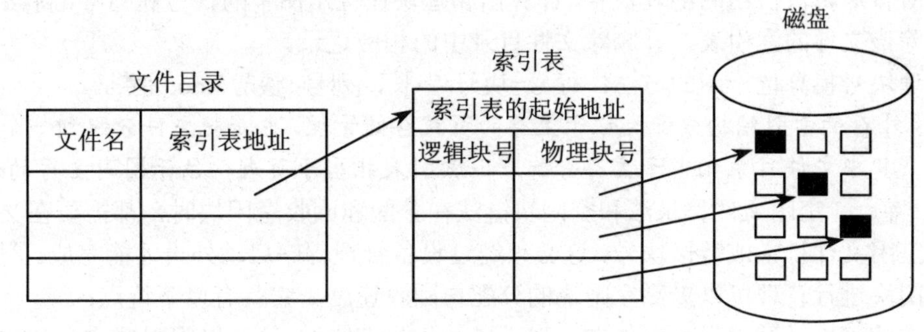

图 5-14　索引结构

（2）采用的数据结构。为了记录外存空间的使用情况和文件信息的分配情况，整个系统设置了一个文件目录和一个位示图，并为每个文件建立了一张索引表。

1）文件目录。文件目录记录每个文件的文件名和索引表地址。

2）索引表。索引表记录该文件中每个逻辑块号和与之存储对应的物理块号。文件的逻辑块与物理块的大小相同。

3）位示图。位示图记录外存空间的使用情况和剩余的空闲块数，包括标志位和空闲块数两部分。标志位用一个二进制位表示其对应的一个物理块的状态，其值为“1”时表示块已分配，为“0”时表示块未分配。位示图的大小由磁盘块的总块数决定。

例如，一个磁盘共有 100 个柱面（编号为 0～99），每个柱面有 8 个磁道（编号为 0～7，也就是磁头编号），每个盘面分成 4 个扇区（编号为 0～3），一个扇区为一个磁盘块。则整个磁盘空间磁盘块的总数为：4×8×100＝3200 块，如果用字长为 32 位的字来构造位示图，共需 100 个字，即 400B，如图 5-15 所示。

	0 位	1 位	2 位		31 位	
第 0 字	0/1	0/1	0/1	…	0/1	← 1 个柱面
第 1 字	0/1	0/1	0/1	…	0/1	
	⋮	⋮	⋮	⋮	⋮	
第 99 字	0/1	0/1	0/1	…	0/1	

图 5-15　位示图

（3）外存空间的分配与回收。当文件请求分配外存空间时，首先计算该文件所需要的物理块数（文件长度/块的大小），然后用该块数与位示图中的空闲块数比较。若文件块数大于空闲块数，则显示外存空间不足的信息，拒绝分配外存空间；否则，系统为该文件建立一张索引表，在文件目录中登记该文件的名字和索引表的起始地址，并顺序扫描位示图，找出一组值为“0”的二进制位。然后经过简单的换算就可以得到物理盘块号，填入该文件的索引表，并将位示图中的这些位改为“1”。最后，修改位示图中的空闲块数，即减去文件所需要的存储块数。

根据位示图换算物理盘块号的方法如下：

位示图中第 i 行第 j 列对应的物理块号为：块号=字长×i+j。

当删除文件，也就是回收磁盘空间时，通过文件目录找到该文件的索引表，根据索引表找到该文件所有逻辑块占用的物理块号，计算出物理块在位示图中的行号和列号，将该位清“0”。最后，删除该文件的索引表，并删除文件目录中的相应记录。

由物理块号换算位示图的方法：行号=块号/字长，列号=块号 mod 字长。

说明：外存的索引结构分配类似于主存的页式存储管理，也是把文件分配到一个不连续的外存空间。其中文件目录相当于主存分配表，索引表相当于页表，位示图同主存的位示图。

（4）特点。空闲文件目录法和空闲块链法在分配和回收空闲块时，都需要在文件存储设备上查找空闲文件目录或链接块号，这必须经过设备管理程序启动外设才能完成。用位示图的方法对空闲块进行管理可以提高空闲块的分配与回收速度。它具有以下特点：

- 文件可以通过索引表存放在一个不连续的外存空间，这种以索引结构存放的文件称为索引文件。
- 较好地解决了磁盘“碎片”的问题，提高了外存的利用率，文件可以实现动态地增长，适宜文件记录的增加和删除操作，索引结构可用于顺序存取和随机存取的文件。
- 索引表的引用增加了系统开销。对于小文件，其索引表的利用率较少。

5.3.4　外存空间分配举例

【例 5-5】有一磁盘组共有 10 个盘面，每个盘面上有 100 个磁道，每个磁道有 16 个扇区。假定分配以扇区为单位，若使用位示图管理磁盘空间，问位示图需要占用多少空间？若空闲文件目录的每条记录占用 5B，问什么时候空闲文件目录所需要的空间大于位示图？

【解】因位示图的大小由标志位和空闲块数两部分组成。所以要先计算标志位占用的空间和记录空闲块数所占用的空间。

标志位的大小：因磁盘组扇区总数为 16×100×10=16000 个，所以位示图的标志位需要 16000 位二进制数，即 16000/8=2000 字节。

记录空闲块数的大小：因位示图中的空闲块数的取值范围为 0～16000，这些数可以用 2 个字节存储，即记录空闲块数的大小为 2B。

所以，位示图的大小为 2000B+2B=2002B。

而空闲文件目录的每条记录占 5B，2002B 可以存放的表目数为：2002/5≈400，所以，当空闲文件目录数大于 400 时，空闲文件目录所需要的空间大于位示图。

【例 5-6】设某文件为链接文件，由 5 条逻辑记录组成，每条逻辑记录的大小与磁盘块大小相等，均为 512B，并依次存放在 50、121、75、80、63 号盘块上。若要存取文件的第 1569 逻辑地址处的信息，问要访问哪一个磁盘块？

【解】要存取文件的第 1569 逻辑地址处的信息，应首先计算该信息所在的逻辑块号：

逻辑块号=1569 / 512 = 3（商）

即要访问的逻辑记录号为 3。根据文件的存储顺序，要访问的物理盘块号为 80 号磁盘块。

5.4　文件目录管理

文件管理的主要目标是实现文件的按名存取。为此，系统必须为每个文件建立一个由文件名到物理地址的映射，这种映射信息及其他管理信息组成了该文件的文件说明。系统把若干个文件说明放在一张表格中，该表格就是文件目录。本节主要介绍文件目录的基本概念，一级目录、二级目录、多级目录的基本原理和管理特点。

5.4.1　文件目录的基本概念

1．文件的组成

从文件的管理角度看，一个文件包括两部分：文件体和文件控制块。文件体即文件本身，例如前面介绍过的记录式文件或流式文件。文件控制块（FCB，File Control Block）也称为文件说明，它是为文件设置的用于描述和控制文件的数据结构，其中包括文件名、文件类型、文件结构、文件的存储位置、文件长度、文件的访问权限、文件的建立日期和时间等属性。文件管理程序借助于文件控制块中的信息，实现对文件的各种操作。文件与文件控制块一一对应。

在不同的文件系统中，文件控制块的内容和格式也不完全相同。通常，在文件控制块中包括以下三类信息：基本信息、存取控制信息和使用信息。图 5-16 给出了 MS-DOS 的文件控制块内容。

文件名	扩展名	属性	备用	时间	日期	第一块号	盘块数

图 5-16　MS-DOS 的文件控制块

（1）基本信息。文件的基本信息包括文件名、用户名、物理位置、逻辑结构和物理结构。

1）文件名：供用户使用的标识文件的符号。在每个文件系统中，文件必须具有惟一的名字，用户可以利用该名字进行存取。它包括主文件名和扩展名。

2）用户名：标识文件的产生者。

3）文件的物理位置：具体说明文件在外存的物理位置和范围，包括存放文件的设备名、文件在外存上的盘块号、指示文件所占用的磁盘块数或字节数的文件长度。对于不同的物理结构，应给出不同的说明。对于顺序结构，应说明用户文件第一个逻辑记录的物理地址及整个文件的长度。对于链式结构，应说明文件首、末记录的物理地址。对于索引结构，则应说明索引表中每条逻辑记录的物理地址及记录长度。对于多级索引，文件控制块中还应包含最高级的索引表。

4）文件逻辑结构：指示文件是流式文件还是记录式文件，对于记录式文件，则应说明是定长记录还是不定长记录。

5）文件的物理结构：指示该文件属于顺序结构、链式结构或是索引结构。

（2）存取控制信息。存取控制信息包括文件主的存取权限、核准用户的存取权限和一般用户的存取权限。

（3）使用信息。使用信息包括文件的建立日期和时间、文件上一次修改的日期和时间。

2. 文件目录

文件目录是指存放文件有关信息的一种数据结构。它包含多条记录，每条记录为一个文件的文件控制块（FCB）的有关信息。最简单的记录包含文件名和文件的起始地址，用以建立文件名和存储地址的对应关系。较复杂的记录包含文件控制块的全部内容，此时，文件目录就是文件控制块的集合。

文件目录是文件实现按名存取的重要手段。通常一个文件目录也被看成一个文件，称为目录文件，它一般建立在辅存上。文件目录的管理形式可以分为一级目录、二级目录、多级目录三种。

对文件目录的管理有以下要求：

- 实现"按名存取"。即用户只需要提供文件名，就可以对文件进行存取。这是目录管理中最基本的功能，也是文件系统向用户提供的最基本的服务。
- 提高对目录的检索速度。合理地组织目录结构，可以加快对目录的检索速度，从而加快对文件的存取速度。这是在设计一个大、中型文件系统时所追求的主要目标。
- 文件共享。在多用户系统中，应允许多个用户共享一个文件。这样，只需在外存中保留一份该文件的副本，就可以供不同的用户使用，节省了大量的外存空间。
- 允许文件重名。系统应允许不同用户对不同文件取相同的名字，以便用户按照自己的习惯命名和使用文件。

说明：文件目录管理类似于学校的学生档案管理或旅店的客户管理。

5.4.2 一级目录

1. 基本原理

一级目录，也称为单级目录，是一种最简单、最原始的目录结构。它采用的方法是为外存的全部文件建立一张如图 5-17 所示的目录表。表中包括全部文件的文件名、索引表的始址以及文件的其他属性，如文件长度、文件类型等。每个文件占据表中的一条记录。该目录表存放在外存的某个固定区域，需要时系统将其全部或部分调入主存。

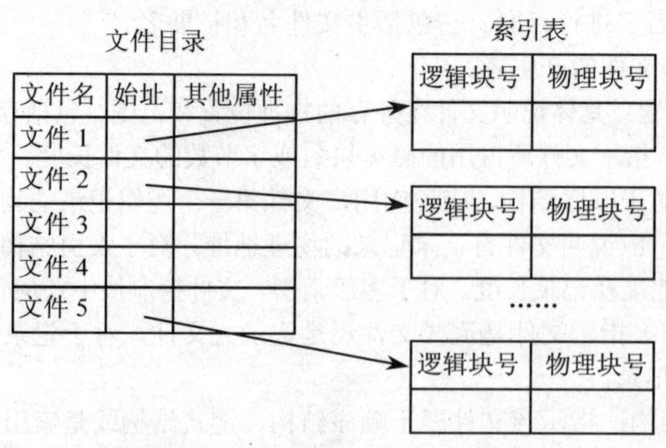

图 5-17 一级目录

文件系统通过该目录表提供的信息对文件进行创建、查找和删除等操作。

（1）当建立一个新文件时，首先确定该文件在表目中是否惟一，若与已有文件同名，提示用户重新起名或覆盖已有的文件。若不与已有的文件同名，则从目录表中找出一个空表目，将新文件的相关信息填入其中。

（2）当删除文件时，首先从目录表中找到该文件的目录项，从中找到该文件索引表的始址，删除文件的索引表，然后清除该文件所占用的目录项。

（3）当对文件进行访问时，系统首先根据文件名去查找文件目录，以确定该文件是否存在。如果存在，根据该文件的索引表，经过合法性检查后，完成对文件的操作；否则，显示文件不存在的信息。

2. 特点

采用一级目录管理文件，具有以下特点：

- 目录结构易于实现，管理简单，只需要建立一个文件目录，对文件的所有操作，都是通过该文件目录实现的。
- 易发生重名问题。一级目录通常按卷构造，一卷可以是一盘磁带、一张磁盘等，凡是在一个卷中的文件即形成一个一级目录表。通过一级目录，文件系统就可以实现对文件空间的自动管理和按名存取。但是当某卷的空间较大时，文件的数目有可能很多，目录结构中的项也会相应增多。由于在一级目录中，各文件控制块都处于平等地位，只能按照顺序或连续结构存放。因此，文件名与文件必须一一对应，即便是不同的用户，也不能给他们的文件取相同的名称，否则就有可能找不到指定的文件，或覆盖已有的文件。
- 当文件较多时，查找时间较长。如果系统中的文件很多，文件目录自然就会很大，按文件名去查找一个文件，平均需要搜索半个目录文件，时间效率较低。
- 不便于实现文件共享，适用于 PC 机的单用户系统。通常每个用户都具有自己的名字空间或命名习惯，所以，应当允许不同用户使用不同的文件名来访问同一个文件。单级目录不允许文件重名，因而，它只用于单用户环境。

5.4.3　二级目录

1. 基本原理

为了克服单级目录结构所存在的缺点，可以把单级目录扩充为二级目录。在二级目录中，每个文件的说明信息被组织成目录文件，然后以用户为单位把各自的文件说明划分成组。用户文件的文件说明组成的目录文件称为用户文件目录，不同的用户拥有不同的用户文件目录，这些文件目录具有相似的结构，由用户所有文件的文件控制块组成。在主文件目录中，每个用户文件目录都占有一个目录项，其中包括用户名和指向该用户目录文件的指针。

在二级目录结构中，如果用户希望建立自己的用户文件目录，可以请求系统为其建立；如果用户不再需要用户文件目录，也可以请求系统管理员将它撤消。在建立了用户文件目录后，用户即可以根据自己的需要建立新文件。当用户需要创建一个文件时，操作系统只需要检查该用户的用户文件目录，查看其中是否存在同名的文件，如果已经存在，用户必须重新为新文件命名；如果不存在，就在用户文件目录中建立一新目录项，将新文件名及有关属性填入目录项中。当用户需要删除一个文件时，操作系统只需查找该用户的用户文件目录，从中找出该文件的目录项，回收被该文件占用的空间后，最后在主文件目录中将该文件目录项清除。二级文件目录结构如图 5-18 所示。

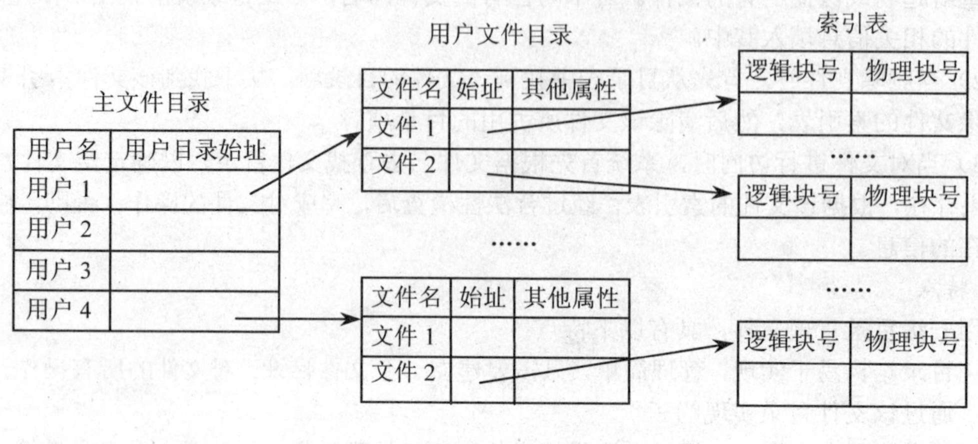

图 5-18 二级目录

2. 特点

采用二级目录管理具有以下特点：

- 提高了检索目录的速度。如果在主目录中有 n 个用户文件目录，每个用户文件目录最多有 m 个目录项，在二级目录结构中，要找到一个指定文件的目录项，最多只需检索 m+n 项；但是，如果采用一级目录结构，最多需要检查 m×n 项。显然，采用二级目录结构有效地提高了检索目录的速度。
- 可以解决用户文件重名问题。在二级目录结构中，有效地将多个用户隔离开。在不同的用户目录中，可以使用相同的文件名，只要在该用户自己的 UFD 中不重名即可。
- 可以使不同用户共享同一个文件。只要在用户目录表中指向同一个文件的物理地址，就可以使不同的用户共享一个文件。
- 可以实现对文件的保护和保密。在二级目录结构中，可以在用户文件目录中设置口令，进而保护该目录下的用户文件。
- 二级文件目录虽然解决了不同用户之间文件同名的问题，但是，同一用户的文件不能同名。当一个用户的文件很多时，这个矛盾就比较突出了。

5.4.4 多级目录

1. 基本原理

为了解决用户文件同名的问题，可以把二级目录的层次关系加以推广，就形成了多级目录。在二级目录结构中，如果进一步允许用户创建自己的子目录并相应地组织自己的文件，即可以形成三级目录结构，依此类推，还可以进一步形成多级目录。通常把三级或三级以上的目录结构称为树型目录结构。在树型目录结构中，除了最低一级外，其他每一级存放的都是下一级目录或文件的说明信息，最高层为根目录，最低层为文件。UNIX 和 DOS 系统中都采用了树型目录结构，如图 5-19 所示。

当要访问某个文件时，往往使用该文件的路径名来标识文件。文件的路径名是从根目录出发，直到所要找到的文件，将所经过的各目录名用分隔符（通常是“\”）连接起来而形成的字符串。从根目录出发的路径称为绝对路径。当目录的层次较多时，从根目录出发查找文件很费时间。为此引入了当前目录，即由用户在一定时间内指定某个目录为当前目录，当用户要访问某个文件时，只需要给出从当前目录出发到要查找的文件之间的路径。从当前目录出发的路径称为相对路径。用相对路径可以缩短搜索路径，提高搜索速度。

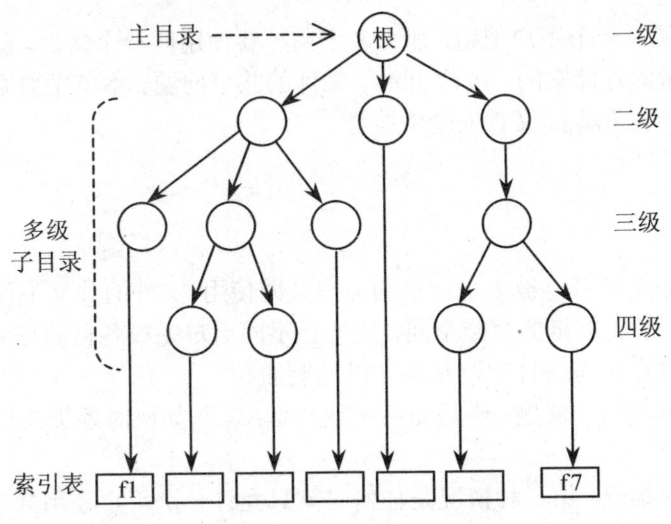

图 5-19　树型目录结构

2. 特点

采用多级目录管理具有以下特点：

- 层次清楚。采用树型结构，系统或用户可以把不同类型的文件登录在不同级别目录下。即不同性质、不同用户的文件构成不同的目录树，便于查找和管理；而且不同层次和不同用户的文件可以被赋以不同的存取权限，有利于文件的保护。
- 解决了用户文件重名问题。在树型目录结构中，不仅允许不同的用户使用相同的名字去命名文件，而且允许同一个用户在自己的不同目录中使用相同的名字。文件在系统中的搜索路径决定了只要在同一目录中的文件名不重复，就可以实现按名存取。
- 搜索速度快。因为文件的查找时间分为目录比较时间和文件比较时间。目录比较是按层次进行的，比较次数少。文件比较时间是与存放文件的目录中的文件名比较，这样提高了搜索速度。

5.4.5　目录管理举例

【例 5-7】假定磁盘块的大小为 1KB，对于 540MB 的硬盘，其文件分配表 FAT 需要占用多少存储空间？当硬盘容量为 1.2GB 时，FAT 需要占用多少空间？

【解】因硬盘的大小为 540MB，磁盘块的大小为 1KB，所以该硬盘的总盘块数为：540MB/1KB=540K（个）。

又因 512K<540K<1024K，故 540K 个盘块需要用 20 位二进制表示，即文件分配表的每个表目为 2.5B。FAT 需要占用的存储空间总数为：2.5B*540K=1350KB。

当硬盘大小为 1.2GB 时，硬盘共有盘块数：1.2GB/1KB=1.2M 个。需要用 21 位二进制表示。为了方便对文件分配表的存取，每个表目用 24 位二进制表示，即文件分配表的每个表目大小为 3B。所以，FAT 需要占用的存储空间总数为：3B*1.2M=3.6MB。

5.5 文件共享与安全

如果一个文件只能被一个用户使用，那么多个用户要使用同一个文件，就必须制作多个副本，这样就浪费了大量的存储空间，由此引入了文件的共享问题。本节主要介绍文件共享的概念、实现文件共享的方法和保障文件安全的方法。

5.5.1 文件共享

1．基本概念

文件共享是指一个文件可以被多个授权的用户共同使用。文件的共享不仅可以减少文件复制操作所花费的时间，节省大量的存储空间，还能让不同用户完成各自的任务，实现用户间的合作。但是，文件的共享是有条件的，是要加以控制的。

文件的共享必须解决两个问题：一是如何实现共享；二是如何对各类共享文件的用户进行存取控制。

文件的共享分两种情况：第一种情况是任何时刻只允许一个用户使用共享文件，即允许多用户使用，但是，一次只能由一个用户使用，其他用户需要等到当前用户使用完毕将该文件关闭后才能使用；另一种情况是允许多个用户同时使用同一个共享文件。此时，只允许多个用户同时打开共享文件进行读操作，不允许多个用户同时打开文件后进行写操作，也不允许多个用户同时打开文件后同时进行读、写操作，这样做可以防止文件受到不必要的破坏，以保护文件中信息的完整性。

随着计算机技术的发展，文件共享的范围也不断扩大，从单机系统中的共享，扩展到多机系统中的共享，进而又扩展到计算机网络中的共享。

2．实现文件共享的方法

实现文件共享的方法有多种，下面介绍三种常用的方法。

（1）绕弯路法。绕弯路法是在早期的操作系统中所采用的一种共享文件的方法。在该方法中，允许每个用户获得一个“当前目录”，用户访问的所有文件都是相对于当前目录的；当所访问的文件不在其当前目录下时，可以通过“向上走”的方式去访问其上级目录。

这种文件共享方式是低效的，这是因为访问一个不在当前目录下的共享文件时，通常需要花费很多时间去访问多级目录，也就是说要绕很大的弯路。

（2）基本目录法。早期实现文件共享的另一种有效方法，就是在文件系统中设置一个基本目录，每个文件在该目录中均占有一个目录项，用于给出对应于该文件名的惟一标识符，以及该文件的有关说明信息。例如，文件的物理地址、存取控制和管理等信息。此外，每个用户都有一个符号文件目录，其中每一个目录项中都含有该文件的符号名及其惟一的标识符。

（3）连访法。为了提高对共享文件的访问速度，可以在相应的目录项之间进行链接。具体方法是使一个目录中的目录项直接指向另一个目录中的目录项，在采用连访方法实现文件共享时，应在文件说明中增加一连访属性，以指示文件说明中的物理地址是一个指向文件或共享文件的目录项的指针，同时也应包括可以共享该文件的“用户计数”，用来表示共有多少用户需要使用此文件。当没有任何用户需要此文件时，可以将此共享文件撤消。

5.5.2　文件安全

文件安全是指避免合法用户有意或无意的错误操作破坏文件，或非法用户访问文件。在现代计算机系统中，存放了越来越多的宝贵信息供用户使用，给人们带来了极大的好处和方便，但是，同时也潜在着不安全性。影响文件安全性的主要因素有：

- 人为因素。由于人们有意或无意的行为，而使文件系统中的数据遭到破坏或丢失。
- 系统因素。由于系统的某部分出现异常情况，而造成对数据的破坏或丢失，特别是作为数据存储介质的磁盘，在出现故障或损坏时，会对文件系统的安全性造成影响。
- 自然因素。存放在磁盘上的数据，随着时间的推移而发生溢出或逐渐消失。

为了确保文件系统的安全性，可以采取以下措施：

- 通过存取控制机制来防止由人为因素引起的文件不安全性。
- 通过系统容错技术来防止系统部分的故障所造成的文件不安全性。
- 通过“后备系统”来防止由自然因素所造成的不安全性。

文件系统实现共享时，必须考虑文件的安全性，文件的安全性体现在文件的保护与文件的保密两个方面。

1. 文件保护

文件保护是指避免文件因有意或无意的错误操作使文件受到破坏。文件保护可以采用的措施有：

（1）防止系统故障造成的破坏。为了防止系统故障造成的破坏，文件系统可以采用建立副本和定时转储的方法来保护文件。建立副本是指把同一个文件存放到不同的存储介质上，当某一个存储介质上的文件被破坏时，可以用另一个存储介质上的文件副本来替换。定时转储是指定时地把文件转储到其他的存储介质上。当文件发生故障时，就用转储的文件来恢复。

建立副本的方法简单，但系统开销大，且文件更新时，所有副本都必须更新。这种方法适用容量较小且极为重要的文件。定时转储的方法简单，但较为费时，在转储过程中一般要停止文件系统的使用。这种方法适用于容量较大的文件。

（2）防止用户共享文件造成的破坏。为了防止用户共享文件造成的破坏，文件系统可以采用对每个文件规定使用权限的方法来保护文件。文件的使用权限可以设为：只读、可读可写、只执行、不能删除等。对多用户共享的文件采用树型目录结构，凡得到某级目录权限的用户就可以得到该目录所属的全部目录和文件。

2. 文件保密

文件保密是指文件本身不得被未授权的用户访问，即防止他人窃取文件。实现文件保密采用的方法有：

（1）设置口令。用户为每一个文件设置一个口令存放在文件目录的相应表目中，当用户请求访问某个文件时，首先要提供该文件的口令，经证实后才可以进行相应的访问。

采用这种方法实现简单、保护信息少、节省存储空间。但可靠性差，不能控制存取权限，口令容易泄露或被破解，适用于一般文件的保密。

（2）加密。加密是指用户把文件信息翻译成密码形式保存，使用时再把它解密，还原文件信息。采用这种方法保密性强，节省磁盘空间。但是，在加密和解密时，增加了系统开销。

（3）设置权限。设置权限是将每个用户的所有文件集中存放在一个用户权限表中，其中每个表目指明对应文件的存取权限，把所有用户权限表集中存放在一个特定的存储区中，当用户对一个文件提出存取要求时，系统通过查找相应的权限表，判断其存取要求是否合法。采用这种方法，文件的安全性较高。

在实际系统中，往往是把这三种方法结合起来使用，充分发挥各自的优势，实现文件的安全性。

文件保护与保密涉及用户对文件的访问权限，即文件的存取控制。

5.6 文件使用

文件系统把用户组织的逻辑文件按一定的方式转换成存储结构存放到存储介质上，文件在存储介质上的组织方式不仅与存储设备的物理特性有关，还与用户如何使用文件有关。因此，在文件系统的管理和支持下，用户也应遵照系统提供的规定和手段来使用文件。本节主要介绍文件的存取方法以及对文件的操作。

5.6.1 文件的存取方法

文件的存取方法不仅与文件的性质有关，还与用户如何使用文件有关。根据对文件中记录的存取次序，存取方法可以分为顺序存取和随机存取两类。

顺序存取是指按文件中的记录顺序依次进行读操作或写操作的存取方法。

随机存取是指以任意的次序随机读文件中的记录或写文件中的记录。

为了方便管理，提高检索效率，文件系统通常把对顺序存取的文件组织成顺序文件或链接文件；把随机存取的文件组织成索引文件。一般情况下，文件系统在组织索引文件时，在索引表中总是把记录按顺序排列，这样索引文件既可以适应顺序存取，也可以适应随机存取。

用户要求系统把文件保存到存储介质上时，必须把自己使用文件的存取方法告诉系统，而存取方法是由文件的性质决定的。如源程序文件，这类文件不分逻辑记录，可以采用顺序存取。再如存放学生成绩记录的文件，要方便查找其中任何一个学生的相关信息，可以采用随机存取方法。

前面介绍过，从用户的观点出发，文件可以分为流式文件和记录式文件。不论哪种文件都可以使用顺序存取或随机存取的方法。文件系统可以根据用户的存取方法要求和存放的存储介质类型决定文件的存储结构。存取方法、存储介质类型与文件的存储结构之间的关系如表 5-2 所示。

表 5-2 存取方法与存储结构的关系

存取方法 / 存储结构 / 存储介质	顺序存取	随机存取
磁盘	顺序文件、链接文件、索引文件	索引文件
磁带	顺序文件	

5.6.2　文件操作

为了正确地实现文件的存储和检索，用户必须按照系统规定的操作来表示对文件的使用要求。下面介绍文件系统提供的几种主要的文件操作。

1. “建立”操作

用户要求把一个新文件存放到存储介质上时，首先要向系统提出“建立”请求，此时，用户需要向系统提供相关参数有：用户名、文件名、存取方式、存储设备类型等。系统在接到用户的“建立”请求后，就在文件目录中寻找空目录项进行登记。

2. “打开”操作

用户要使用一个已经存放在存储介质上的文件时，必须先提出“打开”请求。此时，用户也需要向系统提供相关参数：用户名、文件名、存取方式、存储设备类型等。系统在接收到用户的“打开”请求后，找出该用户的文件目录，当文件目录不在主存时还需要把它读到主存中；然后，检索文件目录，找到与用户要求相应的目录项，取出文件存放的物理地址。如果是索引文件，还需要把该文件的索引表存放到主存中，以便加快后面的读操作。

3. “读/写”操作

用户要读/写文件记录时，必须先提出“读/写”请求。系统允许用户对已经执行过“打开”或“建立”操作的文件进行“读/写”操作。对于采用顺序存取方式的文件，用户只需要给出“读/写”的文件名即可；对于采用随机存取方式的文件，用户除了要给出“读/写”的文件名，还要给出“读/写”记录的编号。系统执行“读”操作时，按指定的记录号查找索引表，得到记录存放的物理地址后，按地址将记录读出；执行“写”操作时，在索引表中找一个空登记项并找一个空闲的存储块，把记录存放到该空闲块中，同时在索引表中登记。

4. “关闭”操作

对于“建立”或“打开”的文件，在进行“读/写”操作之后，需要执行“关闭”操作。执行此操作时，要检查读到主存中的文件目录或索引表是否被修改过，如果修改过，应把修改过的文件目录或索引表重新保存好。一个关闭后的文件不能再使用，需要再使用时，则必须再次执行“打开”操作。用户提出“关闭”请求时，必须说明关闭哪个文件。

5. “删除”操作

用户在删除文件时提出“删除”操作的请求，系统执行时把指定文件的名字从目录和索引表中除去，并收回它所占用的存储空间。

5.6.3　文件使用的步骤

为了保证文件系统对文件的正确管理，文件的使用应遵循一定的步骤。

为避免一个共享文件被几个用户同时使用而出现问题的情况，规定用户使用文件前先“打开”，一个文件打开后，在它被关闭之前不允许其他用户使用。用户使用文件的具体步骤如下：

（1）读文件的步骤：①“打开”文件；②“读”文件；③“关闭”文件。

（2）写文件的步骤：①“建立”文件；②“写”文件；③“关闭”文件。

“打开”、“建立”和“关闭”是文件系统中的特殊操作。用户调用“打开”和“建立”

操作来申请对文件的使用权，只有当用户通过使用权的验证后，才能使用文件。用户通过“关闭”操作来归还文件的使用权。删除文件时，用户应先关闭文件，删除后回收该文件所占的存储空间。

本章小结

文件管理的主要任务是分配外存空间，对用户文件和系统文件进行管理，方便用户使用，并保证文件的安全性。其主要目的是提高外存的使用效率和方便用户对文件的使用。其主要功能是文件存储空间管理、文件目录管理、文件读写管理、文件共享和安全管理。

通过本章的学习，读者应熟悉和掌握以下基本概念：

文件、记录、数据项、文件系统、记录的成组、记录的分解、文件目录、文件共享、文件安全。

通过本章的学习，读者应熟悉和掌握以下基本知识：

（1）文件的类型：按性质和用途分为系统文件、用户文件和库文件；按文件中的数据形式分为源文件、目标文件和可执行文件；按文件的存取控制属性分为只执行文件、只读文件和读写文件；按文件的逻辑结构分为有结构文件、无结构文件；按文件的物理结构分为顺序文件、链接文件和索引文件；按文件的内容分为普通文件、目录文件和特殊文件。

（2）文件的组织：即文件的构造方式，或文件的结构，包括文件的逻辑结构和物理结构。文件的逻辑结构是指用户可以直接处理的数据及其结构，从形式上分为有结构的记录式文件和无结构的流式文件；文件的物理结构，又称为文件的存储结构，它是指文件在外存上的存储组织结构，包括顺序结构、链接结构和索引结构。

（3）文件的存储设备：以磁带为代表的顺序存储设备，以磁盘为代表的直接存储设备。磁带上的信息按块处理，块的大小可以不同，块间有间隙。磁盘上的信息也是按块处理，块的大小是相同的，每个盘块有编号。

（4）磁盘调度：包括移臂调度、旋转调度。移臂调度可以采用先来先服务调度算法、最短寻道时间优先调度算法、扫描调度算法、循环扫描调度算法。旋转调度采用的是延迟时间最短者优先算法。

（5）磁盘空间的分配与回收：采用的有顺序结构与连续分配、链接结构与链接分配、索引结构与索引分配。

（6）文件目录：为了实现文件的“按名存取”、文件的共享和安全，以及提高对目录的检索速度等目标设置的，它的管理形式可以分为一级目录、二级目录、多级目录三种。

习题

一、单项选择题

1．操作系统对数据进行管理的部分叫做（　）。

A）数据库系统　　　　B）文件系统

C）检索系统　　　　　D）数据存储系统

2．文件系统是指（　）。

A）文件的集合　B）文件的目录

C）实现文件管理的一组软件　D）实现对文件的按名存取

3．从用户角度看，引入文件系统的主要目的是（　）。

A）实现虚拟存储　B）保存系统文档

C）保存用户和系统文档　D）实现对文件的按名存取

4．文件的逻辑组织将文件分为记录式文件和（　）文件。

A）索引　B）流式

C）字符　D）读写

5．文件系统中用（　）管理文件。

A）作业控制块　B）外页表

C）目录　D）软硬件结合的方法

6．为了对文件系统中的文件进行管理，任何一个用户在进入系统时都必须进行注册，这一级安全管理是（　）安全管理。

A）系统级　B）目录级

C）用户级　D）文件级

7．为了解决不同用户文件的“命名冲突”问题，通常在文件系统中采用（ ）。

A）约定的方法　B）多级目录

C）路径　D）索引

8．一个文件的绝对路径是从（　）开始的。

A）当前目录　B）根目录

C）多级目录　D）二级目录

9．对一个文件的访问，常由（　）共同限制。

A）用户访问权限和文件属性　B）用户访问权限和用户优先级

C）优先级和文件属性　D）文件属性和口令

10．磁盘上的文件以（　）为单位读写。

A）块　B）记录

C）柱面　D）磁道

11．磁带上的文件一般只能（　）。

A）顺序存取　B）随机存取

C）以字节为单位存取　D）直接存取

12．使用文件前，必须先（　）文件。

A）命名　B）建立

C）打开　D）备份

13．位示图可以用于（　）。

A）文件目录的查找　B）磁盘空间的管理

C）主存空间的共享　D）实现文件的保护和保密

14．一般说来，文件名及属性可以放在（　）中以便查找。

A）目录　B）索引

C）字典　　D）作业控制块

15．最常用的流式文件是字符流文件，它可以看成是（　）的集合。

A）字符序列　　B）数据项

C）记录　　D）页面

16．在文件系统中，文件的物理结构不同其功能也不同。在下列文件的物理结构中，（　）不具有直接读写文件任意一条记录的能力。

A）顺序结构　　B）链接结构

C）索引结构　　D）Hash 结构

17．在下列文件的物理结构中，（　）不利于文件长度的动态增长。

A）顺序结构　　B）链接结构

C）索引结构　　D）Hash 结构

18．如果文件采用直接存取方式且文件大小不固定，则宜采用（　）文件结构。

A）顺序　　B）直接

C）索引　　D）随机

19．文件系统采用二级目录结构，这样可以（　）。

A）缩短访问文件的时间　　B）实现文件的共享

C）节省主存空间　　D）解决不同用户之间文件名的冲突问题

20．常用文件的存取方法有两种：顺序存取和（　）存取。

A）流式　　B）串联

C）顺序　　D）随机

二、填空题

1．索引文件大体上由________区和________区构成。其中________区一般按关键字的顺序存放。

2．________是一种典型的顺序存取存储设备，而________是一种典型的直接存取存储设备。

3．磁盘文件目录表的内容至少应包含________和________。

4．操作系统实现按名存取进行检索的关键在于解决文件名与________的转换。

5．文件的物理组织有顺序、________和索引。

6．目前认为逻辑文件有两种类型，即________式文件与________式文件。

7．________是指避免文件拥有者或其他用户因有意或无意的错误操作使文件受到破坏。

8．从文件管理角度看，文件由________和文件体两部分组成。

9．磁盘与主机之间传递数据是以________为单位进行的。

10．在文件系统中，要求物理块必须连续的物理文件是________。

11．文件系统为每个文件建立一张指示逻辑记录和物理块之间的对应关系的表，由此表和文件本身构成的文件是________。

12．文件的结构是文件的组织形式，从用户观点出发所看到的文件组织形式称为文件的________；从实现观点出发，文件在外存上的存取组织形式称为文件的________。

13．在二级文件目录结构中，一级目录是________，二级目录是________。

14. ________算法选择与当前磁头所在磁道距离最近的请求作为下一次服务的对象。

15. 磁盘的驱动调度先进行________调度，再进行________调度。

三、判断题

（　）1. 移臂调度的目标是使磁盘旋转周数最小。

（　）2. 能顺序存取的文件不一定能随机存取，但是，能随机存取的文件都能顺序存取。

（　）3. 文件的物理结构密切依赖于文件存储器的特性和存取方法。

（　）4. 数据项是指描述一个对象的某种属性的字符集，是数据处理的基本单位。

（　）5. 文件系统通常只向用户提供一种类型的接口，即命令接口。

（　）6. 文件的逻辑结构是从用户观点出发所看到的文件的组织形式。

（　）7. 文件的物理结构与存储设备的特性有很大关系。

（　）8. 记录的分解是指从一个数据块中把一条条逻辑记录分离出来的工作。

（　）9. 移臂调度应尽可能地减少寻道时间；旋转调度应尽可能地减少延迟时间。

（　）10. 从文件管理的角度看，文件由文件体和文件控制块两部分组成。

四、名词解释题

1. 文件
2. 文件系统
3. 记录
4. 数据项
5. 物理记录
6. 文件目录
7. 文件控制块
8. 文件安全
9. 文件保护
10. 文件保密

五、简答题

1. 什么是记录的成组和分解？
2. 在文件系统中，采用多级树型文件目录结构有何特点？
3. 为保证文件的安全性，可以采取哪些措施？
4. 试论述磁盘调度的电梯算法的基本思想和算法。
5. 请列举日常生活中类似下列概念的现象：记录的成组、记录的分解、文件目录、文件保护。
6. 请列举日常生活中类似下列磁盘调度的现象：先来先服务、最短寻道时间优先、循环扫描。

六、应用题

1．假定磁带记录的密度为每英寸 900 个字符，每一条逻辑记录为 180 个字符，块间隙为 0.6 英寸。今有 1600 条逻辑记录需要存储，试计算磁带的利用率？若要使磁带的利用率不少于 60%，至少应以多少条逻辑记录为一组？

2．某软盘有 40 个磁道，磁头从一个磁道移到另一个磁道需要 5ms。文件在磁盘上非连续存放，逻辑上相邻数据块的平均距离为 8 磁道，每块的旋转延迟时间及传输时间分别为 110ms、30ms，问读取一个 150 块的文件需要多少时间？如果系统对磁盘进行了整理，让同一个磁盘块尽可能靠拢，从而使逻辑上相邻的数据块的平均距离降为 3 磁道，这时读取一个 150 块的文件需要多少时间？

3．文件系统采用多重索引结构搜索文件内容。设块长为 512B，每个块号长 3B，如果不考虑逻辑块号在物理块中所占的位置，分别求二级索引和三级索引时可寻址的文件最大长度。

4．假设有 4 条记录 A、B、C、D 存放在磁盘的某个磁道上，该磁道划分为 4 块，每块存放一条记录，安排如下表所示：

块号	1	2	3	4
记录号	A	B	C	D

现在顺序处理这些记录，如果磁盘旋转速度为 20ms 转一周，处理程序每读出一条记录后花 5ms 的时间进行处理。试问处理完这 4 条记录的总时间是多少？为了缩短处理时间应进行优化分布，试问应如何安排这些记录？并计算处理时间。

5．若一个 400MB 的磁盘，其盘块大小为 4KB，每一条逻辑记录的大小为 1.2KB，记录成组采用不跨块方式，问一个有 100 条逻辑记录的文件，存储时浪费多少存储空间？每一个盘块空间的利用率是多少？

6．设磁盘共有 500 块，块号 0～499，若用位示图管理这 500 块的磁盘空间，当字长为 32 位时：

（1）位示图需要多少个字节？

（2）第 i 字第 j 位对应的块号是多少？

7．有一磁盘组共有 10 个盘面，每个盘面上有 120 个磁道，每个磁道有 20 个扇区。假定分配以 2KB 为单位，若使用位示图管理磁盘空间，问位示图需要占用多少空间？若空闲文件目录的每条记录占用 6B，问什么时候空闲文件目录所需要的空间大于位示图？

8．设某文件为链接文件，由 6 条逻辑记录组成，每条逻辑记录的大小与磁盘块大小相等，均为 1024B，并依次存放在 45、157、175、340、418、446 号盘块上。若要存取文件的第 4769 逻辑地址处的信息，要访问哪一个磁盘块？

9．设某磁盘有 300 个柱面，编号为 0～299，磁头刚从 120 道移到 123 道完成了读写操作。若某一时刻有 10 个磁盘请求分别对如下各道进行读写：86、127、191、277、136、142、94、150、102、175。试分别求在 FCFS、SSTF、SCAN 磁盘调度算法下请求的磁道次序及磁头的平均移动道数。

10．有如下磁盘请求服务队列，要访问的柱面分别是 98、183、37、122、14、124、65、67。现在磁头在 53 柱面上，正向柱面号大的方向移动。试按先来先服务调度算法、最短寻道时间优先调度算法和电梯调度算法，分别确定磁头的移动顺序和总的寻道次数？若磁头在相邻两个柱面的移动时间是 4ms，三种调度算法下的平均寻道时间是多少？

11．假定磁盘块的大小为 4KB，对于 20GB 的硬盘，其文件分配表 FAT 需要占用多少存储空间？当硬盘容量为 80GB 时，FAT 需要占用多少空间？

第6章　作业管理与系统接口

本章主要内容

- 作业管理概述
- 批处理作业管理
- 交互式作业管理
- 系统接口

本章教学目标

- 熟悉作业管理的主要功能
- 掌握批处理作业管理的方法
- 掌握交互式作业管理的方法
- 掌握系统接口的几种方式

6.1　作业管理概述

作业管理的主要任务是完成用户作业处理全过程上的宏观管理。作业管理的方式有批处理作业管理和交互式作业管理两种。本节主要介绍作业的概念、作业的状态和作业的控制方式。

6.1.1　基本概念

1. 作业

作业是用户在一次解题或一个事务处理过程中要求计算机系统所做工作的集合，包括用户程序、所需要的数据以及控制命令等。作业是由一系列有序的作业步组成的。

2. 作业步

把计算机系统在完成一个作业的过程中所做的一项相对独立的工作称为一个作业步。例如，每次使用计算机时都需要开机、进入相应的软件操作、关机等几个步骤，其中每一个步骤都可以看成一个作业步。

每个作业步都由一个相应的程序来完成。例如，“开机”作业步由启动程序完成；“运行软件”作业步由相应软件对应的程序完成；“关机”作业步由关机程序完成。

6.1.2　作业状态

一个作业进入系统到运行结束，一般需要经历收容、运行、完成三个阶段，与之对应的作业状态是后备、运行和完成三种状态。其状态转换如图6-1所示。

1. 后备状态

当一个作业通过输入设备送入计算机，并存入磁盘后，系统就为作业建立一个作业控制块，把它插入到后备作业队列中等待被调度运行，这种状态称为后备状态。

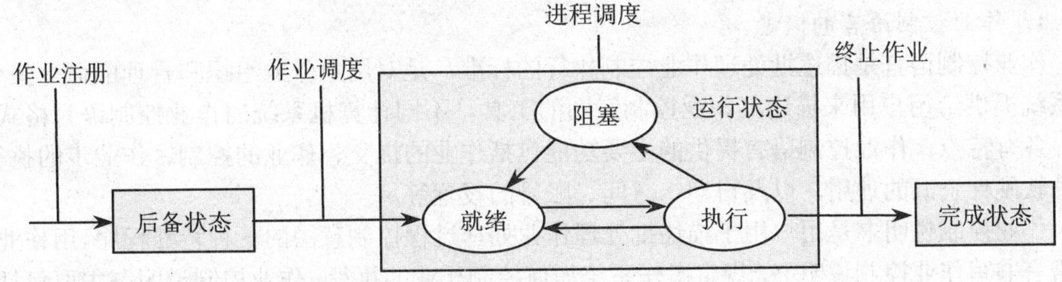

图 6-1　作业的状态转换

从作业输入开始到放入后备作业队列的过程称为收容阶段，也称为作业注册。

2. 运行状态

当一个作业被调度程序选中，为其分配必要的资源，建立一组相应进程的状态称为运行状态。

处于运行状态的作业在系统中可以从事各种活动。当被处理器调度程序选中后，就占用处理器运行，也可以等待某种事件的发生，还可能等待进程调度程序为其分配处理器。运行状态的作业实际上就是进程，它有三种基本状态：就绪、执行、阻塞。这就是第 2 章介绍的内容。

3. 完成状态

当作业正常运行结束或因为发生错误而终止执行的状态称为完成状态。

此时，由系统将作业控制块从当前队列中删除，收回其占用的资源，将作业运行结果编入输出文件并调用有关设备进行输出。在有 SPOOLing 系统的计算机系统中，作业将被插入到完成队列中，将运行结果送入输出井，再由 SPOOLing 系统完成输出。

6.1.3　作业控制方式

作业控制方式是指用户根据操作系统提供的手段来说明作业加工步骤的方式。

系统提供的手段有作业控制语言和作业控制命令，它们让用户来说明其作业需进行加工的步骤。作业控制方式有批处理方式和交互方式两种。

6.2　批处理作业管理

批处理作业管理是作业管理的方式之一，本节主要介绍批处理作业管理的基本原理，作业控制语言，以及批处理作业的输入、调度和控制。

6.2.1　基本原理

批处理作业管理方式是指用户把自己对作业执行的控制意图用作业控制语言写成一份说明书，连同该作业的源程序和初始数据一起输入到计算机系统中，系统就可以按照说明书来控制作业的执行。

按照这种方式执行的作业，不需要用户的干预，由系统自动完成。这种方式也称为脱机控制方式，或自动控制方式，它适合对作业的成批处理。采用这种处理方式的作业称为批处理作业或脱机作业。

6.2.2 作业控制语言

1. 作业控制语言的概念

作业控制语言是描述批处理作业控制执行的标准，是对用户作业组织和管理的命令集合，是系统提供给用户用来描述其作业控制意图的工具。不同计算机系统的作业控制语言格式不同，各有特点。作业控制语言提供的主要功能包括作业的提交、作业的控制、作业步的执行、各种软硬件资源的使用，以及日期、时间、账号的设置等。

作业控制说明书是用户用于描述批处理作业处理过程控制意图的一种特殊程序。用作业控制语言书写作业控制说明书，规定操作系统如何控制作业的执行。作业控制说明书主要包括作业基本描述、作业控制描述和资源要求描述。作业基本描述主要包括用户名、作业名、使用的编程语言名、允许的最大处理时间等；作业控制描述主要包括作业在执行过程中的控制方式，如各作业步的操作顺序以及作业不能正常执行的处理等；资源要求描述主要包括要求主存的大小、外设种类和台数、处理的优先权、所需处理时间、所需库函数或实用程序等。

2. 作业控制语言的组成

作业控制语言由若干个控制语句组成。每个语句一般由控制关键字和控制参数组成。控制关键字告诉系统做什么样的操作，控制参数告诉系统操作的具体内容或对象。下面以IBM360/370系统提供的作业控制语言JCL为例来说明。

作业控制语言JCL用“//”标志一项新的作业或作业步。每个JCL有4个基本语句：JOB语句、EXEC语句、DD语句、分隔语句。

（1）JOB语句。每个作业的第一个语句，它标志新作业的开始和老作业的结束，提供特定的工作信息给操作系统，格式为：

// 作业名　JOB 登记信息,用户名,关键字参数

（2）EXEC语句。标志作业步，告诉操作系统将要执行什么程序或过程，其格式为：

// 作业步名 EXEC　PGM=程序名,关键字参数

（3）DD 语句。这是数据定义语句，告诉操作系统到哪里去寻找作业步执行时所需要的文件，或者指定该作业步的输出文件，其格式为：

// DD名　DD 位置参数/关键字参数

（4）分隔语句。分隔语句用于分隔作业控制说明书中的不同部分的内容，使说明书的层次清晰，用字符“/*”表示。

【例6-1】一个需要编辑和编译连接的作业，它的源程序和数据都在穿孔卡片上，编辑和编译连接的结果均需要在行式打印机上输出，且编辑结果需要保存，编译连接结果需要从卡片穿孔机输出。

【解】该作业的程序、数据和作业控制语句如下所示：

```
//HARLD JOB,WISLON MSGLEVEL=(2,0),PTRY=6,CLASS=B
//COMP EXEC PGM=IEYFORT
//SYSPRINT DD SYSOUT=A
//SYSLIN DD DSNAME=SYSL,DISP=OLD
//SYSIN DD *
⋮
源程序
```

```
   ⋮
7  /*
8  //GO EXEC PGM=FORTLINK
9  //SYSPRINT DD SYSOUT=A
10 //ETOTF001 DD UNIT=SYSCP
11 //GOSYSIN DD*
   ⋮
12 数据
   ⋮
13 /*
14 //
```

各语句的含义如下：

（1）作业 HARLD 是用户 WISLON 的，当作业异常结束时，要打印分配/终止消息以及输入流中的 JCL 语句，本作业属于 B 类，优先权为 6。

（2）读出名为 IEYFORT 的编译程序工作。

（3）编译结果要在行式打印机上排队打印。

（4）编译好的程序使用旧的名字 SYSL 保存。

（5）指出源程序在开篇输入机上。

（6）源程序。

（7）数据分隔语句。

（8）执行编辑连接程序 FORTLINK。

（9）编辑连接结果要在行式打印机上排队打印。

（10）编辑连接结果在卡片穿孔机上输出。

（11）指出数据在卡片输入机上。

（12）数据。

（13）数据分隔语句。

（14）作业结束语句。

由此可以看出，作业由程序、数据和作业控制说明书三部分组成。一个作业可以包含多个程序和多个数据集，但是，至少包含一个程序，否则将不能称为作业。作业中包含的程序和数据完成用户所要求的业务处理工作，作业控制说明书则体现用户的控制意图。

6.2.3 批处理作业的输入

用户根据自己的解题要求组织文件，把每一个作业的源程序、数据和作业控制说明书都定义为文件，这些文件组织在一起称为作业信息，存储到外存上。

操作员把若干个用户的作业信息收集到一起依次排列就形成了作业流。在有 SPOOLing 系统的计算机系统中，操作员只需要输入一条“预输入”命令启动“输入进程”，就可以把作业流中的作业信息存放到“输入井”中等待处理。

6.2.4 批处理作业的调度

批处理作业调度是指按照某种原则从后备作业队列中选取作业进入主存，并为作业做好运行前的准备工作和完成后的善后工作。

1. 采用的数据结构

为了实现批处理作业的调度，需要为每个作业设置一个作业控制块（JCB），用来记录作业的有关信息，如资源要求、资源使用情况、作业的控制方式、作业类型、作业优先权、作业名、作业状态。

- 资源要求包括要求运行的时间、最迟完成时间、需要的主存容量、外设的种类和数量。
- 资源使用情况包括作业进入系统的时间、开始运行的时间、已运行的时间、主存地址、外设号。
- 作业的控制方式是联机作业控制（直接控制）还是脱机作业控制（自动控制）。
- 作业类型有终端作业、批量作业，I/O 繁忙、CPU 繁忙等。
- 其他信息，如作业优先权、作业名和作业状态等。

系统为每个作业建立一个作业控制块（JCB）。作业控制块是作业存在的惟一标志。当作业进入后备状态时，系统为其建立 JCB，从而使该作业可以被作业调度程序感知；当作业执行完后进入完成状态时，系统撤消其 JCB，释放有关资源并撤消该作业。

作业调度与进程调度的关系如图 6-2 所示。作业调度是从输入井中选择可以装入主存储器的作业，当作业被装入主存储器时，作业调度就为该作业创建了一个进程；若有多个作业装入主存储器时，就可以创建多个作业进程。这些进程的初始状态为就绪状态。然后由进程调度来选择可以占用处理器的进程。进程占有处理器运行时，由于各种原因引起进程状态的变化而让出处理器，于是进程调度再选择一个进程去运行。所以，作业调度与进程调度相互配合，可以实现多道作业的同时执行。

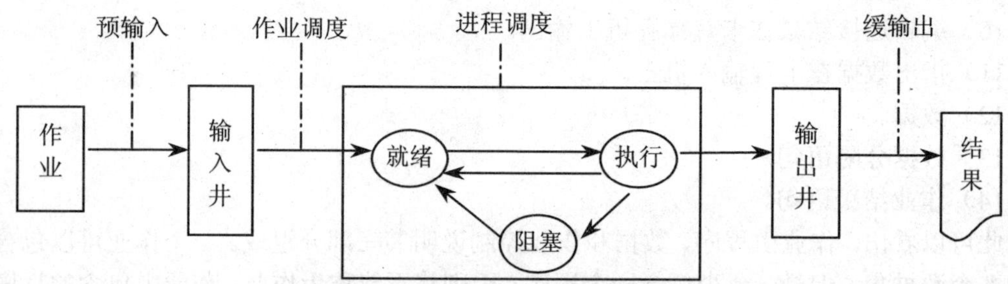

图 6-2 作业调度与进程调度的关系

2. 作业调度算法

（1）选择作业调度算法应考虑的因素。对每一个用户来说，总是希望自己的作业尽快地执行，但是，对计算机系统来说，既要考虑用户的要求，又要有利于系统效率的提高。所以，在选择调度算法时应考虑以下因素：

- 极大的流量。在单位时间内尽可能运行较多的作业。
- 平衡资源的使用。即尽可能使系统的所有资源都处于忙碌的状态。一般来说，用户作业所需要资源的差异较大。计算作业要求较多的 CPU 时间，而输入输出要求较少；事务处理作业要求 CPU 的较少，而要求输入输出的较多。因此，需要考虑如何合理搭配各种类型的作业，最大限度地发挥各种资源的效益，从而提高系统的使用效率。
- 公平使用。对每个用户公平对待，使用户满意，不能无故或无限制地拖延一个作业的执行。

设计计算机系统时应根据系统的设计目标决定采用的调度算法。目标不同，选择调度算法的侧重点也有所不同。一个理想的调度算法应该既能提高系统效率又能使进入系统的作业得到及时的处理。

（2）衡量调度算法优劣的方法。衡量调度算法优劣的方法是采用平均周转时间或平均带权周转时间。

- 作业的平均周转时间。

作业的周转时间 ＝ 作业的完成时间 － 作业的提交时间

作业的平均周转时间 ＝ 所有作业周转时间之和 / 作业个数

- 作业的平均带权周转时间。

作业的带权周转时间 ＝ 作业的周转时间 / 作业的实际运行时间

作业的平均带权周转时间 ＝ 所有作业的带权周转时间之和 / 作业个数

（3）常用的作业调度算法。常用的作业调度算法有：

1）先来先服务调度算法。按作业到达系统的先后次序进行的调度。该算法优先考虑在系统中等待时间最长的作业，而不考虑作业运行时间的长短。这种算法容易实现，但是，效率比较低，而且没有考虑到紧迫作业和短作业。

2）短作业优先调度算法。从作业的后备队列中挑选运行时间最短的作业作为下一个调度运行对象。这种算法容易实现，且效率较高，但是，未考虑长作业的利益。

3）响应比高者优先调度算法。先来先服务调度算法有可能使短作业等待较长的时间，短作业优先调度算法又没有充分考虑到长作业。为了更有效地提高系统的利用率，可以采用响应比高者优先调度算法。

响应比高者优先调度算法就是在每次调度作业时，先计算后备作业队列中每个作业的响应比，然后挑选响应比最高者投入运行。响应比是指作业的响应时间与运行时间的估计值的比值。作业响应时间等于作业进入系统后到首次运行之间的等待时间，也就是该作业的等待时间。一个作业的响应比是随着等待时间的增加而提高的。这样，在相同等待时间下短作业优先，而对于相同运行时间的作业，等待时间长的作业优先运行。

响应比高者优先调度算法既照顾到了短作业和长作业，又照顾到等待时间长的作业，但是，对要求运行紧迫的作业，没有充分考虑到。

4）优先权调度算法。优先权调度算法是根据作业确定的优先权来选取作业，每次总是选取优先权最高的作业。

规定用户作业优先权的方法很多，一种是由用户自己提出作业的优先权，另一种是由系统综合考虑有关因素来确定用户作业的优先权。前者会出现用户随意提高自己作业优先权的情况，为了避免这种情况的发生，可以规定作业优先权与所付出的计算机使用费挂钩。优先权越高，使用费就越高。后者可以根据作业的缓急程度、作业计算时间的长短、等待时间的多少、资源的申请情况等来确定优先权。确定优先权时各因素的比例应根据系统设计目标来决定。在执行过程中，系统还可以动态地改变作业的优先权。例如响应比高者优先调度算法实际上就是一种特殊的优先权调度算法。

在优先权调度算法中，为了照顾紧迫作业的运行，可能使某些系统资源闲置，系统资源的利用率没有充分地发挥。

5）分类调度算法。分类调度算法是根据系统运行情况和作业属性将作业分类，作业调度时轮流从这些不同的作业类中挑选作业，以期达到均衡使用各类资源，提高系统效率的目的。

可以将等待执行的作业根据类别分成若干个队列，同一队列中的作业可以按照先来先服务或优先权等调度算法调度，各队列中的作业按照某种方式相互搭配进行调度。例如，按申请资源的情况可以将等待队列中的作业分成三个队列：第一个队列为输入输出量大的作业，第二个队列为计算量大的作业，第三个队列为计算量与输入输出量均衡的作业。调度时在每一个队列中各取一个作业，这样就可以均衡使用系统资源。

虽然分类调度算法可以均衡使用各类资源，但是需要为不同类型的作业设置队列，增加了系统开销。

说明：综上所述，各种调度算法都有其优点和不足，不存在一个非常完美的算法。在设计系统时，应根据系统的总体设计目标和具体情况选择合适的作业调度算法。

3. 作业调度算法举例

【例 6-2】在一个单道批处理系统中，一组作业的提交时间和运行时间如下表所示，试计算以下三种作业调度算法的平均周转时间和平均带权周转时间。

（1）先来先服务调度算法。

（2）短作业优先调度算法。

（3）响应比高者优先调度算法。

作业	提交时间	运行时间
J1	8:00	1.0
J2	8:50	0.50
J3	9:00	0.20
J4	9:10	0.10

【解】（1）先来先服务算法。作业的执行情况如下表所示：

作业	提交时间	运行时间	开始时间	完成时间	周转时间	带权周转时间
J1	8:00	1.0	8:00	9:00	1.0	1.0
J2	8:50	0.50	9:00	9:30	0.67	1.34
J3	9:00	0.20	9:30	9:42	0.7	3.5
J4	9:10	0.10	9:42	9:48	0.63	6.3

作业的执行顺序为：J1、J2、J3、J4。

平均周转时间=(1.0+0.67+0.7+0.63)/4 = 0.75 小时

平均带权周转时间=(1.0+1.34+3.5+6.3)/4 = 3.035

（2）短作业优先算法。作业的执行情况如下表所示：

作业	提交时间	运行时间	开始时间	完成时间	周转时间	带权周转时间
J1	8:00	1.0	8:00	9:00	1.0	1.0
J2	8:50	0.50	9:18	9:48	0.97	1.94
J3	9:00	0.20	9:00	9:12	0.2	1.0
J4	9:10	0.10	9:12	9:18	0.13	1.3

作业的执行顺序为：J1、J3、J4、J2。

平均周转时间=(1.0+0.97+0.2+0.13)/4 = 0.575 小时

平均带权周转时间=(1.0+1.94+1.0+1.3)/4 = 1.31

（3）响应比高者优先算法。按响应比高者优先算法，作业的执行情况如下表所示：

作业	提交时间	运行时间	开始时间	完成时间	周转时间	带权周转时间
J1	8:00	1.0	8:00	9:00	1.0	1.0
J2	8:50	0.50	9:00	9:30	0.67	1.34
J3	9:00	0.20	9:36	9:48	0.8	4
J4	9:10	0.10	9:30	9:36	0.43	4.3

作业的执行顺序为：J1、J2、J4、J3。

平均周转时间=(1.0+0.67+0.8+0.43)/4 = 0.725 小时

平均带权周转时间=(1.0+1.34+4+4.3)/4 = 2.66

【例 6-3】有 5 个作业 A、B、C、D、E，它们几乎同时到达，预计它们的运行时间为 10、6、2、4、8（秒），其优先权分别为 3、5、2、1、4，这里 5 为最高优先权。对于下列每一种调度算法，计算其平均周转时间（作业切换开销可以不考虑）。

（1）先来先服务（按 A、B、C、D、E 的次序）调度算法。

（2）优先权调度算法。

【解】（1）按先来先服务（按 A、B、C、D、E 的次序）调度算法，各作业在系统中的执行情况如下表所示：

执行次序	运行时间	优先权	等待时间	周转时间
A	10	3	0	10
B	6	5	10	16
C	2	2	16	18
D	4	1	18	22
E	8	4	22	30

作业的平均周转时间为：

T=(10+16+18+22+30)/5 = 19.2s

（2）按优先权调度算法，各作业在系统中的执行情况如下表所示：

执行次序	运行时间	优先权	等待时间	周转时间
B	6	5	0	6
E	8	4	6	14
A	10	3	14	24
C	2	2	24	26
D	4	1	26	30

作业的平均周转时间为：

T=(6+14+24+26+30)/5 = 20.0s

【例 6-4】系统采用不能移动已在主存中的作业的可变分区管理主存。现有用户可用空间 100KB，系统有 4 台打印机，有一批作业如下表所示：

作业号	达到时间	运行时间	需主存量	需打印机数
J1	10:00	25 分钟	15KB	2
J2	10:20	30 分钟	60KB	1
J3	10:30	10 分钟	50KB	3
J4	10:35	20 分钟	10KB	2
J5	10:40	15 分钟	30KB	2

系统采用多道程序设计技术和资源的静态分配方法，忽略设备工作时间和系统进行调度所花费的时间。请分别给出采用先来先服务算法、短作业优先调度算法运行时作业的调度顺序和平均周转时间。

【解】(1) 按先来先服务调度算法，各作业的执行过程如下图所示：

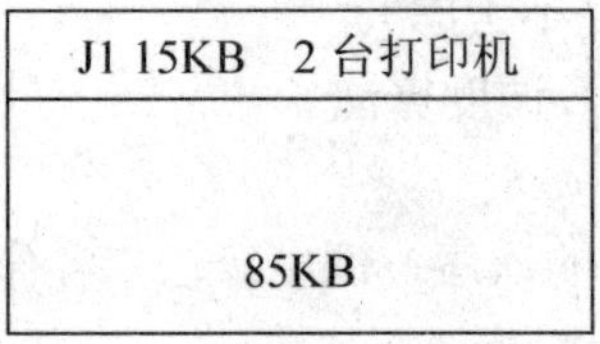

J1 15KB　2 台打印机
85KB

A.10:00　剩 2 台打印机

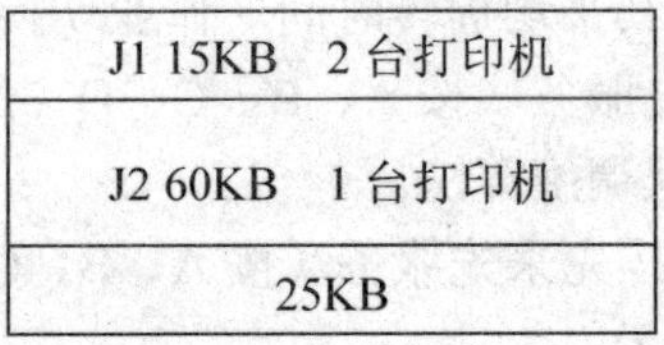

J1 15KB　2 台打印机
J2 60KB　1 台打印机
25KB

B.10:20　剩 1 台打印机

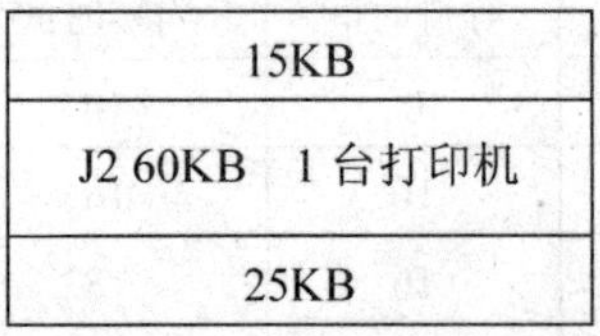

15KB
J2 60KB　1 台打印机
25KB

C. 10:25　剩 3 台打印机
J1 运行结束，J2 运行

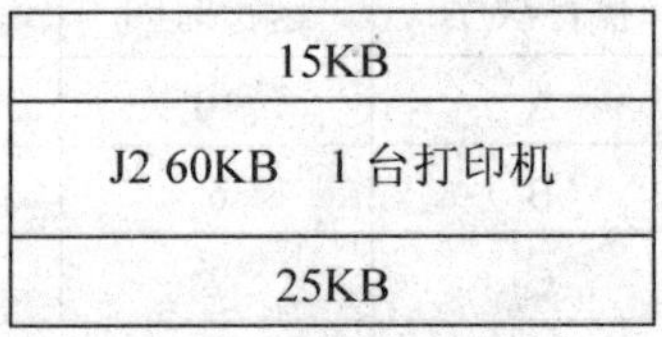

15KB
J2 60KB　1 台打印机
25KB

D. 10:30　剩 3 台打印机
J3 调入被拒绝

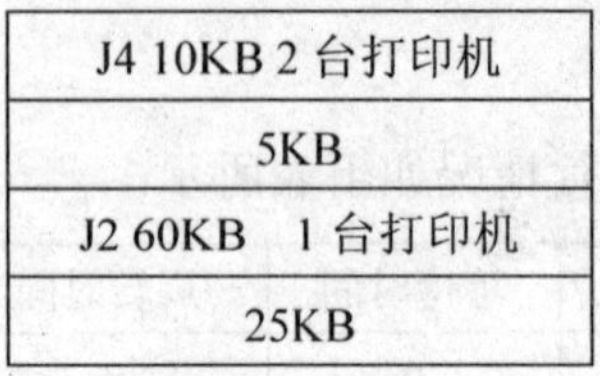

J4 10KB 2 台打印机
5KB
J2 60KB　1 台打印机
25KB

E. 10:35　剩 1 台打印机
F. 10:40　J5 被拒绝

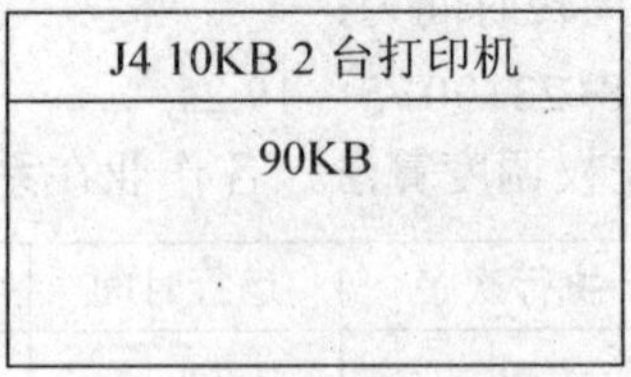

J4 10KB 2 台打印机
90KB

G.10:55　剩 2 台打印机
J2 运行结束

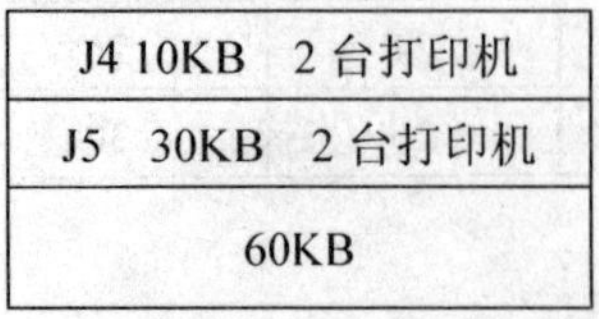

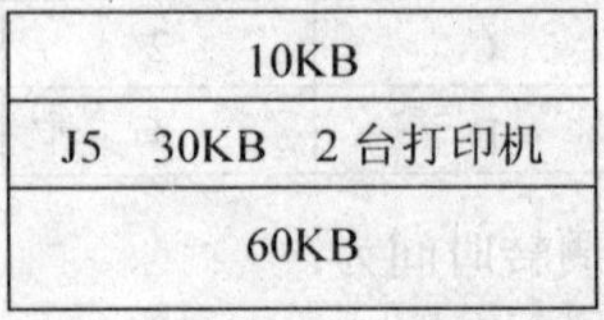

J4 10KB　2 台打印机
J5　30KB　2 台打印机
60KB

10KB
J5　30KB　2 台打印机
60KB

H.10:55　剩 0 台打印机
J5 装入，J4 运行

J3　50KB　3 台打印机
50KB

I. 11:15　剩 2 台打印机
J4 运行结束

100KB

J. 11:30　J5 运行结束
J3 进入、运行，剩 1 台打印机

K. 11:40　J3 运行结束
剩 4 台打印机

5 个作业的执行情况汇总如下表：

作业号	达到时间	开始时间	结束时间	运行时间	周转时间	带权周转时间
J1	10:00	10:00	10:25	25	25	1
J2	10:20	10:25	10:55	30	35	1.17
J3	10:30	11:30	11:40	10	70	7
J4	10:35	10:55	11:15	20	40	2
J5	10:40	11:15	11:30	15	50	3.33

作业的调度顺序为：J1、J2、J4、J5、J3。

作业的平均周转时间：(25+35+70+40+50)/5 = 44 分钟

作业的平均带权周转时间：(1+1.17+7+2+3.33)/5 = 2.9

（2）按短作业优先调度算法，J3 虽然是短作业，但是，所需主存空间不足，仍被推迟到最后。5 个作业的执行情况汇总如下表：

作业号	达到时间	开始时间	结束时间	运行时间	周转时间	带权周转时间
J1	10:00	10:00	10:25	25	25	1
J2	10:20	10:25	10:55	30	35	1.17
J3	10:30	11:30	11:40	10	70	7
J4	10:35	11:10	11:30	20	55	2.75
J5	10:40	10:55	11:10	15	30	2

作业的调度顺序为：J1、J2、J5、J4、J3。

作业的平均周转时间：(25+35+70+55+30)/5 = 43 分钟

作业的平均带权周转时间：(1+1.17+7+2.75+2)/5 = 2.784

6.2.5 批处理作业的控制

操作系统按照用户组织作业时在作业控制说明书中所规定的控制要求去控制作业的执行。一个作业往往要分为若干个作业步执行，一般是按照作业步的顺序控制作业的执行。一个作业步执行结束后，就顺序选取下一个作业步继续执行，直到最后一个作业步完成。当整个作业执行完成后，系统就收回作业所占用的资源，撤消该作业，作业的执行结果在输出井中等待输出。其控制流程如图 6-3 所示。

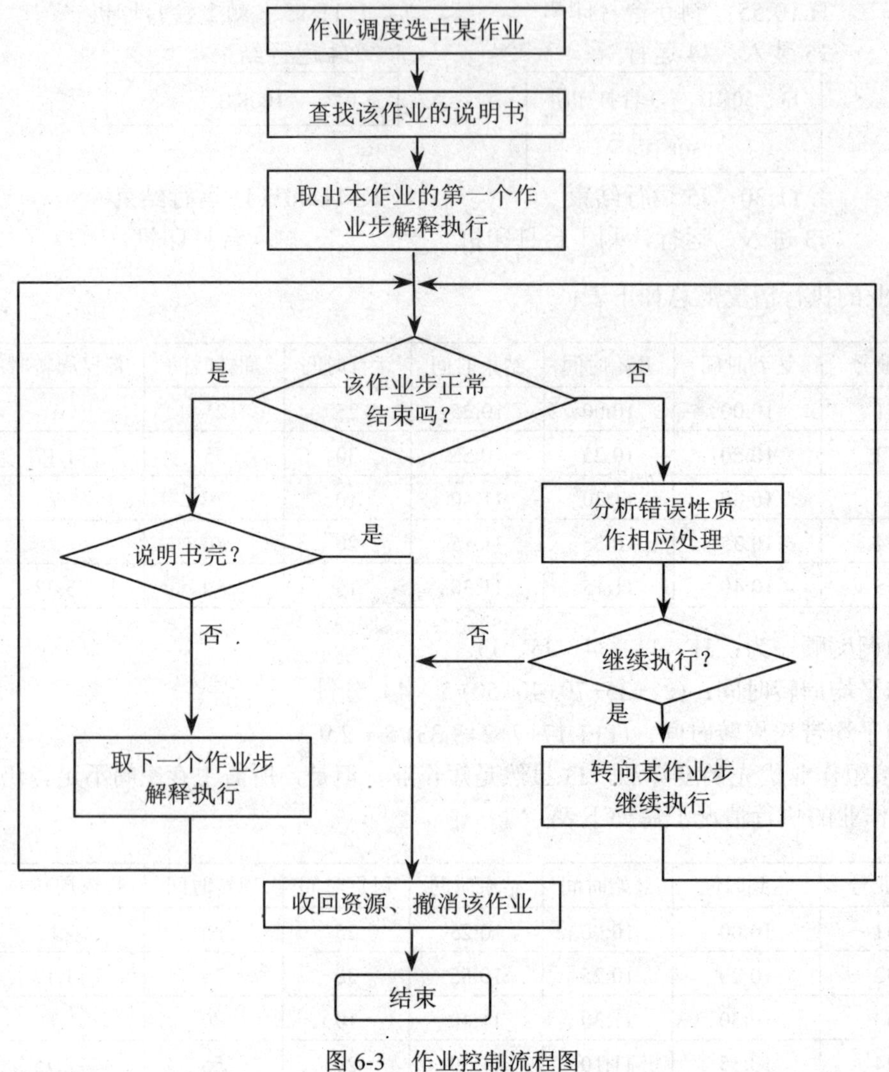

图 6-3 作业控制流程图

6.3 交互式作业管理

交互式管理是作业管理的另一种方式，本节主要介绍交互式作业管理的基本原理、交互式作业管理的控制方式，以及终端作业的管理。

6.3.1 基本原理

交互式控制方式就是用户把自己对作业执行的控制意图用操作控制命令输入到计算机系统中，在作业执行过程中，用户逐条输入命令，系统根据接到的命令控制作业的执行。一条命令所要求的工作做完后，系统通知用户命令的执行情况，且允许用户再输入一条命令，以控制作业继续执行，直到作业执行结束。在作业执行过程中系统与用户不断地交换信息。

采用这种方式执行的作业，需要用户的及时干预，这种方式也称为联机控制方式，或手动控制方式，它适合对终端用户作业的处理。采用这种控制方式的作业称为终端作业或交互式作业。

6.3.2　交互式作业的控制

交互式作业的控制方式是联机控制方式，通过屏幕、键盘、鼠标等设备实现人机对话。交互式作业的控制形式有命令控制、菜单控制和窗口控制。

1. 命令控制

这种控制方式是通过用户使用系统提供的操作控制命令实现的。不同的计算机系统提供给用户使用的控制命令是各不相同的，但是，都有一个共同点，即每条命令必须含有请求“做什么”的“动词”和要求“怎样做”的一些“参数”，在有些命令中参数可以省略。操作控制命令的一般格式为：

命令名　参数 1,参数 2,…,参数 n

命令名指定该命令的功能，是不能省略的；参数是用来表示完成指定功能所需要的各种信息，有时可以省略。

操作控制命令大致可以分为“注册”和“注销”命令、编辑命令、文件类命令、调试类命令。

（1）“注册”和“注销”命令。用户用“注册”命令请求进入系统，系统接到该命令后做一些必要的核对工作。首先要识别用户，然后请用户输入口令，经系统核实后允许用户输入其他的控制命令来控制作业的执行。当作业执行结束时，用户用“注销”命令请求退出系统，系统将收回其占有的资源并计算用户使用系统的时间。

（2）编辑命令。该命令用来编辑和修改用户的文件，用户可以要求建立一个新文件或对一个旧文件进行修改操作。

（3）文件类命令。该类命令可以进行列出文件目录、列出指定的文件、保存文件、删除文件，修改文件名、复制文件等操作。

（4）调试类命令。该类命令是为了方便用户调试用机器指令或汇编语言编制的程序。如显示和修改主存单元的内容、设置断点、跟踪、汇编、反汇编等。

用户可以根据系统规定的命令格式从键盘上输入命令，请求系统完成指定的功能。但是，要求用户必须熟记每一条命令的功能和使用方法。

2. 菜单控制

当一个程序具有若干项可以供用户选择的功能时，一般系统都选用交互方式进行分支处理。菜单控制是一种友好的用户操作界面，一般包括菜单的显示部分、选择部分和执行部分。其实现过程为：首先由程序显示自身能完成的各种功能的名称及其含义（显示部分），然后用户根据需要指出希望完成的功能名（选择部分），程序再分析用户的输入并调用不同的功能模块进行处理（执行部分）。这种方法类似饭店的点菜方式，故称为菜单控制。

提供菜单控制后，用户可以不必事先记住各种功能及其使用方法，而是根据屏幕上的菜单提示进行选择。在显示程序功能菜单时，在菜单中可以直接显示功能名，也可以把各个功能进行编号后提供给用户选择。

菜单控制方式可以直接进行选项操作，不需要记忆各种命令，是一种“友好的使用接口”。但是，对于熟悉命令的人，也要一层一层地选择，会影响操作速度。所以，如今大多数系统允许菜单和命令并存，在提供控制命令的同时，也把这些命令组成菜单供用户使用。对熟悉系统的操作人员来说，可以直接使用命令，提高操作速度；而对初次使用系统的人员来说要记住命令比较困难，可以借助于菜单来熟悉各种命令的使用。

3. 窗口控制

窗口控制采用了图形化的操作界面，每一个程序的所有内容都放在一个矩形的区域内，这个矩形区域称为“窗口”，在窗口中用非常容易识别的各种图标直观地表示系统的各种功能、应用程序和文件。用户可以通过鼠标、菜单和对话框来完成对应用程序和文件的操作。此时用户已完全不必像使用命令接口那样去记住命令名及格式，从而把用户从烦琐而单调的操作中解脱出来，也使计算机成为一种非常有效且生动有趣的工具。窗口的操作有打开窗口、移动窗口、切换窗口、改变窗口的大小、关闭窗口等。

如今流行的操作系统（如 Windows、Linux）都提供了窗口控制方式。窗口技术已成为人机对话的重要技术，窗口系统为用户提供了丰富的、方便的、直接的操作接口。

6.3.3 终端作业管理

终端用户控制作业的执行大致有四个阶段：终端连接、用户注册、作业控制、用户退出。

1. 终端连接

终端连接是指终端设备与计算机系统在线路上接通。终端分为近程终端和远程终端。近程终端通过系统加电直接连接到计算机系统上。远程终端通过租用专线或交换线连接到计算机系统上。

2. 用户注册

用户注册是指对终端作业的作业调度。用户注册是在终端连接以后进行的，它向系统提出注册命令，系统核对口令正确后，再分配资源。

3. 作业控制

作业控制是指注册成功的用户通过系统提供的命令或会话语句控制作业的执行。作业控制是在用户注册之后进行的，用户每输入一个控制命令或会话语句后，系统立即解释执行。

4. 用户退出

用户退出是指释放用户占用的资源退出系统。用户输入“注销”命令通知系统，系统要收回作业占用的所有资源。

对多个终端用户的作业同时控制执行的方式是采用时间片轮转法，及时响应用户的请求。在具有分时兼批处理的系统中，往往把终端作业称为前台作业，把批处理作业称为后台作业。为了提高系统效率，满足用户要求，往往先进行终端作业调度，无终端作业时，再进行批处理作业调度。

6.4 系统接口

每种操作系统都提供了可以让用户使用的接口。用户也正是通过这些接口方便地进行系统操作。本节主要介绍系统接口的主要任务、命令接口和程序接口的实现方式。

6.4.1 系统接口概述

1. 主要任务

系统接口的主要任务是方便用户使用操作系统。而操作系统就是用户与计算机之间的接口，用户通过操作系统的帮助，可以快速、有效、安全地使用计算机系统中的各类资源来完成自己的任务。

2. 主要功能

系统为用户提供了两种类型的接口。一是命令接口，是为用户提供的直接使用接口，用户利用这些命令可以组织和控制作业的执行或管理计算机系统；二是程序接口，是为用户提供的间接使用接口，用户利用这个接口在设计程序时调用操作系统的相应功能。

6.4.2 命令接口

根据对作业的控制方式不同，命令接口又分为联机命令接口和脱机命令接口。

1. 联机命令接口

联机命令接口又称为交互式命令接口。它由一组键盘操作命令组成。用户通过控制台或终端输入操作命令，向系统提出各种服务请求。用户每输入完一条命令，控制就转向命令解释程序，然后命令解释程序对输入的命令解释执行，完成指定的功能。最后，控制又返回到控制台或终端，此时用户可以输入下一条命令。

联机命令接口处理的是交互式作业，它的控制方式有三种，即键盘命令、菜单控制和窗口控制。这在前面已经介绍过，在此不再赘述。

2. 脱机命令接口

脱机命令接口也称为批处理命令接口。它由一组作业控制命令组成。脱机用户是指不直接干预作业运行的用户，他们应事先用相应的作业控制命令写成一份作业操作说明书，连同作业一起交给系统。当系统调用到该作业时，由系统中的命令解释程序对作业说明书上的命令或作业控制语句逐条解释执行。

脱机命令接口处理的是批处理作业。

3. 终端处理程序

配置在终端上的用于实现人机交互作用的程序称为终端处理程序。它提供的输入输出方式对整个用户命令接口有着重大的影响，同时也确定了用户与其应用程序之间的通信方式。它的主要功能有接收字符、设置字符缓冲、回送显示、屏幕编辑和特殊字符处理等。

（1）接收字符。从终端上接收字符不加修改地传送到用户程序。通常有两种方式：面向字符方式和面向行方式。

（2）字符缓冲。用于暂时存放从终端键入的字符。有两种缓冲方式：公用缓冲池方式和专用缓冲方式。

（3）回送显示。每当用户从终端上输入字符之后，就将字符送到屏幕显示。

（4）屏幕编辑。对输入的字符进行编辑。常用的编辑操作有：删除、插入、移动光标、屏幕上卷与下移。

（5）特殊字符处理。对输入的特殊字符进行及时的处理。这些字符有中断字符（如 Ctrl+C）、停止上卷字符（Ctrl+S）、恢复上卷字符（Ctrl+Q）。

4. 命令解释程序

命令解释程序是对从键盘上接收的命令进行解释，并转入相应的命令处理程序去执行的程序。其主要功能是：在屏幕上产生提示字符，请用户输入命令，读入接收的命令、识别命令、转到相应的命令处理程序入口地址，再把控制权交给该处理程序去执行，将处理结果送到屏幕上显示，或显示相应的错误信息。

命令解释程序一般由三部分组成：一是常驻部分，包括一些中断服务程序，如正常退出中断、驻留中断等；二是初始化部分，跟随在常驻主存之后，在启动时获得控制权；三是暂存部分，这部分是解释程序的主要部分。系统在接通电源或复位后，初始化部分获得控制权。初始化部分对整个系统完成初始化工作：检查计算机的硬件连接、检查主存、检查驱动器，装入操作系统的系统文件，执行自动批处理文件，最后把控制权交给命令解释程序（暂存部分）。

命令解释程序的执行过程包括接收命令、识别命令和执行命令。

（1）接收命令。读入键盘缓冲区的命令，判别其是否有错。若有错，给出相应的提示信息后返回；若无错再识别命令。

（2）识别命令。建立一张由命令名和相应处理程序的入口地址组成的表格。把接收到的命令与表格中的命令对比，若是内部命令，则直接转到其处理程序的入口；若是外部命令，则执行系统调入命令，从外存上调入其处理程序。

（3）执行命令。调入相应的处理程序之后，系统将控制权交给处理程序，执行完后，控制又返回到暂存部分，接收下一条命令。

6.4.3 程序接口

程序接口由一组系统调用命令组成，用户通过在程序中使用这些系统调用命令来请求操作系统提供服务。对于用汇编语言编写程序的用户，在程序中可以直接使用这组系统调用命令向系统提出各种服务要求。如使用各种外部设备，进行有关磁盘操作，申请分配和回收主存，以及其他各种控制要求等。对于高级语言用户，则可以在程序中使用过程调用语句，然后通过相应的编译程序将其翻译成有关的系统调用命令，再去调用系统提供的各种功能或服务。

1. 系统调用的概念

系统调用是操作系统提供给用户程序使用的具有一定功能的程序段。具体地讲，系统调用就是通过系统调用命令中断现行程序，而转去执行相应的子程序，以完成特定的系统功能。完成后，控制又返回到发出系统调用命令之后的下一条指令，被中断的程序将继续执行下去。

系统调用命令可以供使用汇编语言的用户程序使用，也可以供执行键盘命令的系统程序使用。不同操作系统的系统调用命令的条数、格式和执行功能也不相同。系统调用命令扩充了机器指令，增强了系统的功能，方便了用户的使用。系统调用命令也称为广义指令。它与机器指令的不同之处在于机器指令是用硬件实现的，而系统调用命令则是通过操作系统提供的一个或多个子程序模块实现的。系统调用的类型按功能大致分为设备管理、文件管理、进程管理、进程通信、存储管理几大类。

2. 系统调用的实现

在操作系统的内核中设置了一组专门用于实现各种系统功能的子程序，并将它们提供给用户程序调用。当用户在程序中需要这些功能时，便可以用一条系统调用命令，去调用程序所需要的系统功能。所以，系统调用实际上是一种过程调用，它的执行过程如下：

（1）为执行系统调用命令做准备。其主要工作是保存用户程序的现场，并把系统调用命令的参数（如系统调用命令的编号）放入指定的存储单元。

（2）执行系统调用。根据系统调用命令的编号，访问系统调用入口表，找到相应子程序的入口地址，然后转去执行。这个子程序就是系统调用处理程序。

（3）执行完后的处理。主要工作是恢复现场，并把系统带来的参数送入指定的存储单元，以供用户程序使用。

系统调用在本质上是一种过程调用，但是，它是一种特殊的过程调用，与一般的过程调用的区别如下：

（1）运行状态不同。一般的过程调用，其调用和被调用的过程或者都是用户子程序，或者都是系统程序，故都运行在同一状态，即系统态或用户态下。系统调用的调用过程是用户程序，它运行在用户态；而被调用过程是系统过程，它运行在系统态。

（2）进入方式不同。一般的过程调用可以直接由调用过程转向被调用过程；而执行系统调用时，由于调用和被调用过程处于不同的系统状态，因而不允许由调用过程直接转向被调用过程而是通过软中断机制，先进入操作系统核心，经核心程序分析后，才能转向相应的命令处理程序。

（3）返回不同。一般的过程调用，在被调用过程执行完后，可以直接返回调用过程继续执行。而在采用了抢占式剥夺调度方式的系统中，在被调用过程执行完后，要对系统中所有要求运行的进程进行优先权的分析。当调用进程仍具有最高优先权时才返回到调用进程继续执行；否则，将引起重新调度，以便让优先权最高的进程先执行。此时，将把调用进程放入就绪队列。

（4）代码层次不同。一般过程调用中的被调用程序是用户级程序，而系统调用是操作系统代码中的代码程序，是系统级程序。

另外，与一般过程调用一样，系统调用也允许嵌套调用，即在一个被调用过程的执行期间还可以利用系统调用命令去调用另一个系统过程，但对嵌套调用的深度有一定的限制。

本章小结

作业管理的主要任务是完成用户作业处理全过程上的宏观管理。系统接口的主要任务是方便用户在编程和操作时使用操作系统的功能。

通过本章的学习，读者应熟悉和掌握以下基本概念：

作业、作业步、作业注册、作业控制语言、终端处理程序、命令解释程序、系统调用。

通过本章的学习，读者应熟悉和掌握以下基本知识：

（1）批处理作业管理方式：用户把自己对作业执行的控制意图用作业控制语言写成一份说明书，连同该作业的源程序和初始数据一起输入到计算机系统中，系统就可以按用户说明的意图去控制作业的执行。它不需要用户的干预，由系统自动完成。这种方式也称为脱机控制方式或自动控制方式，它适合对作业的成批处理。采用这种处理方式的作业称为批处理作业或脱机作业。

（2）批处理作业的调度：需要为每个作业设置一个作业控制块（JCB），以记录作业运行的有关信息。它是作业存在的惟一标志。确定作业调度算法时应考虑作业的流量、资源的平衡使用和用户的公平使用。衡量作业调度算法优劣的指标是平均周转时间或平均带权周转时间。常用的作业调度算法有先来先服务调度算法、短作业优先调度算法、响应比高者优先调度算法、优先权调度算法和分类调度算法。

（3）交互式作业管理方式：用户把自己对作业执行的控制意图用操作控制命令输入到计

算机系统中，在作业执行过程中，系统与用户不断地交换信息，它需要用户的及时干预，这种方式也称为联机控制方式或手动控制方式。交互式作业管理方式适合对终端用户作业的处理。采用这种控制方式的作业称为终端作业或交互式作业。

（4）交互式作业的控制形式：命令控制、菜单控制和窗口控制。

（5）系统接口：系统为用户提供了两种类型的接口，一是命令接口，二是程序接口。命令接口是为用户提供的直接使用操作系统功能的接口，用户利用这些命令可以组织和控制作业的执行或管理计算机系统。程序接口是为用户提供的间接使用操作系统功能的接口。用户利用这个接口在设计程序时调用操作系统的相应功能。

习题

一、单项选择题

1．作业经历的加工步骤，如编译、连接装配、运行等称为（　）。

A）作业流　　B）作业的一次执行

C）作业步　　D）作业进程

2．如果作业的控制方式为交互方式，则该作业称为（　）。

A）终端作业　　B）交互式作业

C）批处理作业　　D）实时作业

3．作业的交互控制方式又称为（　）。

A）联机控制方式　　B）脱机控制方式

C）批处理控制方式　　D）自动控制方式

4．作业控制语言用于（　）。

A）编写作业程序　　B）编写作业控制说明书

C）编写一个作业步　　D）都不是

5．对于单道批处理作业的调度，一次可以从后备作业队列中选取（　）个作业进入主存储器。

A）一个　　B）一个或一个以上

C）全部　　D）以上都不是

6．在交互式作业控制下，不能由操作系统直接解释执行的命令是（　）。

A）注册和注销命令　　B）读写文件命令

C）删除目录命令　　D）编译、连接装配命令

7．用户要求计算机处理的一个计算问题称为一个（　）。

A）进程　　B）作业

C）程序　　D）进程调度

8．交互式作业的特点是采用（　）方式工作。

A）人机对话　　B）信息文件

C）作业说明书　　D）作业控制语言

9．由作业调度选择一个作业进入主存后，该作业能否占用处理器运行由（　）决定。

A）作业调度　　B）设备管理
C）移臂调度　　D）进程调度

10．用户请求进入或退出系统，应使用（　）。
A）注册和注销命令　　B）调试类命令
C）编辑类命令　　D）方式转换命令

11．作业调度的关键在于（　）。
A）作业准备充分　　B）选择恰当的作业调度算法
C）界面友好　　D）选择恰当的进程式管理程序

12．若只考虑用户估计的计算时间，可能使计算时间长的作业等待较久的是（　）。
A）优先权调度算法　　B）先来先服务调度算法
C）响应比高者优先调度算法　　D）短作业优先调度算法

13．当多个作业同时到来时，采用（　）可以使平均等待时间最小。
A）优先权调度算法　　B）响应比高者优先调度算法
C）分类调度算法　　D）短作业优先调度算法

14．对于共享设备而言，“同时使用”的含义是（　）。
A）交替启动共享设备，但是，某时刻只有一个作业使用设备
B）某时刻有若干作业使用设备
C）一段时间内有一个作业使用共享设备
D）某段或某时刻均可以有若干作业使用共享设备

15．在批处理方式下，操作员将一批作业组织成（　）向系统成批输入。
A）作业步　　B）作业流
C）进程队列　　D）程序组

16．确定作业的优先权只能由（　）提供。
A）用户　　B）操作系统
C）用户或操作系统　　D）系统设计人员

17．系统为不同的作业步创建不同的（　），以完成作业步要求。
A）程序　　B）进程
C）运行方式　　D）作业控制语言程序

18．在响应比高者优先调度算法中，响应比=（　）/ 计算时间。
A）周转时间　　B）响应时间
C）运行时间　　D）延迟时间

19．在批处理系统中，以（　）为单位将程序和数据调入主存。
A）程序　　B）作业
C）作业流　　D）作业步

20．作业在计算机系统中存在的惟一标志是（　）。
A）进程控制块　　B）作业控制块
C）作业控制说明书　　D）输入井

21．一个作业处于运行状态时，其所属的作业进程可能处于（　）。
A）执行状态　　B）阻塞状态

C）就绪状态　　D）或 A 或 B 或 C

22．设有 3 道作业 J1、J2、J3，提交时间分别为 9:00、9:20、9:40，执行时间分别为 2、1、0.5（小时），则按先来先服务调度算法的平均周转时间为（　）小时。

A） 3.5　　B）2.5

C） 1.5　　D）1.3

23．在批处理系统中的作业说明书必须用（　）来书写。

A）PASCAL 语言　　B）SQL 语言

C）作业控制语言　　D）C 语言

24．下面属于作业调度程序设计原则的是（　）。

A）用户界面友好　　B）计算时间最短

C）公平性　　D）不能在井中无限等待

25．希望在批处理方式下进入输入井的作业的平均周转时间最短，是从（　）出发。

A）用户角度　　B）系统角度

C）操作员角度　　D）费用角度

二、填空题

1．设计作业调度程序的原则是________、________和________。

2．在交互式作业控制中，常用的操作接口有________、________和________等。

3．终端用户控制终端作业的执行分为________、________、________和________等四个阶段。

4．作业的控制方式有________和________。

5．采用交互方式必须在计算机上直接操作，所以该方式也称为________。

6．________由若干条控制语句组成，每条控制语句含有关键字和参数。

7．采用交互方式的作业在执行过程中，用户使用________或________直接提出对作业的控制要求。

8．作业调度应与________相互配合才能实现作业的多道并行。

9．短作业优先调度算法一定能使________最小。

10．用户使用操作系统提供的控制命令表达对作业的控制意图，这种作业的控制方式是________。

三、简答题

1．什么是批处理作业和交互式作业？

2．终端用户的“注册”和“注销”各起什么作用？

3．作业调度和进程调度在作业执行过程中的作用是什么？

4．操作系统为用户提供的使用接口有哪几种？

5．选择作业调度算法应考虑哪些因素？

6．叙述程序、作业、作业步和进程之间的联系与区别。

7．交互式作业的特点是什么？

8．操作系统在交互式方式下如何解释并执行命令？

9．作业调度程序从输入井中选取作业的必要条件是什么？

10．作业的控制方式有哪几种？

四、应用题

1．某系统采用不允许移动已在主存储器中作业的可变分区方式管理主存，现有供用户使用的主存空间为 140KB，系统配有 5 台磁带机，现有一作业序列如下：

作业名	到达输入井时间	运行时间	要求主存容量	申请磁带机数
J1	10:00	25 分钟	20KB	2 台
J2	10:20	35 分钟	65KB	1 台
J3	10:30	20 分钟	55KB	3 台
J4	10:35	20 分钟	25KB	2 台
J5	10:40	10 分钟	35KB	2 台

该系统采用多道程序设计技术，对磁带机采用静态分配。请计算分别采用"先来先服务调度算法"和"短作业优先调度算法"选中作业的执行次序。

2．在某单道程序设计系统中，3 个作业到达输入井的时间及需要运行的时间如下：

作业名	到达输入井时间	运行时间
J1	8:50	1.5 小时
J2	9:00	0.4 小时
J3	9:30	1 小时

按响应比高者优先调度算法调度作业，作业被选中的次序是什么？

3．有一个多道程序设计系统，采用不允许移动的可变分区方式管理主存中的用户空间，设用户空间为 130KB，主存空间的分配算法为最先适应分配算法，作业调度和进程调度均采用先来先服务算法，作业序列为：

作业名	到达输入井时间	运行时间	主存量要求
J1	10.1 时	42 分钟	25KB
J2	10.3 时	30 分钟	70KB
J3	10.5 时	24 分钟	55KB
J4	10.6 时	24 分钟	20KB
J5	10.7 时	12 分钟	30KB

（注：作业是依次到达输入井的，时间以小时为单位，0.1 小时为 6 分钟）

请按短作业优先调度算法写出作业的执行次序，并计算平均周转时间。

4．设有 5 个作业，它们的提交时间和运行时间见下表。按单道批处理方式，给出在下面几种调度算法下，作业的执行顺序和平均周转时间。

作业名	提交时间	运行时间
J1	10.1 时	0.3 小时
J2	10.3 时	0.5 小时
J3	10.5 时	0.4 小时
J4	10.6 时	0.3 小时
J5	10.7 时	0.2 小时

（1）先来先服务调度算法；（2）短作业优先调度算法；（3）响应比高者优先调度算法。

5．有 5 个作业 A、B、C、D、E，它们几乎同时到达，预计它们的运行时间为 6、9、4、2、7 秒，其优先权分别为 3、5、2、1、4，这里 5 为最高优先权。对于下列每一种调度算法，计算其平均作业周转时间（作业切换开销可以不考虑）。

（1）先来先服务调度（按 A、B、C、D、E 次序）算法；（2）优先权调度算法。

6．单道批处理系统中有 4 个作业，其有关情况如下表所示。在采用响应比高者优先调度算法时计算其平均周转时间和平均带权周转时间。

作业名	提交时间	运行时间
J1	8.0	2.0
J2	8.6	0.6
J3	8.8	0.2
J4	9.0	0.5

7．假设某系统中有 5 个作业，每个作业的运行时间（单位：ms）和优先权（优先权值越小，优先权越高）如下：

作业名	运行时间	优先权
J1	10	3
J2	1	1
J3	2	5
J4	1	4
J5	5	2

如果在 0 时刻，各作业按 J1、J2、J3、J4、J5 的顺序同时到达，试说明：当系统分别采用先来先服务调度算法、可剥夺资源的优先权调度算法时，各作业在系统中的执行情况。并计算在上述各种情况下作业的平均周转时间和平均带权周转时间。

附录　部分习题参考答案

第 1 章　部分习题参考答案

一、单项选择题

1. A　2. B　3. A　4. B　5. D　6. B　7. A　8. C
9. C　10. B　11. B　12. A　13. D　14. D　15. B　16. C
17. B　18. C　19. A　20. B

二、填空题

1. 硬件　软件　操作系统
2. 系统　处理器管理　存储器管理　设备管理　文件管理　用户　计算机
3. OS　Operating System
4. 方便用户　提高资源的使用效率
5. 多路性　独立性　及时性　交互性
6. 多路性　独立性　及时性　交互性
7. 多用户多任务　单用户单任务
8. 系统软件　应用软件
9. 多道程序
10. 设备管理

第 2 章　部分习题参考答案

一、单项选择题

1. D　2. B　3. B　4. D　5. C　6. C　7. A　8. C
9. B　10. C　11. D　12. D　13. B　14. B　15. C　16. B
17. C　18. B　19. C　20. D　21. A　22. B

二、填空题

1. 同步
2. 程序　数据　PCB
3. 惟一标志　实体
4. 临界区　互斥
5. 使用临界资源的程序代码

6．-2～2
7．n-1　1　n
8．短进程优先
9．剥夺式优先权
10．4
11．k≤m
12．动态策略
13．资源静态分配法　资源动态分配法
14．预防
15．互斥条件　请求和保持　不剥夺　环路等待

三、判断题

1．×　2．√　3．√　4．√　5．×
6．√　7．√　8．√　9．×　10．×

第 3 章　部分习题参考答案

一、单项选择题

1．B　2．C　3．A　4．C　5．C　6．A　7．A　8．D
9．A　10．D　11．A　12．B　13．C　14．B　15．A　16．B
17．D　18．A　19．A　20．B

二、填空题

1．静态重定位　动态重定位
2．存储空间
3．存储器分配　存储保护　虚存管理
4．作业的地址空间不能超过存储空间
5．CPU 时间
6．位示图　主存分配表
7．13　15
8．页号和块号
9．页号及页内地址　段号及段内地址
10．段号　段起始地址　段长
11．178　越界
12．段　页
13．系统抖动
14．先进先出　最近最久未使用
15．物理地址空间　机器的地址长度　物理主存大小

三、判断题

1. √　2. √　3. ×　4. √　5. ×
6. ×　7. ×　8. ×　9. √　10. ×

第4章　部分习题参考答案

一、单项选择题

1. D　2. A　3. A　4. A　5. C　6. A　7. B　8. A
9. A　10. A　11. C　12. A　13. D　14. C　15. A　16. C
17. C　18. A　19. A　20. B

二、填空题

1. 外设或外存　主存
2. SPOOLing　独享　共享
3. 高的利用率　死锁问题
4. 中断优先权　中断屏蔽
5. 系统设备表　设备控制表　控制器控制表　通道控制表
6. 输入井　输出井
7. 独享　共享　虚拟
8. 用户设备
9. DMA方式　通道控制方式
10. 通道程序

三、判断题

1. ×　2. ×　3. √　4. √　5. √
6. ×　7. √　8. √　9. √　10. √

第5章　部分习题参考答案

一、单项选择题

1. B　2. C　3. D　4. B　5. C　6. A　7. B　8. B
9. A　10. A　11. A　12. C　13. B　14. A　15. A　16. B
17. A　18. C　19. D　20. D

二、填空题

1. 索引　数据　索引

2．磁带　磁盘
3．文件名　文件在磁盘上的存放地址
4．文件的存储地址
5．链接
6．有结构的记录　无结构的流
7．文件保护
8．文件控制块
9．数据块
10．顺序文件
11．索引文件
12．逻辑结构　物理结构
13．主目录　用户文件目录
14．最短寻道时间优先
15．移臂　旋转

三、判断题

1．×　2．√　3．√　4．×　5．×
6．√　7．√　8．√　9．√　10．√

第6章　部分习题参考答案

一、单项选择题

1．C　2．A　3．A　4．B　5．A　6．D　7．B　8．A　9．D
10．A　11．B　12．D　13．D　14．A　15．B　16．C　17．B　18．B
19．D　20．B　21．D　22．B　23．C　24．B　25．A

二、填空题

1．公平性　均衡使用资源　极大的流量
2．控制命令　菜单技术　窗口技术
3．终端连接　用户注册　控制作业执行　用户退出
4．批处理方式　交互式方式
5．联机方式
6．作业控制语言
7．注册　注销
8．进程调度
9．平均周转时间
10．交互式方式

参考文献

[1] 汤子瀛等．计算机操作系统．西安：西安电子科技大学出版社，2002
[2] 罗宇等．操作系统．北京：电子工业出版社，2003
[3] 曾平，李春葆．操作系统——习题与解析．北京：清华大学出版社，2001
[4] 刘振鹏等．操作系统．北京：中国铁道出版社，2003
[5] 王文明．操作系统概论复习与考试指导．北京：高等教育出版社，2002 年
[6] 方敏，柯丽芳．操作系统考研全真试题与解答．西安：西安电子科技大学出版社，2002
[7] 薛智文．操作系统．北京：中国铁道出版社，2003
[8] 连卫民，徐保民．操作系统原理教程．北京：中国水利水电出版社，2004
[9] 梁洪亮等译．操作系统原理．北京：清华大学出版社，2005